Meßverfahren der Funkmutung

Von

Dipl.-Ing. Dr. Volker Fritsch

Brünn

Mit 174 Bildern

München und Berlin 1943
Verlag von R. Oldenbourg

Herrn Ministerialrate a. D. Dipl.-Ing.
Dipl.-Ing.

J. U. Dr. Otto Santo-Passo

aus der ehem. Obersten Bergbehörde zu
Wien dankbar und ergeben gewidmet

Copyright 1942 by R. Oldenbourg, München und Berlin
Druck von R. Oldenbourg, München
Printed in Germany

Vorwort

Mit diesem Buche unternehme ich zum erstenmal den Versuch, die Meßtechnik der Funkmutung zusammenfassend darzustellen. Mir scheint im gegebenen Zeitpunkt eine solche Darstellung im Interesse einer rascheren Entwicklung der funkgeologischen Forschung notwendig. In den letzten Jahren wurden die funkgeologischen Verfahren und insbesondere die Funkmutung eingehend studiert. Wenngleich diese Dinge heute noch lange nicht zum Abschluß gekommen sind, so kann man doch behaupten, daß die Grundzüge erforscht sind und daß insbesondere die in Betracht kommenden Meßapparate so weit entwickelt sind, daß sie den praktischen Anforderungen, die man an sie stellen kann, genügen. Vielfach ist die Empfindlichkeit dieser Geräte heute schon eine so hohe, daß sie überhaupt nicht voll ausgenutzt werden kann. Daß natürlich auch auf rein meßtechnischem Gebiet noch manches zu verbessern ist und daß es vielfach auch noch notwendig sein wird, die Apparaturen den besonderen Meßvoraussetzungen anzupassen, ist vollkommen klar.

Im gegenwärtigen Zeitpunkt muß aber mit allen Mitteln angestrebt werden, daß funkgeologische Arbeitsmethoden in möglichst vielen Fällen eingesetzt werden. Wir wissen aus der Geschichte der angewandten Geophysik, daß ein Verfahren immer erst dann richtig entwickelt werden kann, wenn es ausreichend allgemein verwendet wird. Erst bei der praktischen Anwendung zeigen sich einerseits jene Schwierigkeiten, die überwunden werden müssen, um das Verfahren brauchbar zu erhalten, andererseits wieder jene Anregungen, die der weiteren Entwicklung so nützlich sind. Auf dem Gebiete der Funkgeologie besteht heute prinzipielle Klarheit darüber, unter welchen besonderen Voraussetzungen die Verfahren der Funkmutung praktisch eingesetzt werden können. Es geht nun darum, diesen Einsatz in möglichst vielen Fällen in die Tat umzusetzen. Dazu ist es nötig, daß insbesondere Geologen und Bergleute die funkgeologischen Verfahren kennenlernen und dann innerhalb ihres Tätigkeitsgebietes anwenden. Die Hauptschwierigkeit ist aber offenbar, daß die in Betracht kommenden Arbeitsverfahren viel zu wenig bekannt sind. In den letzten Jahren wurde über diese Sachen an vielen Stellen der Fachliteratur berichtet. Es ist aber klar, daß in einzelnen Aufsätzen immer nur Teile des ganzen Gebietes behandelt werden können und daß weiter in solchen Arbeiten nicht jedesmal alle Grundsätze ausgeführt werden können. Daher wird z. B. der praktisch tätige Bergmann, der im allgemeinen mit hochfrequenztechnischen Dingen nichts zu tun hat, oft die so beschriebenen Verfahren nur schwer anwenden können. Es ist aber auch weiter zu beachten, daß bei dem praktischen Einsatz eines Verfahrens eine Menge von Nebenbedingungen zu beobachten sind, die ebenfalls nicht jedesmal im Rahmen kurzer Aufsätze ausführlich dargestellt werden können. Aus diesen Gründen gelang es daher, trotz des zweifellos vorhandenen Interesses, nicht, jene Verbreitung den Funkmutungsverfahren zu sichern, die möglich und im Interesse der weiteren Entwicklung unbedingt notwendig ist.

In diesem Buch will ich nun versuchen, die funkgeologischen Verfahren so darzulegen, daß sie auch der Vertreter anderer Zweige der Wissenschaft und Technik ohne weitgehende hochfrequenztechnische Kenntnisse verstehen und anwenden kann. Ich lege insbesondere Wert darauf, bereits ausgeführte und angewandte Geräte so zu beschreiben, daß ein Bau dieser Geräte möglich ist. Gerade auf dem Gebiete der Funkgeologie konnten wir ja in den letzten Jahren mehrmals erleben, daß irgendwelche Apparate geheimnisvoller Funktion auftauchten, über deren Wirkungsweise man nie sicheres erfahren konnte. Dadurch wurde zweifellos mehr Schaden als Nutzen angerichtet. Durch die klare Beschreibung der in Betracht kommenden Geräte möchte ich insbesondere dem Geologen und Bergmann zeigen, daß die rein apparatetechnische Seite keineswegs so schwierig ist wie dies oft vermutet wird und daß daher fast jeder, der für diese Dinge Interesse hat, sich auch die erforderliche Apparatur verschaffen kann. Aus dem Gebiete der allgemeinen Funkgeologie möchte ich nur erwähnen, was zum Verständnis unbedingt nötig ist. Es kann nicht die Aufgabe dieses Buches sein, die Grundlagen der Funkgeologie zu behandeln, um so mehr, als über diese einerseits in den Zeitschriften genügend publiziert wurde, andererseits darüber auch eigene selbständige Arbeiten existieren. Dagegen möchte ich darauf Wert legen, die praktische Anwendung der Verfahren, die in Betracht kommenden Fehlerquellen und schließlich die Auswertung der Ergebnisse so genau zu beschreiben, als dies aus den erwähnten Gründen heraus notwendig ist.

Der Leser dieses Buches wird vielleicht erkennen, daß in den letzten Jahren auf dem Gebiete der Funkgeologie ziemlich intensiv gearbeitet wurde. Wenn auch noch manches in der Entwicklung steht, so ist doch schon heute jener Stand erreicht, der eine praktische Anwendung ermöglicht. Er wird auch erkennen, daß funkgeologische Arbeitsmethoden unter bestimmten Voraussetzungen ihren besonderen Wert erlangen und daß sie in vieler Hinsicht geeignet sind, die Arbeit der angewandten Geophysik in willkommener Weise zu erleichtern.

— 5 —

Die folgenden Ausführungen stellen zum Teil auch eine Zusammen- fassung jener zahlreichen Einzelversuche dar, die ich in den letzten zwölf Jahren an den verschiedensten Stellen durchführen konnte. Wenn ich diese Zusammenfassung der Öffentlichkeit übergebe, so ist es meine Pflicht, denen zu danken, die mir diese Arbeiten ermöglicht haben und dabei halfen. Es sind dies zahlreiche Behörden, unter ihnen das Reichs- amt für Bodenforschung und die ehemalige Oberste Bergbehörde in Wien. Von Betrieben möchte ich insbesondere die DDSG-Wien, die Wit- kowitzer Werke und die Gruben Kotterbach, Merkers, Nassereith und Schwaz sowie die Karst A.-G. in Brünn erwähnen. Der Deutsche Alpen- verein, die Deutsche Gesellschaft der Wissenschaften und Künste in Prag, der ehemalige Masaryk-Denis-Fonds, die Kali-Forschungsges. m. b. H., der Verband Würu-Prag und von Firmen insbesondere die C. Lorenz A.-G. leisteten finanzielle Unterstützung. Diese und weitere Firmen, unter ihnen besonders die Philips A.-G., unterstützten viele Versuche durch Beistellung von Geräten. Persönliche Unterstützung verdanke ich insbesondere den folgenden Herren, die mir Versuche ermöglichten und bei ihrer Durchführung an die Hand gingen: Dr. d'Ans, Professor Dr. Absolon, Hofrat Professor Dr. Birk, Dipl.-Ing. Fleischer, Fabrikant Friedrich †, Dipl.-Ing. Hoffmann, Präsident Horny, Dozent Dr. Hradil, Professor Dr. von Klebelsberg, Dipl.-Ing. Leber, Obersteiger Martinko, Ministerialrat Dr. Mautner, Verwalter Nöh, Generaldirektor Dr. Rösner, Ministerialrat Dr. Santo-Passo, ehemaliger Abgeordneter Šamalik, Ober- regierungsrat Dipl.-Ing. Schneider, Dipl.-Ing. Dr. Wundt und Dipl.-Ing. Wurzinger. Schließlich danke ich allen meinen heutigen und früheren Mitarbeitern, besonders jenen, die in den ersten Jahren der Versuchs- tätigkeit mir selbstlos zur Seite traten: Dipl.-Ing. Bradaček, Assistent Frank, Dipl.-Ing. Forejt, Jelinek, Klapal-Matetschek, Kovařovic, Dr. Lang, Dr. Müller, Ing. Schwirtlich, Viktorin, Dipl.-Ing. Woharek, Dipl.-Ing. Woletz. Besonders danke ich den Herrn Professoren Dipl.-Ing. Dr. Schweigl und Dr. Zocher, die mich bei den Versuchen auch durch Ratschläge aus ihren Fachgebieten sehr förderten.

Schließlich möchte ich Gelegenheit nehmen, dem Verlag Olden- bourg, in dem schon seit Jahren viele meiner Arbeiten erscheinen, für die Mühe und Sorgfalt zu danken, die er meinen Veröffentlichungen und nun auch diesem Buche zuwandte.

Es würde mich freuen, wenn diese Arbeit dazu beitragen wollte, die Anwendung, der Funkmutung, einem weiteren Kreis verständlich zu machen und dadurch den weiteren Ausbau dieser, oft sicher auch wirtschaftlich bedeutsamen Verfahren zu fördern.

Prag, im Juni 1942.

Volker Fritsch.

Inhaltsverzeichnis

I. Die Grundlagen der Funkmutung

Ehe auf die Beschreibung der verschiedenen Meßverfahren eingegangen werden kann, muß zunächst die Aufgabe der Funkmutung näher umrissen werden. Um diese richtig einzugrenzen, muß man sich die geophysikalischen Voraussetzungen vor Augen halten, unter denen die Funkmutung eingesetzt werden soll. Da geophysikalische Aufgaben fast stets durch das Zusammenarbeiten verschiedener Verfahren in ihrer Behandlung sehr gefördert werden, so wird man auch jene Möglichkeiten zu überlegen haben, die bereits lange erprobte andere Verfahren gewähren.

A. Aufgaben der Funkmutung

Unter Funkmutung versteht man die Bestimmung der Lage, Ausdehnung und Beschaffenheit geologischer Leiter durch hochfrequente Vermessung. Die Funkmutung ist daher ein Teilgebiet der Funkgeologie[1]). Da dieses Gebiet hier nicht ausführlich behandelt werden kann, so sollen lediglich seine Grundlagen kurz gestreift werden. Die Funkgeologie untersucht die Wechselbeziehungen, die zwischen der Existenz eines geologischen Leiters und eines hochfrequenten Hertzschen Feldes oder eines hochfrequenten Wechselstromes bestehen. In Bild 1 sehen wir eine schematische Übersicht über diese Wissenschaft. Ihre drei wichtigsten Teilgebiete sind:

a) Die Lehre von der Ausbreitung hochfrequenter Ströme und Felder in geologischen Leitern,
b) die Lehre von den Veränderungen, die solche Leiter unter dem Einflusse eines hochfrequenten Stromes oder Feldes erleiden und
c) die Funkmutung.

Die zahlreichen Hilfswissenschaften sind im Schema berücksichtigt. Auch ist in diesem gezeigt, daß die Funkgeologie heute schon in manchen anderen Gebieten vorteilhafte Anwendung erfährt.

Uns soll im folgenden nun ausschließlich die Funkmutung interessieren. Die Funkgeologie und damit auch die Funkmutung müssen

---

[1]) Volker Fritsch, Grundzüge der Funkgeologie. Bei Vieweg in Braunschweig 1938.

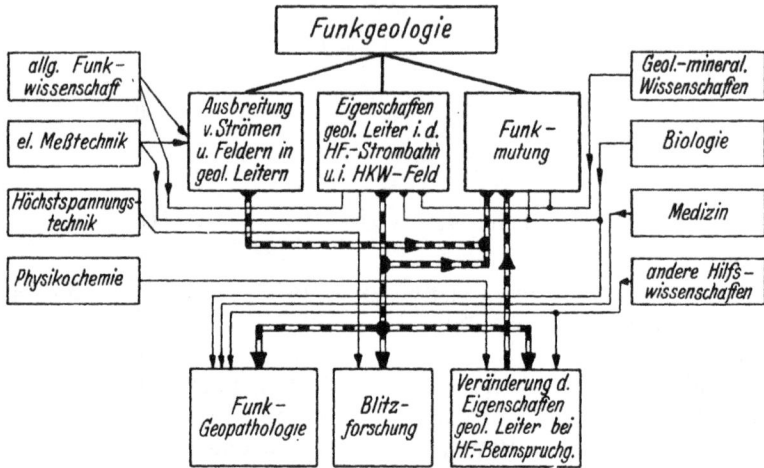

Bild 1. Übersicht über die Funkgeologie

wir als einen Teil der allgemeinen Geoelektrik betrachten. Diese Wissenschaft untersucht die Ausbreitung elektrischer Ströme im Untergrunde. Sie wird damit auch imstande sein, aus Änderungen elektrischer Ströme, die durch die Existenz geologischer Leiter bedingt sind, auf diese selbst und auf ihre Ausdehnung und elektrische Beschaffenheit zu schließen. Einen schematischen Überblick über die allgemeine Geoelektrik zeigt Bild 2. Wir sehen, daß auch diese stets verschiedene Hilfswissenschaften benötigt. Aus diesem Grunde wird es auch nötig sein, diese Hilfswissenschaften teilweise kurz zu behandeln. Von der allgemeinen Geoelektrik unterscheidet sich nun die Funkgeologie ausschließlich durch die Frequenz der

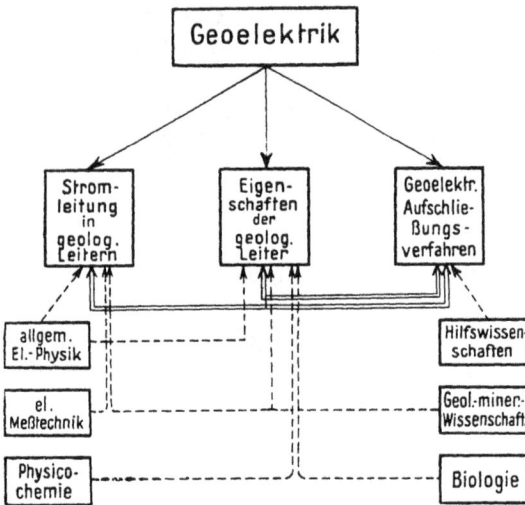

Bild 2. Übersicht über die Geoelektrik

in Betracht kommenden elektrischen Ströme und Felder. Während die Geoelektrik im allgemeinen nur mit Frequenzen im Bereiche niedriger und mittlerer Werte arbeitet, also bis zu einer Größenordnung von einigen tausend Hertz, arbeitet die Funkgeologie ausschließlich mit

Hochfrequenzen, also solchen in der Größenordnung von einigen hundert-
tausenden bis zu mehreren Millionen Hertz. Dieser Unterschied wirkt
sich aber durchgehend aus. Er bedingt vor allem, daß für die Funkmutung eine Meßtechnik entwickelt werden muß, die von der der allgemeinen Geoelektrik sich nicht nur in wenigen Details, sondern meist
grundsätzlich unterscheidet. Es ist daher — und darauf möchte ich gleich
hier mit Nachdruck hinweisen — völlig verfehlt, Erfahrungen, die mit
niederfrequenten Verfahren gewonnen wurden auf die Funkmutung
anzuwenden. Die Funkmutung hat im Laufe der Jahre eine eigene
und oft recht komplizierte Meßtechnik erhalten.

Als elektrische Methode kann natürlich auch die Funkmutung
immer nur elektrische Unterschiede nachweisen. Sie ist, ebensowenig
wie ein anderes geophysikalisches Verfahren, daher nie imstande, irgendein Gestein an und für sich nachzuweisen. Sie kann stets nur angeben,
daß ein von geologischen Leitern erfüllter Raum diese und jene elektrischen Eigenschaften besitzt. Es ist dann die Aufgabe weiterer Untersuchungen und der Auswertung von Erfahrungen vorbehalten, aus
diesen Angaben, die meßtechnisch ermittelt werden, auf die geologische
und mineralogische Beschaffenheit des untersuchten Raumes zu schließen.

Die Arbeitsweise der
Funkmutung stellt — wieder
schematisch — Bild 3 dar.
Der zu untersuchende Raum
ist durch seine geometrische
Dimension und seine elek-
trische Beschaffenheit, also
durch seine Leitfähigkeit
und Dielektrizitätskonstante
dargestellt. Diese beiden
sind wieder durch viele andere Faktoren bestimmt,
von denen einige wichtige
im Schema eingetragen sind.

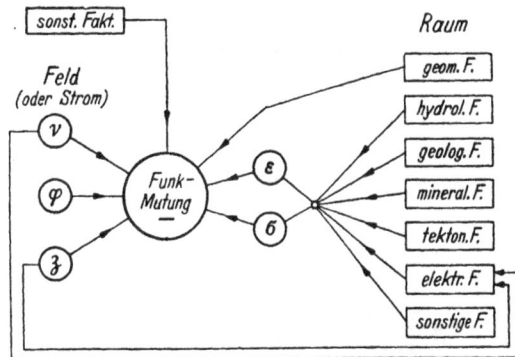

Bild 3. Arbeitsweise der Funkmutung

Zu diesen gehören besonders die mineralogisch-geologischen und hydrologischen Bestimmungsstücke. Überdies aber spielt noch, wie wir
sehen werden, z. B. die Tektonik eine bestimmende Rolle. Bei hohen
Stromstärken werden die elektrischen Eigenschaften andere sein als
bei niedrigen. Es müssen also auch elektrische Faktoren beachtet
werden. Freilich werden diese im allgemeinen nur einen geringen
Einfluß ausüben, da wir ja durchwegs mit sehr schwachen Meßströmen arbeiten. Wenn wir aber z. B. die Elektrode an eine Stelle
verlegen, an der vor kurzem ein Blitz einschlug, so werden wir auf
diesen Umstand Rücksicht nehmen müssen, da dadurch z. B. eine
Widerstandsänderung bedingt werden kann. Neben den elektrischen

Eigenschaften ist natürlich die räumliche Ausdehnung und die Form des zu untersuchenden Vorkommens von größter Bedeutung. Elektrische und geometrische Bestimmungsstücke bilden somit den Ausgangspunkt unserer Untersuchungen. Um nun Funkmutung zu treiben, müssen wir das zu untersuchende Vorkommen von einem Hochfrequenzstrome durchströmen oder einem ebensolchen Felde durchsetzen lassen. Es kommen damit die Bestimmungsstücke dieses Stromes oder Feldes, also ihre Intensität, Frequenz und Phasenlage in Betracht. Dies ist in dem Schema wieder eingezeichnet. Die Aufgabe der Funkmutung besteht nun darin, zwischen diesen fünf Bestimmungsstücken eine Beziehung herzustellen und dabei auch noch gewisse andere Faktoren, wie z. B. die Witterung usw. zu beachten. Das Schema zeigt, daß die Aufgabe keineswegs so leicht ist, wie es oft angenommen wird. Insbesonders aber ist stets die Möglichkeit der vieldeutigen Lösung gegeben, und die Hauptschwierigkeit besteht fast immer darin, aus der Menge der möglichen Lösungen jene herauszugreifen, die mit den übrigen, insbesonders den geologisch-mineralogischen Voraussetzungen am besten in Einklang gebracht werden kann. Daß dabei natürlich Fehler unterlaufen können ist klar, und gerade über diesen Punkt soll später noch gesprochen werden.

B. Geophysikalische Voraussetzungen

Ehe wir an die Behandlung der funkgeologischen Verfahren schreiten, müssen wir wenigstens auszugsweise die wichtigen Eigenschaften der geologischen Leiter kurz besprechen. Es ist klar, daß im Rahmen dieses Buches, das in erster Linie die Meßverfahren behandeln soll, dies nicht erschöpfend geschehen kann. Genauere Aufschlüsse vermitteln die großen Handbücher der angewandten Geophysik, von denen einige wichtige im Literaturverzeichnis angeführt sind.

Der Forschung ist es bisher noch nicht gelungen, ein völlig klares Bild von den geoelektrischen Eigenschaften unseres Planeten zu vermitteln. Wir sind da vorwiegend auf Hypothesen angewiesen, deren Richtigkeit oft noch recht umstritten ist. In großen Umrissen läßt sich ein Bild zeichnen, das Bild 4 darstellt. Von der verhältnismäßig gut leitenden Erdoberflächen-

Bild 4. Geoelektrisches Erdmodell

schichte ausgehend, gelangen wir in beiden Richtungen in schlecht leitende Gebiete. Es sind dies nach oben zu die unteren Luftschichten und in der Richtung zum Erdmittelpunkte die festen und trockenen Gesteine, deren elektrische Leitfähigkeit ganz

gering ist. Den Abschluß dieser schlechtleitenden Schichte gegen das
All hin kennen wir heute schon recht genau. Es ist die Ionosphäre,
also eine leitende Gasschichte. In der umgekehrten Richtung fehlt es
an jedem experimentell sichergestellten Forschungsmaterial. Wir können
nur nach verschiedenen Hypothesen vermuten, daß auch die innersten
Erdschichten wieder eine sehr hohe Leitfähigkeit aufweisen, so daß das
ganze geoelektrische Erdmodell einen symetrischen Aufbau zeigt.
In den tiefen nichtleitenden Schichten gibt es wieder verschiedene
Diskontinuitätsflächen. Diese sind für uns wichtig. Es besteht doch
die Möglichkeit, daß einst die Funkmutung in gleicher Weise eingesetzt
werden wird wie die Funkphysik im Dienste der Ionosphärenforschung.
Die erwähnten Unstetigkeitsschichten würden dann Reflexionen und
Beugungen eingestrahlter Felder bedingen und wären damit in elektrischer Hinsicht ganz ähnlich nachzuweisen wie die verschiedenen Diskontinuitätsschichten der Ionosphäre.

Vorläufig erstrecken sich unsere Untersuchungen leider nur auf die
obersten Erdschichten. Es wäre da nun sehr vorteilhaft, wenn man alle
Leiter, die in diesen vorkommen, wenigstens in großen Zügen in bestimmte Gruppen einteilen könnte. Solche Versuche wurden auch tatsächlich gemacht. Eine von Löwy vorgeschlagene Klassifikation sehen
wir in Bild 5 dargestellt. Auf der Ordinate ist die Leitfähigkeit und auf

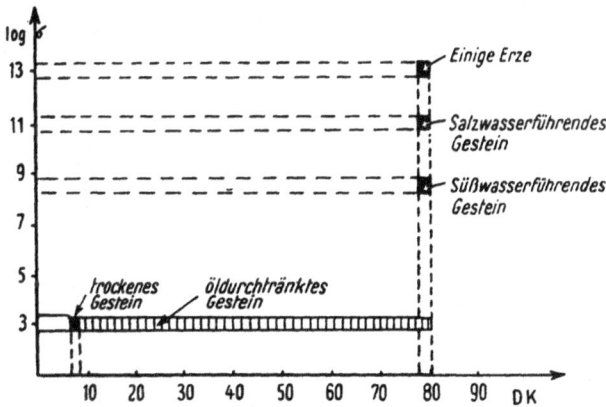

Bild 5. Diagramm nach Löwy

der Abszisse die Dielektrizitätskonstante aufgetragen. Die wichtigsten
Leiter, also Wasser, Öl, Gestein und Erz sind nun auf der so begrenzten
Fläche eingetragen. Scheinbar ist die gegenseitige Abgrenzung durchaus
zufriedenstellend. Leider schwanken nun aber die in Betracht kommen-
den Werte innerhalb weit größerer Grenzen als dies aus der Abbildung
hervorgeht. Mit wenigen Ausnahmen überdecken z. B. die meisten
Erze und Gesteine einander völlig. Wir müssen daher diese einfache
Art der Darstellung verlassen und das Problem viel gründlicher studieren.

Zunächst müssen wir uns einmal vor Augen halten, daß die mineralogische Beschreibung irgendeines Gesteines uns allein gar keinen Anhaltspunkt für dessen elektrische Beurteilung bietet. Um unsere physikalischen Erkenntnisse auf ein Gestein anwenden zu können, müssen wir an dessen Stelle den geologischen Leiter setzen, also ein elektrisch wohldefiniertes Gebilde. Wir müssen weiters das sog. Ersatzschema bilden. An die Stelle des elektrisch unbekannten Minerals muß ein System von bekannten Widerständen teils Ohmscher, teils komplexer Natur treten. Gerade in dieser Hinsicht treten nun sehr bedeutende Schwierigkeiten auf. An und für sich muß diese Aufgabe auch in der allgemeinen Geoelektrik gelöst werden. In unserem Falle aber wird sie deshalb komplizierter, weil wir mit Hochfrequenz arbeiten. Ganz abgesehen davon, daß da schon die rein Ohmschen Widerstände Veränderungen erfahren und daß besonders bei Lösungen oft recht komplizierte Änderungen zu beachten sind, treten natürlich die Verschiebungsströme neben die Ohmschen, und dadurch müssen wir den zu behandelnden geologischen Leitern weit kompliziertere Ersatzschemen zuteilen, als es zu ihrer Behandlung in der allgemeinen Geoelektrik ausreicht. In Bild 6

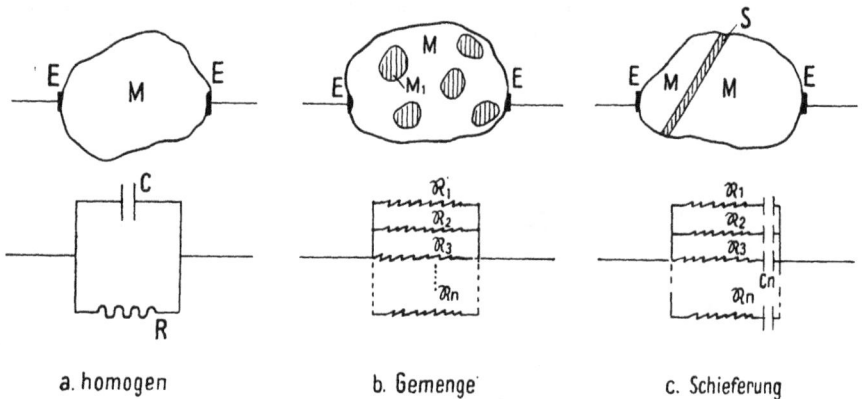

a. homogen   b. Gemenge   c. Schieferung

Bild 6. Einfache Ersatzschemen

sehen wir drei prinzipiell wichtige Fälle. Bei a) sehen wir einen homogenen Leiter, dessen Ersatzschema durch einen Ohmschen Widerstand und eine Kapazität in Nebenschaltung dargestellt wird. Im zweiten Falle, bei b) ist die Sache schon komplizierter. Hier liegt ein elektrisch schwer zu beschreibendes Gemenge aus ganz verschiedenen elektrischen Leitern vor. Man könnte dieses in einzelne Strombahnen aufteilen und für diese dann die komplexen Widerstände in Nebenschaltung zeichnen. Bei c) tritt noch eine weitere Komplikation hinzu. Hier ist eine bestimmte Struktur zu erkennen. In die vorwiegend ohmisch leitende Masse M ist eine gut isolierende Schichte S eingebettet. Für M ist daher ein komplexer Widerstand mit überwiegender Ohmscher Komponente zu zeichnen, während der Schichte S eine reine Kapazität C_n entspricht. Wenn wir daher irgendeinen geologischen Leiter durch das Ersatzschema darzustellen haben, so müssen wir zunächst immer untersuchen, ob er eine bestimmte elektrische Struktur aufweist. Dies ist bei Anwendung der Verfahren der Funkmutung bedeutend wichtiger als beim Einsatz niederfrequenter Verfahren. Ist eine solche Struktur zu erkennen, so muß sie unbedingt im Ersatzschema zum Ausdruck kommen. Das Ersatzschema ist daher auch von dem Winkel abhängig, den die Richtung des Stromes oder Feldes mit der im betreffenden Falle ausgezeichneten Achse einschließt. Es ist also räumlich orientiert. Ein verhältnismäßig einfaches Beispiel zeigt Bild 7. Wir sehen hier einen geschichteten Leiter. Die Schichten 1 sollen überwiegend ohmisch, die Schichten 2 dagegen dielektrisch leiten. Das Ersatzschema ist daher durch verkettete Ohmsche Widerstände und Kapazitäten dargestellt. In der Abbildung sind nun die Schemen für die Durchströmungsrichtungen A und B eingezeichnet. Sie sind, wie man sieht, voneinander sehr verschieden. Der Einfluß der Schichtung kommt schon bei niederfrequenten Verfahren mitunter in Betracht. So ist z. B. die Ionenbeweglichkeit in der Richtung der Schichten oft größer als in einer darauf senkrechten. Dies bedingt dann verschiedene Widerstände in Richtung von Achsen, die spitze Winkel einschließen. Bei niederfrequenten Verfahren verhalten sich indessen nur wenige geologische Leiter in dieser Weise, bei Hochfrequenz dagegen ihrer sehr viele.

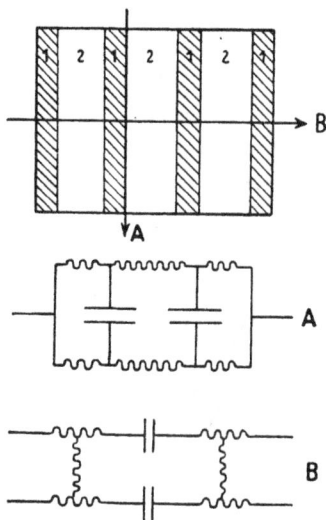

Bild 7. Ersatzschema für einen geschichteten Leiter

Um das Ersatzschema zeichnen zu können, müssen wir natürlich zunächst die Elemente bestimmen, aus denen sich der geologische Leiter zusammensetzt. Es muß also insbesonders der Ohmsche Widerstand der Leiter und die Dielektrizitätskonstante der isolierenden Bestandteile ermittelt werden. Von größter Bedeutung ist da die Durchfeuchtung. Die geologischen Leiter setzen sich aus Teilen aller drei Aggregatzustände zusammen. Die festen Anteile sind, wenn man von wenigen Erzen absieht, nahezu nichtleitend. Die gasförmigen Anteile spielen nur indirekt eine Rolle, da sie nicht leiten und ihre Dielektrizitätskonstante stets bei 1 beträgt. So sind die flüssigen Anteile für die Eigenschaften fast stets bestimmend. Wenn wir nun die Leitfähigkeit und die Dielektrizitätskonstante verschiedener Leiter ermitteln, so können wir diese in jener Weise darstellen, wie dies Löwy tat. In Bild 8 ist

dies getan. Neben trockenem Fels sehen wir die Füllung einer wasserführenden Spalte. Infolge ihrer verschiedenen Durchfeuchtung wird
diese auch ihre elektrischen Eigenschaften innerhalb recht weiter Grenzen
verändern. In der der Spaltenfüllung zugeteilten Fläche könnten wir
fast alle praktisch in Betracht kommenden geologischen Leiter, wenn wir ihre Durchfeuchtung in bestimmter Weise annehmen, unterbringen. Eine Unterscheidung wäre daher in dieser Weise nicht mehr möglich. Wir müssen zwischen Widerstand und Dielektrizitätskonstante einerseits, Durchfeuchtung andererseits eine bestimmte Beziehung herstellen.

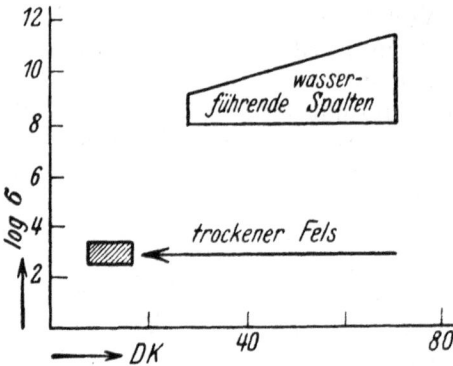

Bild 8. Darstellung der elektrischen Eigenschaften

Klar definiert ist zunächst der Widerstand und die DK des trockenen Gesteines. Als solches kommt ein Gestein in Betracht, dessen Poren mit Luft erfüllt sind. Praktisch wird es schwierig sein, ein solches Gestein zu erhalten, da geringe Feuchtigkeitsspuren, die die Leitfähigkeit sprunghaft emporschnellen lassen, nie völlig zu entfernen sind. Immerhin aber wird es durch Trocknen im Exikator gelingen, das Gestein so vorzubereiten, daß sein Widerstand dem des absolut trockenen sehr nahe kommt.

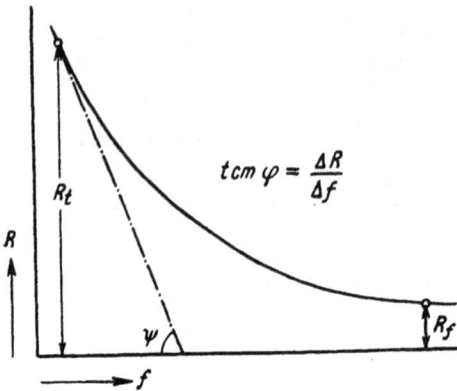

Bild 9. Durchfeuchtungskurve

Wenn wir nun einem so vorbereiteten Gesteine Wasser zusetzen, so wird sein spezifischer Widerstand
rasch absinken. Wir erhalten dann eine Kurve, wie sie in Bild 9 dargestellt
ist. Auf der Ordinate ist der spezifische Widerstand und auf der Abszisse
die Durchfeuchtung f dargestellt, die in mg Lösung pro cm^3 angegeben
ist. Die Kurve fällt zunächst steil ab und nähert sich dann asymptotisch
einem Grenzwert. Um mehrere Kurven miteinander vergleichen zu
können, wollen wir drei Bestimmungsstücke wählen. Es sind dies der
Trockenwiderstand R_t, der Feuchtwiderstand R_f und schließlich die
relative Widerstandsänderung. Der Trockenwiderstand kommt einem
Gestein dann zu, wenn sein gesamter Porenraum mit Luft erfüllt ist.
Der Feuchtigkeitswiderstand ist dann erreicht, wenn dieser gesamte

Porenraum mit Lösung höchstmöglicher Ionenkonzentration erfüllt ist.
Die relative Widerstandsänderung ist schließlich durch den Winkel
dargestellt, den die Tangente, die an dem steilsten Teil der Kurve angelegt wird, mit der Abszisse einschließt. Um nun vergleichbare Bestimmungsstücke zu erhalten, wäre es notwendig, bestimmte Verfahren einheitlich festzusetzen, nach denen der Trocken- und Feuchtwiderstand
ermittelt wird. Vorschläge entsprechender Art wurden bereits mehrmals
gemacht. Bis jetzt kam es jedoch noch zu keiner Einigung. Aus diesem
Grunde ist es ungemein schwer, die einzelnen Angaben, die an vielen
Stellen der Fachliteratur zu finden sind, miteinander zu vergleichen.
Viele Autoren sprechen von »angefeuchteten« Gesteinen, oder »Gestein
normaler Durchfeuchtung«. Diese Angaben sind leider nicht genügend
scharf. Sie können Widerstandsschwankungen um mehrere Zehnerpotenzen decken, wodurch dann ein Vergleich schwer möglich wird.
Handelt es sich um die Widerstandsbestimmung über größere Räume,
so wird die Aufgabe etwas einfacher. Die kleinen Verschiedenheiten
gleichen sich dann zu Durchschnittswerten aus, aber auch diese sind
wieder in verschiedener Weise begrenzt. Wir können z. B. brauchbare
Durchschnittswerte für einen bestimmten Boden in einem bestimmten
Gebiet und unter bestimmten meteorologischen Voraussetzungen angeben. Damit ist aber nicht gesagt, daß der gleiche Boden in einem
anderen Klima nicht wesentlich verschiedene Eigenschaften aufweist.
Solange andererseits diese Verschiedenheiten möglich sind, hat es
natürlich nur wenig Sinn, das bestehende Tabellenmaterial durch neues
zu ergänzen. Es wäre unbedingt notwendig, zunächst einheitliche Gesichtspunkte für die Messung zu treffen und dann für alle wichtigen geologischen Leiter die betreffenden Angaben zu ermitteln und in Tabellen
zu verzeichnen. Aus diesem Grunde möchte ich an dieser Stelle eine
Auswahl von Angaben, die der Literatur entnommen sind, zusammen-
stellen und dem Schlusse dieses Abschnittes beifügen. Die Angaben in
diesen Tafeln können nur ungefähre Aufschlüsse über die elektrische
Beschaffenheit der betreffenden geologischen Leiter geben. Ein Blick
auf diese Tafeln zeigt außerdem die großen Unterschiede, die keineswegs durch unrichtige Messung, sondern lediglich durch die Verschieden-
heit der Definition zu erklären sind.

Wenn wir nun einem trockenen Gestein eine Lösung zusetzen und
diese danach wieder entfernen, so wird sich der Widerstand im allgemeinen in verschiedener Richtung ändern. Keineswegs wird der Vorgang
aber immer reversibel sein. Wenn wir z. B. von einem bestimmten
Durchfeuchtungswert zunächst auf einen höheren gehen und von diesem
dann wieder auf den ursprünglichen zurück, so wird der Widerstand
nicht immer wieder den ursprünglichen Wert annehmen. Dies ist damit
zu erklären, daß der Widerstand nicht nur vom Gehalt an wäßriger
Lösung, sondern auch von der Ionenkonzentration dieser Lösung ab-

hängig ist. Aus diesem Grunde wird wohl bei der Aufnahme jener Kennlinie, wie sie in Bild 9 dargestellt wurde, stets darauf zu achten sein, daß bei der betreffenden Durchfeuchtung stets die größtmögliche Ionenkonzentration erreicht wird. Wird darauf nicht gesehen, so erhalten wir Kurven, wie sie in Bild 10 bis 12 dargestellt werden. In Bild 10 sehen wir eine nichtreversible Kurve. Durch rasches Zusetzen von Lösung fällt zunächst der Widerstand in normaler Weise ab. Nun wird die so zugesetzte Lösung durch starkes plötzliches Erhitzen des Steines wieder ausgetrieben. Es kann nun in diesem Fall durch die Erhitzung eine Beschleunigung der Lösung eintreten; dadurch kann dann der verbleibende Lösungsrest eine bedeutend höhere Ionenkonzentration erreichen. Das Ergebnis ist darin zu suchen, daß trotz eines geringen Gehaltes an Lösung der Widerstand geringer als ursprünglich ist. Ein weiterer Fall, der bei diesbezüglichen Versuchen leicht vorkommen kann,

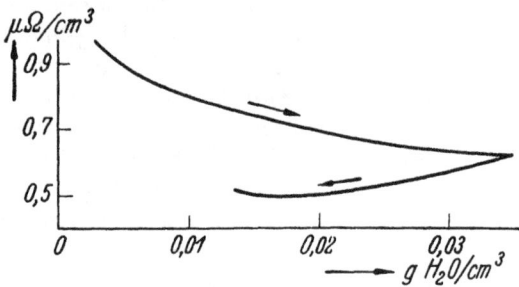

Bild 10. Nichtreversible Kurve

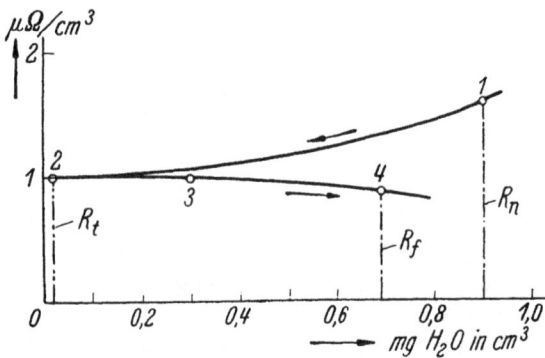

Bild 11. Nichtreversible Kurve

ist in Bild 11 dargestellt. Ein Gestein, dessen ursprünglicher Widerstand R_n beträgt, wird stark erhitzt. Dadurch wird Lösung ausgetrieben und der Widerstand steigt an. Nun wird dieser heiße Stein in kaltes Wasser geworfen. Dadurch saugt sich sein Porenraum mit Flüssigkeit voll. Infolge der hohen Temperatur aber kann dadurch wieder eine Beschleunigung des Lösungsvorganges und damit eine Erhöhung der Ionenkonzentration herbeigeführt werden. Der Abfall des Widerstandes ist dann bedeutend stärker als der Anstieg. Es ist natürlich nicht möglich, allgemeine Gesichtspunkte zu entwickeln. Wie kompliziert unter Umständen eine Kurve ausfallen kann, wenn Anfeuchtung und Austrocknung einander folgen, zeigt Bild 12. Wenn man daher brauchbare Kurven erhalten will, so ist es notwendig, alle diese Faktoren zu berücksichtigen. Nur solche Kurven haben einen

Wert, die reproduzierbar und somit auch reversibel sind. Bei starkem Erhitzen wird oft nur die Oberfläche getrocknet, während das Innere feucht bleibt. Mißt man dann mit Gleichstrom oder niederfrequentem Wechselstrom, so bedingt der hohe Übergangswiderstand an der Oberfläche eine beträchtliche Widerstandserhöhung und man erhält einen ganz falschen spezifischen Widerstand. Bei Hochfrequenz liegen da die Verhältnisse günstiger, weil die dünne isolierende Oberflächenschichte keine besondere Rolle spielt. Aus diesem Grunde wird bei Hochfrequenz im allgemeinen ein richtiger Mittelwert erhalten. Freilich sind strukturelle Einflüsse bei Hochfrequenz wieder sehr gewichtig.

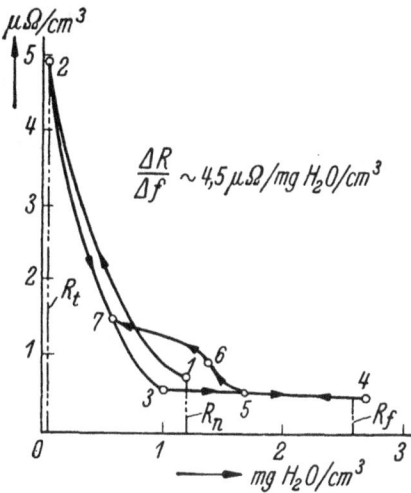

Bild 12. Kurve mit Schleifenbildung

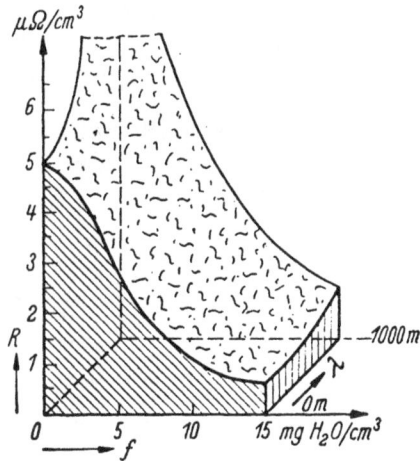

Bild 13. Diagrammkörper

Als wichtigste Bestimmungsstücke der elektrischen Eigenschaften kommen somit einerseits die Durchfeuchtung und andererseits die Frequenz in Betracht. Wir können aus diesem Grunde Diagrammkörper zeichnen, deren Achsen nach der Leitfähigkeit bzw. Dielektrizitätskonstante, der Durchfeuchtung und der Frequenz unterteilt werden. In Bild 13 ist ein solcher Diagrammkörper dargestellt. Sobald die Meßverfahren einheitlich festgelegt sind, wird es möglich sein, jedem wichtigen geologischen Leiter einen solchen Diagrammkörper zuzuteilen und dadurch rasch diese miteinander zu vergleichen. Natürlich gibt es noch gewisse Faktoren, die aus dem Diagrammkörper nicht abgelesen werden können. So spielt z. B. die elektrische Struktur eine große Rolle. Es ist nicht möglich, etwa für Schiefer einen einzigen Diagrammkörper zu zeichnen, da ja z. B. der Widerstand, wie schon erwähnt, von der Richtung des Stromes zu der Schieferungsebene abhängig ist. Man müßte also für Schiefer eine ganze Reihe solcher Diagrammkörper zeichnen, um auch die Abhängigkeit von der Stromrichtung zu erkennen. Es bestünde andererseits wieder die Möglichkeit, Diagrammkörper zu zeichnen, die z. B. bei gleichbleibender Frequenz die Abhängigkeit der Leitfähigkeit von der Durchfeuchtung und der Stromrichtung darstellen. Welche Form dann zu wählen wäre, wäre von praktischen Gesichtspunkten abhängig. Überdies sind natürlich auch noch andere Faktoren von Bedeutung, so daß die ursprüngliche Darstellung der elektrischen Eigenschaften geologischer Leiter sicher alles andere als einfach ist. Immerhin aber wäre es schon ein bedeutender Vorteil, wenn für die wichtigsten homogenen geologischen Leiter solche Darstellungen existieren würden. In diesem Fall wäre dann auch die Frage klar zu beantworten, die für uns prinzipielle Bedeutung hat, nämlich unter welchen Voraussetzungen zwei geologische Leiter durch Funkmutung unterschieden werden können. Würden wir den zwei fraglichen geologischen Leitern Diagrammkörper zuteilen können, die diese eindeutig elektrisch bestimmen, so ist die Voraussetzung für die Unterscheidung durch Funkmutung klar gegeben. Die Unterscheidung ist allgemein möglich, wenn die beiden Diagrammkörper räumlich nicht völlig zusammenfallen. In Bild 14 sehen wir drei Diagrammkörper.

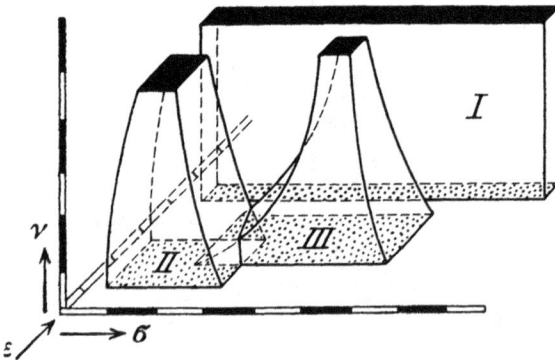

Bild 14. Vergleich verschiedener Diagrammkörper

Die Achsen sind nach der Leitfähigkeit, der Dielektrizitätskonstante und der Frequenz unterteilt. Der Diagrammkörper I liegt zur Gänze außerhalb der Körper II und III. Es ist klar, daß der zugehörige geologische Leiter ohne weiteres von den Leitern II und III unterschieden werden kann. Die Diagrammkörper II und III durchdringen zwar teilweise einander, ihre Unterscheidung ist aber dennoch möglich, weil sie räumlich nicht völlig zusammenfallen. Wichtig kann nun das Unterscheidungsproblem dann werden, wenn ein Diagrammkörper den anderen vollkommen umgibt. In diesem Falle ist die Voraussetzung der Durchsetzung nicht mehr gegeben. Der Raum eines Diagrammkörpers fällt mit dem Teilraume des anderen vollkommen zusammen. In diesem Fall wird dann nun unter Umständen auch noch eine Unterscheidung möglich sein, wenn sich nämlich die beiden Diagrammkörper durch ihre Form unterscheiden. Allerdings kann dann nicht mehr eine einzige Messung zur Unterscheidung führen, sondern es ist eine Reihe notwendig, durch die ein funktioneller Zusammenhang klargestellt wird. Man kann in diesem Fall z. B. die Leitfähigkeit als Funktion der Durchfeuchtung ermitteln, oder aber als Funktion der Frequenz. Wenn die Diagrammkörper verschiedene Form haben, so werden in diesem Fall natürlich auch verschiedene Kurven zustande kommen und die Unterscheidung der beiden Leiter ist möglich. Aus der Form und der räumlichen Lage der Diagrammkörper kann also sofort entschieden werden, ob eine Unterscheidung durch Funkmutung überhaupt möglich ist und ob zu dieser Unterscheidung eine einzige, oder eine Reihe von Messungen notwendig ist.

Ebenso wie sich der Widerstand einer einzelnen Gesteinsprobe mit der Durchfeuchtung verändert, ebenso verändert sich natürlich auch der Widerstand größerer, mit geologischen Leitern erfüllter Räume, wenn in diesen Veränderungen der Durchfeuchtung stattfinden. Dadurch erklärt sich auch der große Einfluß der Witterung. In Bild 15 sehen wir eine Spalte *Sp*, die mit irgendwelchen Schotterschichten überdeckt ist. Bei trockener Witterung werden die Oberflächenschichten schlecht leiten. Setzt nun aber Regen ein, so werden diese infolge der Durchfeuchtung ihre Leitfähigkeit erhöhen. Es ist dann der bei *a* eingezeichnete Widerstandsverlauf zu beobachten. Hört nun der Regen auf,

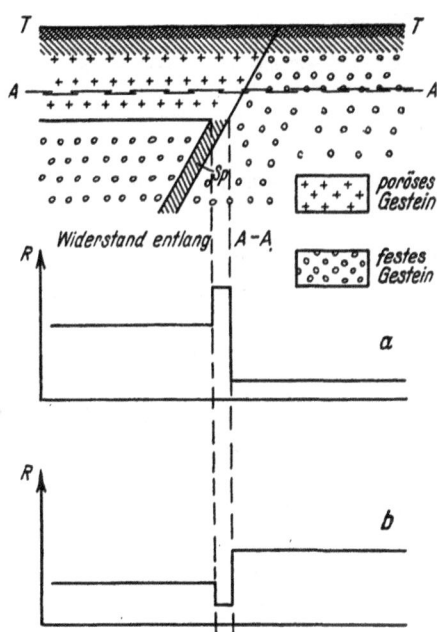

Bild 15. Widerstand entlang einer Spalte

so wird die lockere Spaltenfüllung bzw. der über dem Ausgehenden der Spalte gebildete Zuflußtrichter wieder rasch austrocknen, während andererseits das in das feste Gestein eingedrungene Wasser natürlich erst allmählich wieder ausgetrocknet wird. Dadurch kommt dann der bei *b* gezeichnete Widerstandsverlauf zustande. Man sieht also, daß unter gewissen Voraussetzungen eine Spalte oder ein Verwerfer in ganz verschiedener Weise die elektrischen Verhältnisse beeinflussen kann und daß daher irgendein Meßergebnis nur dann gedeutet werden kann, wenn die zur Zeit der Messung obwaltenden Witterungsverhältnisse bekannt sind. Bei Protokollen muß daher immer die Witterung vermerkt werden und es soll überdies auch die Witterung der Vortage angeführt werden.

Oft sind geologische Leiter mit feuchten Schichten überzogen. In Bild 16 sehen wir einen solchen Fall. Wenn nun das ganze Volumen gleichmäßig durchströmt wird, so spielen solche Schichten im allgemeinen eine nur geringe Rolle, weil ihr Anteil am Gesamtvolumen nicht bedeutend ist. Anders liegen aber die Verhältnisse wenn man mit sehr hohen Frequenzen arbeitet. Infolge der Stromlinienverdrängung wird da mitunter nur die äußerste Oberfläche durchströmt. Man erhält eine gewisse Eindringtiefe, die eine Funktion der Frequenz ist. Durch Änderung der Frequenz wird die Eindringtiefe geändert. Wenn nun aber die Eindringtiefe jenen Wert durchschreitet, der der Dicke der erwähnten Oberflächenschicht entspricht, so wird eine sprunghafte Veränderung der gemessenen elektrischen Eigenschaften eintreten. In Bild 16. ist dies durch das Ersatzschema dargestellt. Bei der ersten Frequenz soll die Eindringtiefe d_1 betragen, bei der zweiten Eindringtiefe dagegen d_2. Die Stärke der leitenden Schichte ist schraffiert eingezeichnet. Man sieht, daß die Ersatzschemen 1 und 2 verschieden sind. Daraus geht wieder hervor, daß insbesondere bei Messungen mit sehr hohen Frequenzen oft andere Werte erhalten werden als bei Messungen mit niedrigen Frequenzen. Wenn nun z. B. die Oberflächenschichte, wie sie in Bild 16 gezeichnet ist, sehr gut, das Innere aber sehr schlecht leitet, so erhalten wir bei Hoch- und Niederfrequenz zwei ganz verschiedene Werte. Bei Niederfrequenz wird der betreffende geologische Leiter einen sehr hohen spezifischen Widerstand aufweisen, bei Hochfrequenz dagegen nur einen ganz geringen, weil ohnehin nur die Oberflächenschichte in Betracht kommt. Bei genügend hoher Frequenz können wir daher unsere Untersuchungen nur auf die Oberfläche einschränken und es interessiert uns dann lediglich die Beschaffenheit dieser Oberflächenschichte und der von dieser umspannte Raum. Dadurch kommen wir zur Definition des sogenannten funkgeologischen Volumens. Als funkgeologisches Volumen wird jener Raum bezeichnet, der von einer leitenden Schichte allseits umgeben wird, deren Stärke gleich oder größer ist als die Eindringtiefe des in Betracht kommenden hochfrequenten Wechselstromes. Wenn also die Eindringtiefe d_1 beträgt, so wäre der ganze in Bild 16 oben dargestellte Raum als funkgeologisches Volumen mit den Eigenschaften der Oberflächenschichte zu betrachten. Wäre dagegen die Eindringtiefe des Stromes d_2, so kann das funk-

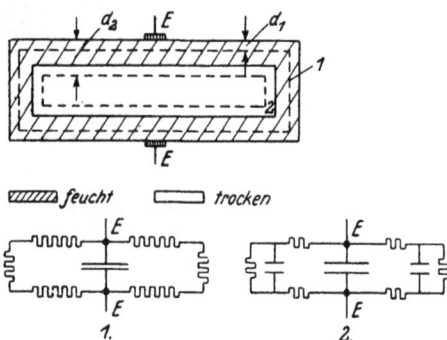

Bild 16. Oberflächlich durchfeuchteter geologischer Leiter

geologische Volumen nicht mehr in der gleichen Weise definiert werden, weil jetzt auch ein Teil der inneren, schlecht leitenden Schichten durchströmt wird. Eine notwendige Voraussetzung ist aber immer darin zu erblicken, daß der als funkgeologisches Volumen bezeichnete Raum allseits von einer gutleitenden Schichte umgeben wird. Wenn z. B. diese Schichte stellenweise unterbrochen wird, so ist die Anwendung dieses Begriffes nicht mehr zulässig. Es ist also z. B. unzulässig, den Untergrund als ein durch die Erdoberfläche begrenztes funkgeologisches Volumen zu beschreiben und dadurch für Räume, die z. B. mit schlecht leitendem, trockenem Gestein erfüllt sind, die Eigenschaften vorauszusetzen, die für gut leitende Oberflächenschichten gelten. Diese Annahme ist deshalb unzulässig, weil die Erdoberfläche Unterbrechungen aufweist und andererseits wieder, z. B. entlang gut leitender Spalten und Schichten, Ströme und Felder weit ins Erdinnere hineingeführt werden. Über das funkgeologische Volumen wird noch einiges mitgeteilt werden.

Mitunter kann natürlich auch das Umgekehrte der Fall sein. Es kann irgendein geologischer Leiter mit einer dünnen, schlecht leitenden Schichte überzogen sein, während der Kern eine höhere Leitfähigkeit besitzt. Ein Beispiel ist in Bild 17 dargestellt.

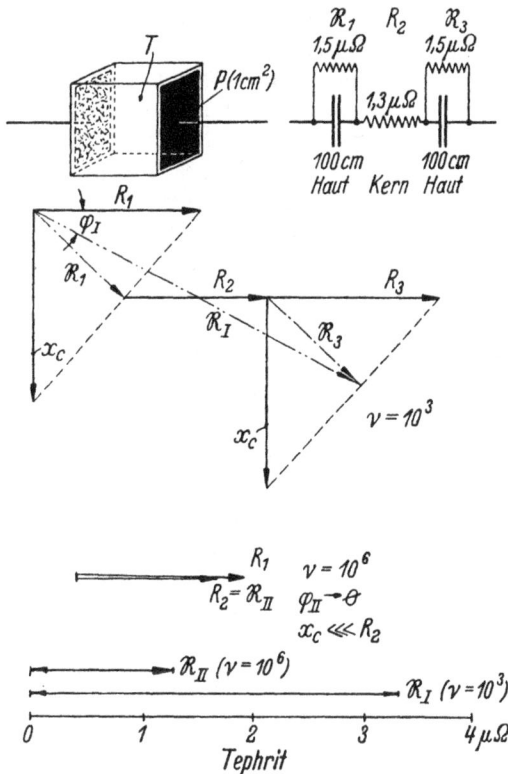

Bild 17. Geologischer Leiter mit schlechtleitender Oberfläche

Es handelt sich da um eine Tephritprobe. Auch in diesem Fall werden bei hohen und niedrigen Meßfrequenzen die elektrischen Verhältnisse ganz verschieden liegen. Bei niedrigen Frequenzen sind einfach die Widerstände zu addieren und, da an der ganz dünnen Oberflächenschichte ein Widerstand auftritt, der größer ist als der des ganzen Kernes, so wird in dem gemessenen Beispiel anstatt des richtigen Widerstandes von 1,3 Megohm ein solcher von 4,3 Megohm gemessen. Berücksichtigt man aber nun bei Hochfrequenz die kapazitive Komponente, so erhält man natürlich ein ganz anderes Bild. Infolge dieser Komponente tritt jetzt der Oberflächenwiderstand überhaupt nicht mehr in Erscheinung und es bleibt praktisch nur mehr der Widerstand des Kernes übrig. In Bild 17 sind die beiden Meßergebnisse einander gegenübergestellt. Dieses Beispiel ist für uns sehr wichtig. Es zeigt nämlich deutlich, daß die sogenannten Elektrodenfehler, die sonst bei jedem geophysikalischen Verfahren eine sehr große Rolle spielen, in der Funkgeologie oft gering sind. Wenn wir eine Elektrode an irgendeinen geologischen Leiter anlegen, so wird auch dann, wenn wir für einen besonders guten Kontakt zwischen der Metallplatte und dem Gestein sorgen, immer ein gewisser Übergangswiderstand auftreten. Dieser Widerstand kann besonders bei kleinen Proben mitunter Werte erreichen, die über oder zu mindestens in der Nähe der zu bestimmenden liegen. Im Falle der Tephritprobe erhielten wir z. B. einen Fehler von über 300%. Bei Hochfrequenz ist aber all' diesen Widerständen noch ein kapazitiver Widerstand parallel geschaltet, dessen Wert mit zunehmender Frequenz abnimmt. Dadurch scheiden die erwähnten Übergangswiderstände aus. Natürlich muß man dennoch für eine sorgfältige Kontaktgebung Sorge tragen. Nur dann, wenn die Kapazität zwischen Gestein und Metallplatte groß ist, kann auch bei beträchtlichem Ohmschen Übergangswiderstand ein richtiges Ergebnis erhalten werden. Dazu ist es notwendig, den Abstand zwischen Platte und Gestein so gering als möglich zu wählen. Man muß also die beiden fest aneinander pressen und größere Unebenheiten entsprechend ausgleichen. Tut man dies aber, so kann man in den meisten Fällen die sonst schwer zu eliminierenden Elektrodenfehler völlig vermeiden.

Ebenso wie man für einzelne geologische Leiter das Ersatzschema zeichnen kann, ebenso kann man dies natürlich auch, wenn stets auch nur in erster Annäherung, für größere von solchen Leitern erfüllte Räume skizzieren. In Bild 18 sehen wir z. B. das Ersatzschema für einen Erzgang. Das Hangende und Liegende besteht aus Schiefer. Auf der Seite der Strecke finden wir eine durchfeuchtete Schotterschichte. Über der Strecke liegt der Sicherheitspfeiler des Ganges und darüber der Versatz. Unter der Sohle ist ebenfalls noch Erz. Wir haben hier natürlich eine Reihe von Widerständen, die sich voneinander grundsätzlich unterscheiden werden. Die Widerstände der Ulmen sind durch den Schiefer bestimmt. Der Firstwiderstand ist durch den Gang, und wenn der Sicherheitspfeiler nicht sehr hoch ist, eventuell noch durch den ebenfalls stärker durchfeuchteten Versatz bestimmt. Der Sohlenwiderstand schließlich ist vorwiegend durch die feuchte Schotterschichte und überdies noch durch die Wasserseigen sowie die Schienen bestimmt. In Bild 18 ist unter diesen Voraussetzungen das Ersatzschema für zwei Antennen A eingezeichnet, die von der Sohle den Abstand h_a und von der Ulme den Abstand d_u haben. Es ist notwendig sich bei allen Messungen funkgeologischer Art zunächst ein Bild von den elektrischen Verhältnissen in der Umgebung des Meßortes zu machen. Nur dann ist man imstande aus dem Meßergebnis jene Faktoren auszuscheiden, die durch bereits bekannte Ursachen bedingt werden.

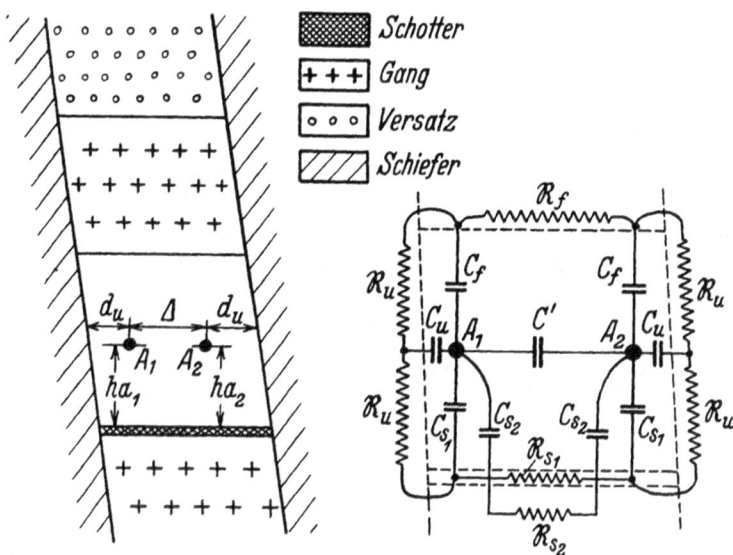

Bild 18. Ersatzschema für einen Erzgang

Die rein experimentelle Bestimmung der elektrischen Eigenschaften eines geologischen Leiters kann sicher nicht voll befriedigen. Es muß daher die Berechnung der Leitfähigkeit und Dielektrizitätskonstante angestrebt werden. Erst dann, wenn eine mathematisch einwandfreie Behandlung möglich ist, wird man für in Betracht kommende Leitergebilde richtige Ersatzschemen zeichnen können. Wenn wir die Leitfähigkeit und die Dielektrizitätskonstante der Bestandteile kennen, aus denen sich der geologische Leiter zusammensetzt, so können wir daraus die Eigenschaften des ganzen Gebildes ermitteln, wenn uns der räumliche Anteil der Bestandteile am Ganzen wohl bekannt ist und wir außerdem die Struktur kennen. In unserem Falle sind diese Bestandteile einerseits das feste, kristallinische Gerüst und die die Zwischenräume erfüllende wäßrige Lösung. Wenn wir einen kleinen Durchschnitt betrachten, so können wir je nach der Lagerung der einzelnen festen und flüssigen Phasen diese überwiegend parallel oder in Reihe geschaltet annehmen. Bei Parallelschaltung wird die DK des ganzen Gebildes gleich dem arithmetischen Mittel aus den Dielektrizitätskonstanten der

Anteile sein. Wir erhalten also

$$\varepsilon = \frac{1}{2}(\varepsilon_1 + \varepsilon_2).$$

Wenn dagegen die einzelnen Bestandteile als in Reihe geschaltet anzusehen sind, so haben wir für die resultierende Dielektrizitätskonstante das harmonische Mittel zu bilden. Dies ist

$$\varepsilon = 2\frac{\varepsilon_1\,\varepsilon_2}{\varepsilon_1 + \varepsilon_2}.$$

Der Fall wird wesentlich schwieriger, wenn die einzelnen Bestandteile nicht den gleichen Anteil am Gesamtkörper beanspruchen können. Wir müssen in diesem Fall den sogenannten Berechtigungsfaktor einführen. Der Berechtigungsfaktor ist vornehmlich vom Volumanteil anhängig, der dem Bestandteil vom Gesamtvolumen zukommt. Bezeichnen wir jenen mit ϑ, so erhalten wir für die Dielektrizitätskonstante des Mischkörpers

$$\varepsilon = \varepsilon_1{}^{\vartheta_1} \cdot \varepsilon_2{}^{\vartheta_2}$$

(nach Lichtenecker), wenn die einzelnen Bestandteile im Raume regellos angeordnet sind. In gleicher Weise ermittelt man dann auch die Leitfähigkeit σ des Mischkörpers

$$\frac{1}{\sigma} = \left(\frac{1}{\sigma_1}\right)^{\vartheta_1} \cdot \left(\frac{1}{\sigma_2}\right)^{\vartheta_2}.$$

Wenn nun die Bestandteile nicht regellos angeordnet sind, sondern eine gewisse Struktur zum Ausdruck kommt, so erhalten wir die von Wiener berechneten Ausdrücke, die in der folgenden Tafel zusammengestellt sind.

Tafel
Formeln nach Wiener

Anordnung	ε_u	Mischformel
Allgemein	ε_u	$\dfrac{\varepsilon - \varepsilon_u}{\varepsilon + 2\,\varepsilon_u} = \vartheta_1\dfrac{\varepsilon_1 - \varepsilon_u}{\varepsilon_1 + 2\,\varepsilon_u} + \vartheta_2\dfrac{\varepsilon_2 - \varepsilon_u}{\varepsilon_2 - 2\,\varepsilon_u}$
Schichten $\perp$ Kraftlinien	0	$\dfrac{1}{\varepsilon} = \dfrac{\vartheta_1}{\varepsilon_1} + \dfrac{\vartheta_2}{\varepsilon_2}$
Schichten $\parallel$ Kraftlinien	∞	$\varepsilon = \vartheta_1\,\varepsilon_1 + \vartheta_2\,\varepsilon_2$

In dieser Tafel bedeutet ε_u

$$\varepsilon_u = u\,\frac{\varepsilon}{2},$$

wobei u der sogenannte Durchlaßfaktor ist. Dieser Faktor soll zum Ausdruck bringen, ob infolge der Struktur die einzelnen Teile vorwiegend in Reihe oder aber nebeneinander geschaltet sind. Je größer der Durchlaßfaktor ist, desto mehr neigt das ganze Gebilde zur Parallelschaltung.

Löwy hat nun eine andere Art der Darstellung gewählt, um die Dielektrizitätskonstante eines geologischen Leiters zu ermitteln. Wir bezeichnen $v_w...v_g$ und v_l die perzentuellen Volumsanteile der mit wäßriger Lösung, mit fester Gesteinssubstanz und mit Luft erfüllten Raumanteile. In diesem Falle erhalten wir dann

$$\frac{\varepsilon - 1}{\varepsilon + 2} = v_w + v_g\,(\varepsilon_g),$$

wobei $v_w + v_g + v_l = 1$ ist.

Wenn nun in einem geologischen Leiter, der so beschrieben ist, Regenwasser eindringt, so können wir nach Löwy aus der Veränderung der Dielektrizitätskonstante sowohl die Tiefe ermitteln, bis zu der das Regenwasser eindringt, als auch den Gehalt an wäßriger Lösung in irgendeiner untersuchten Schichte. Die Eindringtiefe des Regenwassers H_r bestimmt in folgender Weise die Dielektrizitätskonstante:

$$H_r = \frac{h_r}{[\bar{\varepsilon} + \varDelta\,\bar{\varepsilon}] - \bar{\varepsilon}}.$$

In dieser Gleichung bedeutet

$$[\bar{\varepsilon}] = \frac{\varepsilon - 1}{\varepsilon + 2}$$

und h_r die Niederschlagshöhe in Längeneinheiten. In der Gleichung

$$[\bar{\varepsilon}] = v_w + v_g\,[\varepsilon_g]$$

sind alle Glieder positiv. Setzt man nun v_w gleich $[\bar{\varepsilon}]$, so erhält man für v_w den Höchstwert des Wassergehaltes für die untersuchte Schichte. Die Kurven

$$\{[\bar{\varepsilon}] = \text{const}\}$$

heißen DK-Gleichen. Löwy hat in den letzten Jahren in der westlichen Wüste Ägyptens eine große Zahl solcher Messungen durchgeführt und die entsprechenden DK-Gleichen gezeichnet. In Bild 19 sehen wir ein Beispiel. Es handelt sich um ein Versuchsgelände in dieser Wüste in der Nähe von Kairo. Aus den DK-Gleichen kann man auf die hydrologischen und petrographischen Eigenschaften der in Betracht kommenden geologischen Leiter schließen. Die hydrologischen Eigenschaften sind durch den Tiefenverlauf, die petrographischen durch den zugehörigen v_w-Gehalt bedingt. Aus der Tiefe der DK-Gleiche kann man erkennen, bis zu welcher Tiefe der Boden durchfeuchtet ist und aus dem Volumen, das mit Lösung erfüllt ist, kann man wieder auf die Porosität und damit auf die petrographischen Eigenschaften des Gesteins schließen.

Wir haben schon früher das sogenannte funkgeologische (oft auch elektrodynamisch genannte) Volumen besprochen. In unserem Falle haben wir es mit festen Anteilen von geringer DK und mit Wasser

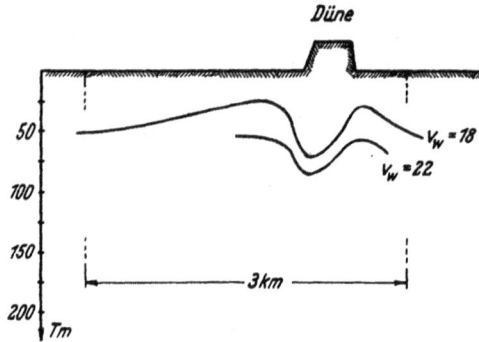

Bild 19. DK-Gleichen

zu tun, dessen DK bei 81 liegt. Nehmen wir nun an, daß die DK des Wassers in allen Fällen die gleiche ist, so können wir die besprochenen DK-Gleichen auch als den Ort aller Punkte gleichen funkgeologischen Volumens betrachten. Wenn wir gutleitende Erze zu beschreiben haben, so tritt zum Porenwasser auch noch das eben mit diesen gut leitenden Erzen erfüllte Volumen. Das gesamte funkgeologische Volumen setzt sich dann aus jenem für die wäßrige Lösung und dem für das Erz zusammen.

Anschließend seien noch einige Tafeln mitgeteilt, über deren Beurteilung schon früher gesprochen wurde.

Tafel I
Widerstand trockener geologischer Leiter

Gestein	Widerstand	Autor
Granite	$10^9...10^{11}\ \Omega$ cm	Löwy
Granite	$\sim 10^7$	Reich
Granite	$10^8...10^9$	Haalck
Granit (Limbach)	10^7	Löwy
Syenit	$10^6...10^{10}$	Löwy
Syenit	$10^8...10^{11}$	Haalck
Basalte	$10^8...10^{11}$	Haalck
Basalte	$\sim 10^8$	Löwy
Basalttuff	$\sim 10^9$	Fritsch
Tephrite	$\sim 10^6...10^7$	Fritsch
Diabas	$\sim 10^8$	Löwy
Diabas	$\sim 10^8$	Reich
Gneis	$\sim 10^9...10^{11}$	Löwy
Gneis	$10^8...10^{11}$	Haalck
Glimmerschiefer	$\sim 10^{10}$	Löwy
Phyllit	$\sim 10^9$	Löwy
Schiefer (Kotterbach)	$\sim 10^6$	Fritsch
Schieferton	$\sim 10^5...10^6$	Haalck
Tonschiefer	$\sim 10^8$	Reich
Devonkalk	10^{11}	Löwy
Devonkalk (Mähren)	10^6	Fritsch
Kalk	10^{10}	Haalck
Kalk	10^{10}	Reich
Buntsandstein	$\sim 10^{11}$	Löwy
Sandstein	$10^9...10^{11}$	Haalck
Sandstein	$10^7...10^8$	Reich
Sandstein	10^7	Fritsch
Grauwacke	10^{10}	Haalck
Grauwacke	10^{11}	Löwy
Quarz	10^{14}	Haalck
Quarzgemenge	$10^9...10^{10}$	Fritsch
Marmor	10^{10}	Haalck

Tafel II
Widerstand trockener Erze

Erz	Widerstand	Autor
Haematit	$10^5\ \Omega$ cm	Fritsch
Haematit	$10^6...10^9$	Haalck
Spateisenstein	$10^8...10^9$	Fritsch
Spateisenstein	10^9	Löwy
Roteisenstein	$10^6...10^9$	Haalck
Magnetkiese	$10^{-1}...10$	Löwy
Magnetkiese	10^{-1}	Haalck
Kupferkiese	$10^{-1}...10$	Löwy
Schwefelkiese	10^{-1}	Löwy
Graphitschiefer	~ 350	Reich
Pyriterze	$\sim 10^4$	Reich
Bleiglanz	$\sim 10^{-5}$	Haalck

Tafel III
Widerstand trockener Kohle

Kohle	Widerstand	Autor
Steinkohle	$10^9...10^{10}$	Löwy
Braunkohle	$10^9..10^{10}$	Löwy
Kohle	10^9	Haalck

Tafel IV
Feuchtwiderstände verschiedener geologischer Leiter

Leiter	Widerstand	Autor
Kalk	$10^5 \ \Omega$ cm	Smith-Rose
Kalk (angefeuchtet)	10^7	Reich
Kalk	$10^5...10^6$	Fritsch
Diabas	$\sim 10^4$	Reich
Dolomit	$10^5...10^6$	Reich
Granit	$10^4...10^5$	Reich
Sandstein	$10^5...10^6$	Reich
Sandstein	$10^4...10^9$	Haalck
Sandstein	10^5	Fritsch
Tonschiefer	10^6	Reich
Quarzgemenge	$10^6...10^7$	Fritsch
Tephrite	$10^5...10^6$	Fritsch
Bakulitenmergel	$10^4...10^5$	Fritsch
Haematit	10	Fritsch
Bleizinkerz	$0,1$	Reich
Graphitschiefer	$\sim 0,5$	Reich
Kohle	$10^6...10^9$	Haalck

Tafel V
Allgemeine Angaben über durchfeuchtete geologische Leiter

Leiter	Widerstand	Autor
Porenarme feste Gesteine	$10^5...10^6 \ \Omega$ cm	Reich
Porenarme feste Gesteine	$10^5...10^6$	Fritsch
Süßwasserführendes Gestein	10^5	Löwy
Normale feuchte porenreiche Sedimente	$10^4...10^5$	Reich
Salzwasserführendes Gestein	10^3	Löwy
Sandstein mit 26% Porenvolumen mit 20% NaCl-Lösung	~ 30	Reich
Öldurchtränktes Gestein	10^{10}	Löwy
Ölkreide	$10^6...10^9$	Koenigsberger
Ölsande	$10^7...10^9$	Koenigsberger
Gesteine mit weniger als 5% Erzgehalt	10^7	Reich
Sulfiderze mit 5...50% Erzgehalt	$10^4...10^5$	Reich
Oberflächenschichten im ariden Klima	$> 3 \cdot 10^5$	Koenigsberger

Tafel VI

Widerstände wäßriger Lösungen

Lösung	Widerstand	Autor
Destilliertes Wasser	$\sim 3{\cdot}10^4\ \Omega$ cm	Hlauschek
Salzhaltiges Wasser	5...100	Hlauschek
Salzwasser 5%	15	Haalck
10%	8	Haalck
20%	5	Haalck
20% NaCl-Lösung	~ 5	
Normale Grundwässer	$3{\cdot}10^3...15{\cdot}10^3$	Hlauschek
Oberflächenwässer	$10...3{\cdot}10^5$	Sundberg
Juvenile Wässer	~ 30	Hummel
Sedimentationswässer	> 10	Hummel
Wasser über einem Salzdom	10^3	Schlumberger

Tafel VII

Widerstand des Erdöls

Oel	Widerstand	Autor
Rohöl	$10^{10}...10^{14}\ \Omega$ cm	Koenigsberger

Tafel VIII

Feuchtwiderstand verschiedener Böden

Boden	Widerstand	Autor
Steiniger Boden	$4{\cdot}10^5\ \Omega$ cm	Löbl
Sandboden	$\sim 10^6$	Krönert
Nährstoffarme Sande	$16{\cdot}10^3...38{\cdot}10^3$	Henney
Nährstoffreiche Sande	$9{\cdot}10^3...2{\cdot}10^4$	Henney
Lehmhaltige Sande	$6{\cdot}10^3...13{\cdot}10^3$	Henney
Sandiger Lehm	$2{\cdot}10^3...33{\cdot}10^3$	Krönert
Lehmboden	150...2500	Krönert
Lößlehm ziemlich trocken	$4{\cdot}10^4...7{\cdot}10^4$	Fritsch
Lehmiger Sand (luftgetrocknet)	$5{\cdot}10^5$	Fritsch
Lehme	1500...6000	Henney
Sandboden	$5{\cdot}10^4$	Löbl
Sandboden (trocken)	10^5	Löbl
Moorböden	$10^3...2{,}5{\cdot}10^3$	Henney
Moorboden	$10^3...5{\cdot}10^3$	Krönert
Moorboden	$5{\cdot}10^3$	Löbl
Ackerboden	10^4	Löbl
Humus	$10^3...2{,}5{\cdot}10^3$	Henney
Kies	$10^4...3{\cdot}10^4$	Krönert

Tafel IX
DK verschiedener geologischer Leiter
(Mit Niederfrequenz gemessen)

Leiter	DK	Autor
Trockene Böden	2,6...2,8	Smith-Rose
Böden mit 3,6% Wasser	2,3...5,6	Smith-Rose
Böden mit 16...30% Wasser	18...30	Smith-Rose
Böden (feucht)	$\sim$ 20	Ratcliffe u. Shaw
Kalk	21...34	Smith-Rose
Kalk	8...12	Löwy
Lehm	25...34	Smith-Rose
Faseriger Lehm	23	Smith-Rose
Tonerde	29...75	Smith-Rose
Tonerde und Sand	42...48	Smith-Rose
Trockenes Gestein	7	Löwy
Öldurchtränktes Gestein	7...80	Löwy
Wasserhaltige Schichten	...80	Löwy
Erzschichten	< 80	Löwy
Brauneisenstein	10...11	Löwy
Roteisenstein	25	Löwy
Granit	7...9	Löwy
Syenit	13...14	Löwy
Basalt	12	Löwy
Gneis	8...15	Löwy
Glimmerschiefer	16...17	Löwy
Quarzitschiefer	9	Löwy
Grauwacke	9...10	Löwy
Steinsalz	5,6	Schmidt
Erdöl	2,1	Koenigsberger
Eis[1]	93	Thomas
Eis[1]	100	Dewar u. Fleming

[1] Über die DK des Eises bei HF wird noch später gesprochen werden.

II. Die wichtigsten Verfahren der Funkmutung

Die Funkmutung baut immer auf drei mögliche Messungen auf: auf die Bestimmung der Frequenz, der Stärke und Richtung des Stromes oder Feldes und schließlich auf die Bestimmung der Phasenlage. Bei den niederfrequenten Verfahren fällt das Bestimmungsstück der Frequenz praktisch aus. Bei den niedrigen und mittleren Frequenzen verändern sich die elektrischen Eigenschaften der geologischen Leiter nur wenig mit der Frequenz und die Verschiebungsströme kommen kaum in Betracht. Bei den Gleichstromverfahren scheidet schließlich auch noch die Phasenlage als Bestimmungsstück aus. Bei diesen gibt es also praktisch nur eine meßbare Größe. Die hochfrequenten Verfahren haben ihrer drei und damit die höchstmögliche Zahl. Dies führt einerseits dazu, daß die Messungen oft recht kompliziert werden, andererseits aber gestattet dies eine sehr weitgehende Modifikation der Verfahren. Diese können besonderen Aufgaben oft viel günstiger angepaßt werden als bei niedrigen Frequenzen. Es gibt daher auch eine sehr große Zahl von Verfahren der Funkmutung. Einige wichtige sollen nun herausgegriffen werden. Da fast bei jeder funkgeologischen Messung gewisse Hilfsuntersuchungen nötig sind, so sollen diese ebenfalls in diesem Abschnitte kurz zusammengefaßt werden.

A. Übersicht

Grundsätzlich zu unterscheiden sind die Widerstandsverfahren von jenen, die aus der Ausbreitung des Feldes auf die Beschaffenheit des durchstrahlten Raumes schließen. Die Widerstandsverfahren bauen auf Messungen des Ohmschen- und Verschiebungsstromes auf. Gegenüber den niederfrequenten Verfahren bedeuten daher die verschiedenen Kapazitätsverfahren eine wesentliche Ausweitung. In jeder dieser Gruppen gibt es weitere Möglichkeiten. Die in der Praxis mehr oder weniger erprobten Verfahren seien nun kurz zusammengestellt.

1. Das einfache Absorptionsverfahren

An zwei Punkten wird das Feld nach Stärke, Richtung und ev. Phasenlage bestimmt. Daraus wird der Rückgang der Feldstärke über den zwischen den beiden Punkten gelegenen Weg berechnet und aus diesem wieder die Absorption des Raumes, den dieser Weg durchsetzt. Die Absorption ist von den elektrischen Eigenschaften dieses Raumes, von der Meßfrequenz und von der elektrischen Struktur abhängig. Durch Vergleich oder Berechnung kann man nun aus der gemessenen Absorption auf die elektrischen Eigenschaften und aus diesen wieder auf die geologisch-mineralogische Beschaffenheit des untersuchten Raumes schließen. Die Auswertung kann nach zwei Gesichtspunkten hin geschehen. Entweder man untersucht die elektrische Beschaffenheit des ganzen durchstrahlten Raumes oder aber man sucht in diesem einen geologischen Leiter von bestimmten, bekannten Eigenschaften, die sich von denen des übrigen Raumes deutlich unterscheiden. Man kann also z. B. einmal feststellen, ob das durchstrahlte Gebirge mehr oder weniger stark durchfeuchtet ist oder zum anderen untersuchen, ob sich in diesem Gebirge eine Erzlinse, eine Höhle oder ein Wasservorkommen von bestimmter Begrenzung befindet.

Meßtechnisch unterscheiden wir Verfahren, die den elektrischen Vektor messen von jenen, die den magnetischen ermitteln. Die Frequenz bleibt bei den einfachen Absorptionsverfahren stets konstant. Sie kann aber den besonderen Voraussetzungen angepaßt werden.

Um die nach diesem Verfahren erhaltenen Angaben auswerten zu können, ist stets die Bestimmung des Weges zwischen den Meßpunkten nötig. Dieser muß als bekannt in die Rechnung eingesetzt werden. Wenn der Weg gerade ist, so ist dies leicht möglich. Anderenfalls treten aber bedeutende Schwierigkeiten auf, die zur Anwendung der nächsten Methode drängen.

2. Das Frequenzverfahren

Wir haben bereits gesehen, daß oft die elektrischen Eigenschaften geologischer Leiter in weitgehender Weise von der Meßfrequenz abhängig sind. Ist nun der funktionelle Zusammenhang zwischen diesen beiden Größen bekannt, so kann aus dessen meßtechnischer Bestimmung auf die elektrischen Eigenschaften des untersuchten Raumes geschlossen werden. Es werden wieder zwei Meßpunkte gewählt, zwischen denen der zu untersuchende Raum liegt. Es wird nun an diesen Orten die Feldstärke eines eingestrahlten Feldes gemessen, dessen Frequenz verändert wird. Auf diese Weise wird die oft für einen geologischen Leiter charakteristische sog. funkgeologische Kurve ermittelt. Bei diesem Verfahren spielt die Entfernung der beiden Meßpunkte keine Rolle. Ebenso ist es dann einerlei, ob der Weg zwischen diesen gerade oder kurvenförmig verläuft. Es ist allerdings nötig, daß der Weg bei allen Meßfrequenzen gleich bleibt. Da die Bestimmung des Weges oft auf unüberwindliche Hindernisse stößt, so dürfte in Zukunft gerade dieses Verfahren wohl an Bedeutung gewinnen.

3. Das Reflexionsverfahren

Dieses Verfahren wurde früher wohl als das wichtigste betrachtet. Auf den ersten Blick scheint es auch sehr einfach zu arbeiten. Von einem Sender wird ein Feld erzeugt und dieses in den zu untersuchenden Raum eingestrahlt. Wenn dieses Feld nun an eine scharfe Diskontinuitätsfläche gelangt, so wird es entweder gebeugt oder zurückgeworfen. In beiden Fällen kann die Lage dieser Schichte nach den aus der Optik her bekannten Gesetzen berechnet werden.

Die hauptsächlichste Schwierigkeit besteht aber nun darin, daß es die erforderlichen scharf ausgeprägten Diskontinuitätsflächen in der Natur niemals gibt. Nur in wenigen Fällen gibt es Flächen, an denen zumindest ein großer Teil der eingestrahlten Feldenergie zurückgeworfen wird. Aber auch in diesen Fällen verläuft der Weg, über den das Feld hin und zurück schreitet sehr kompliziert. Die Reflexionsverfahren wurden zur Erforschung der Ionosphäre sehr weit ausgebaut und es ist daher naheliegend, wenn man bestrebt ist, sie auch für die Zwecke der Funkmutung auszuwerten. Bisher waren die Ergebnisse aber keineswegs zufriedenstellend und auch in Zukunft dürften sie kaum besser werden. Wesentlich anders liegen allerdings die Verhältnisse, wenn man an die Untersuchung der in großen Tiefen gelegenen Diskontinuitätsschichten schreiten würde. Bisher fehlt es an solchen Versuchen noch gänzlich. Theoretisch liegen aber die Voraussetzungen durchaus günstig und man kann daher annehmen, daß in Zukunft einmal die Funkmutung bei der Erforschung des Erdinneren nach ähnlichen Verfahren arbeiten wird wie heute schon lange die Ionosphärenforschung.

4. Das Ersatzkapazitätsverfahren

Dieses Verfahren ist sicher eines der ältesten und wird heute vielleicht am meisten verwendet. Es hat sicher auch die höchstentwickelte Meßtechnik. Sein Prinzip ist einfach. Über dem zu untersuchenden Untergrunde wird eine Antenne oder ein Antennendipol verspannt und nun durch Messung der Eigenfrequenz seine Ersatzkapazität bestimmt. Diese Ersatzkapazität wird nun in Abhängigkeit von den variabel gewählten Bestimmungsgrößen dargestellt. Die so erhaltenen Kurven werden entweder nach Berechnung oder durch Vergleich ausgewertet. Die Voraussetzungen, die bei der Auswertung der Meßergebnisse zu beachten sind, werden wir noch genauer kennenlernen. Der wesentliche Vorteil dieses Verfahrens ist wohl darin zu suchen, daß es rasch anzuwenden ist und daß seine theoretische und apparatetechnische Grundlage doch schon viel besser untermauert ist als dies bei anderen Verfahren der Fall ist. Das Verfahren wird in der Regel auf der Oberfläche des zu untersuchenden Raumes eingesetzt. Die Meßantennen können aber auch in Sonden eingehängt werden und dadurch können Aufschlüsse noch in größerer Teufe erzielt werden. In mancher Hinsicht erinnert dieses Verfahren an die aus der allgemeinen Geoelektrik her bekannten Widerstandsverfahren. Es werden an Stelle der Ohmschen vorwiegend Verschiebungsströme gemessen. An die Stelle der Elektroden tritt die Meßantenne, die mit dem Untergrunde kapazitiv gekoppelt ist. Im übrigen können aber auch Elektroden verwendet werden, die direkt auf dem zu untersuchenden geologischen Leiter aufgesetzt werden. Wir kommen dann zu den reinen Widerstandsverfahren.

5. Widerstandsverfahren mit Ohmscher Elektrodenankoppelung

Die aus der allgemeinen Geoelektrik her bekannten Widerstandsverfahren können auch in der Funkmutung verwendet werden. Die Elektroden ruhen direkt am Untergrunde auf. Es wird lediglich die Meßfrequenz entsprechend erhöht. Die Erfahrungen, die in der allgemeinen Geoelektrik gesammelt wurden, können allerdings von der Funkmutung keineswegs ohne weiteres übernommen werden. Vor allem ist der Aufschlußraum in ganz anderer Weise bestimmt als bei niedrigen Meßfrequenzen. Es wird entweder die Veränderung des Stromes oder aber die dem untersuchten komplexen Widerstand zugeteilte Ersatzkapazität gemessen. Die Verfahren werden in der letzten Zeit ausgebaut, wenngleich sie noch wenig verwendet werden.

6. Diagrammverfahren

Dieses Verfahren verdankt seinen Namen der diagrammatischen Auswertung seiner Versuchsergebnisse. Es ist ein Ausbreitungsverfahren, bei dessen Anwendung der Sender an der Oberfläche des zu untersuchenden Raumes steht. Auch die Messungen werden an der Oberfläche durchgeführt. Unter dem Einflusse der unter der Meßfläche gelegenen geologischen Leiter wird das Feldstärkediagramm des Versuchssenders verformt. Aus dieser Verformung wird dann auf die elektrische Beschaffenheit der im Untergrunde enthaltenen geologischen Leiter geschlossen. Diese Verfahren knüpfen an theoretische und experimentelle Untersuchungen an, die eigentlich schon in den ersten Tagen der Funkphysik unternommen wurden. Sie können überdies auch noch die reichlichen Erfahrungen ausnutzen, die bei der Beobachtung der Reichweite verschiedener Sender gesammelt werden konnten. Leider nehmen gerade diese noch keineswegs in jenem Maße auf geoelektrische Faktoren Rücksicht als es nötig wäre. Immerhin dürfte aber gerade dieses Verfahren bei der Untersuchung größerer Räume recht wertvolle Dienste leisten.

Die Diagrammmethode kann in ähnlicher Weise verwendet werden wie die Absorptionsmethode. Man bestimmt entweder die Beschaffenheit des Untergrundes, oder aber man sucht einen Leiter von abweichenden elektrischen Eigenschaften in diesem einzugrenzen. Um dies durchzuführen wird z. B. der Sender über dem zu suchenden Leiter aufgestellt und in ihm geerdet.

7. *DK*-Methode

Diese und die folgende Methode bilden einen Übergang von der Funkmutung zu den schon seit jeher angewandten Verfahren der Hochfrequenzmeßtechnik. Es wird die Dielektrizitätskonstante des Untergrundes, und zwar in der Regel durch Vermessung von Einzelproben bestimmt. Aus dieser und der bekannten Leitfähigkeit werden dann Schlüsse auf die elektrische Struktur ermöglicht.

8. Leitfähigkeitsmethode

Dieses Verfahren arbeitet ganz ähnlich dem vorigen, nur wird an Stelle der *DK* die Hochfrequenzleitfähigkeit bestimmt.

9. Einstrahlungsmethode

Einer mit dem zu untersuchenden Untergrund gekoppelten Sendeantenne wird eine gewisse Energie entzogen, die gemessen werden kann. Aus der Höhe dieses Energieentzuges kann auf die elektrische Beschaffenheit des Untergrundes geschlossen werden. Diese Verfahren sind verhältnismäßig alt, wurden aber dennoch bisher ziemlich selten verwendet. Es besteht aber durchaus die Möglichkeit, daß sie in Zukunft an Bedeutung gewinnen und insbesondere für die Ermittlung der Tektonik herangezogen werden.

In der folgenden Tafel sind die besprochenen Verfahren zusammengestellt. Die Widerstandsmethode wurde in diese Tafel nicht aufgenommen, weil sie nach den gleichen Verfahren arbeitet wie die Widerstandsverfahren der allgemeinen Geoelektrik. In der Tafel sind immer die zu messenden Größen M, die als bekannt vorausgesetzten B und die aus beiden durch Rechnung zu ermittelnden Größen R eingetragen. Es ist klar, daß außer den hier skizzierten Verfahren auch noch andere möglich sind. Bisher wurden solche aber noch nicht praktisch verwendet.

B. Auswahl des geeigneten Verfahrens

Ehe man an die Durchführung der Funkmutung schreitet, muß man das geeignete Verfahren auswählen. Sehr oft wird es nötig, nicht nur ein Verfahren einzusetzen, sondern mehrere miteinander entsprechend zu kombinieren. Unter Umständen wird man auch noch andere Verfahren gleichzeitig anwenden. Man muß sich überhaupt vor Augen halten, daß in der angewandten Geophysik ein einziges Verfahren keineswegs immer zum Ziele führen muß. Durch gleichzeitigen Einsatz mehrerer Verfahren gelingt es sehr oft über die Vieldeutigkeit, die dem nach bloß einer Methode gewonnenen Ergebnis anhaftet, hinwegzukommen.

Für die Auswahl ist vor allem die Art der gestellten Aufgabe und dann die Beschaffenheit des Meßortes maßgebend. Wir müssen zwischen

Zahlentafel 1. Wichtige Methoden der Funkmutung

M = zu messen B = als bekannt vorausgesetzt R = Resultat

(Wird event. während der Messung geändert)

Nr.	Name der Methode	elektrische Feldstärke: E Wert	E Richtung	Magnetische Feldstärke: H Wert	H Richtung	Frequenz ν	Dielektrizitäts-konstante: ε	Permeabili-tät: μ	Leitfähigkeit: κ	Struktur	Feld	Von der Quelle	Verschnitt	Lage des Leiters	Bemerkung
1	Absorptionsmethode zur Bestimmung { der Art	M	—	—	—	B	—	—	R	B[1]	B	B	B	B	[1] muß immer homogen sein
2	des Ortes	M	—	—	—	B	—	—	B	B[1]	B	B	R	R[2]	[2] durch Vergleich mehrerer Messungen
3	Reflexionsmethode	M	M	M[3]	M[3]	B	B	B	B	B[4]	B	B	—	R	[3] fallweise [4] jedes Medium homogen
4	Kapazitätsmethode	Es wird die Eigenwelle der Antenne gemessen					B	B	B	B[5]	R	B	—	R	[5] wird zuerst angenommen u. dann nachkontrolliert
5	Diagrammmethode zur Bestimmung { der Art	M	M	M[3]	M[3]	B	B	B	B	B[5]	—	—	—	R	
6	des Ortes	M	M	M[3]	M[3]	B	R	R	R	B[5]	—	—	—	B	
7	ε-Methode	—	—	—	—	B	M	—	B[5]	R	—	—	—	—	
8	κ-Methode	—	—	—	—	B	—	—	M	R	—	—	—	—	
9	Einstrahlungsmethode zur Bestimmung { der Art	Es wird die Energieabgabe gemessen					R	—	R	B	—	—	—	R	
10	der Tektonik					B'	B	—	B	R	—	—	—	—	

Untersuchungen unterscheiden, deren Aufgabe darin besteht, ein ungefähres Bild von den geologischen Bodenverhältnissen über eine größere Fläche zu schaffen und solchen, die Details bestimmen sollen. Wollen wir die erste Aufgabe behandeln, so kommen in erster Linie die verschiedenen Ausbreitungsverfahren in Betracht, also ober Tags die Diagrammethode, unter Tags die Absorptionsverfahren. Handelt es sich dagegen um die Bestimmung von Details, so sind vorwiegend Kapazitätsverfahren anzuwenden. Da man natürlich eine große Fläche nicht nach der Kapazitätsmethode untersuchen kann, da dies viel zu viel Zeit in Anspruch nehmen würde, so ist es notwendig, das Meßgelände zunächst entsprechend einzugrenzen. Ein gründliches Studium der geologischen Voraussetzungen wird einem da wertvolle Anhaltspunkte geben. Hierauf können jene Verfahren eingesetzt werden, die zunächst eine Untersuchung in großen Zügen gestatten und erst bis dadurch das Meßgelände neuerlich eingegrenzt wurde, kommen die Verfahren in Anwendung, die die einzelnen Details untersuchen. Die Eingrenzung des Versuchsraumes ist vielleicht die wichtigste, wenn auch oft am schwersten zu erfüllende Forderung, die der Einleitung der Funkmutung vorhergehen muß.

Aber auch die Beschaffenheit des Meßortes hat bestimmenden Einfluß auf die Wahl des Verfahrens. Wenn wir z. B. unter Tags in einem stark gestörten Gebirge arbeiten, so werden wir nicht das einfache Absorptionsverfahren verwenden. Wir wissen, daß in einem solchen Fall der Weg zwischen den Meßpunkten infolge der Störungen ungerade verlaufen wird und daß daher die Auswertung der Ergebnisse schwer möglich ist. Aus diesem Grunde wird man z. B. zum Frequenzverfahren greifen. Wenn andererseits das Gebirge völlig homogen ist und es sich darum handelt, größere Einschlüsse von sehr abweichender elektrischer Eigenschaft nachzuweisen, so wird man ruhig zum einfachen Absorptionsverfahren greifen. Mit diesem wird man z. B. Karsthöhlen und ähnliches nachweisen, während das Frequenzverfahren zum Nachweis von Gängen in stark gestörtem Gebirge herangezogen wird. Oft wird es auch schwierig sein die geeignete Meßstelle zu wählen. Es ist z. B. durchaus möglich, daß ein Erzgang sich in den oberen Horizonten vom Nebengestein nicht unterscheidet, während in größerer Teufe der Unterschied leicht nachzuweisen ist. In einem solchen Fall wird man die Meßpunkte entsprechend tiefer legen müssen und das ist natürlich auch wieder für die Wahl des zu verwendenden Verfahrens nicht gleichgültig.

Im allgemeinen muß man sich vor Augen halten, daß fast bei jeder Untersuchung zunächst die Methode gewählt werden muß und daß diese sich fast stets mehrerer Verfahren gleichzeitig bedient. Ist eine brauchbare Methode einmal gefunden, so verläuft die übrige Messung mehr oder weniger mechanisch. Die richtige Wahl des Verfahrens erfordert aber vor allem eine entsprechende Erfahrung. Im Schlußabschnitt dieser Arbeit werden einige praktische Anwendungsbeispiele aufgezählt. Man wird diesen Beispielen auch manche Gesichtspunkte entnehmen, die für die Wahl der Meßmethode maßgebend sind.

C. Ergänzende Messungen

Fast bei jeder Funkmutung ist es notwendig durch zusätzliche Messungen alle jene Bestimmungsgrößen zu erfassen, die bei der Deutung des Meßergebnisses von Wert sind. In den folgenden Zeilen soll über jene Hilfsmessungen eine Übersicht gewonnen werden, die hier besonders wichtig sind. Zunächst einmal seien kurz die Verfahren zur Bestimmung der elektrischen Eigenschaften geologischer Leiter und ihre Anwendung skizziert, daran anschließend eine Übersicht über das Gebiet der Elektrohydrologie und Dielkometrie gegeben und schließlich wird noch einiges über die Anwendung der Verfahren der allgemeinen Geoelektrik gesagt. Es ist im allgemeinen nur zu empfehlen jede mögliche Hilfsmessung durchzuführen, da dadurch die Deutung der Ergebnisse wesentlich erleichtert und ihre Zuverlässigkeit bedeutend erhöht wird.

Wenn wir ein bestimmtes Gelände funkgeologisch untersuchen, so haben wir zunächst ein Interesse daran, Aufschlüsse über die ungefähre elektrische Struktur, sowie die Beschaffenheit der einer Messung direkt zugänglichen obersten Deckschichte zu erlangen. Wir werden also auch Messungen an Handstücken im Laboratorium vornehmen. Wenn wir irgendeine Messung oder Berechnung durchführen, so können wir entweder diese auf das Mineralkorn, die Mineralassoziation, oder schließlich den geologischen Körper beziehen. Das Mineralkorn ist elektrisch als homogen zu betrachten. Demgegenüber ist die Mineralassoziation elektrisch absolut inhomogen, wenn man von zufälligen Ausnahmen absieht. Im geologischen Körper dagegen werden die elektrischen Eigenschaften im allgemeinen durch bestimmte charakteristische Anteile bestimmt. Man hat es also auch hier wieder mit Gebilden zu tun, für die brauchbare Mittelwerte bestimmt werden können. Wenn wir Messungen im Gelände durchführen, so werden wir im allgemeinen brauchbare Mittelwerte erhalten können. Anders liegen die Verhältnisse, wenn wir aus einzelnen Handstücken heraus die Werte für größere Räume ermitteln sollen. Zufällige Verschiedenheiten können da mitunter von bestimmendem Einfluß sein. Wir müssen uns da folgendes vor Augen halten: Der Widerstand der Bestandteile eines geologischen Leiters kann an und für sich noch nichts über die Gesamtleitfähigkeit oder Gesamt-DK aussagen. Um aus diesen Elementen auf die Beschaffenheit des gesamten Gebildes schließen zu können, müssen wir vor allem den Berechtigungsfaktor, die Anordnung und die Orientierung der einzelnen Bestandteile berücksichtigen. Der Berechtigungsfaktor ist einerseits durch den Volumsanteil, andererseits aber auch durch die gegenseitige Lage der Bestandteile bedingt. Wenn z. B. in einem schlech-

ten Leiter gute Leiter eingelagert sind, so ist die Leitfähigkeit des Ge-
samtvolumens nicht nur durch den Volumanteil des guten Leiters bedingt, sondern er ist auch davon abhängig, ob die gutleitenden Teilchen
untereinander in elektrischem Kontakt stehen, oder aber ob sie vollkommen isoliert eingebettet sind.

Bei allen Messungen sind die verändernden Einflüsse zu berücksichtigen. Im allgemeinen wird mit zunehmender Temperatur auch
die Leitfähigkeit geologischer Leiter zunehmen. Neben der Temperatur
spielt auch der Druck eine Rolle. Bei den Gesteinen, die wir zu untersuchen haben, werden allerdings die Einflüsse des Drucks zu vernachlässigen sein. Es darf aber z. B. aus der Vermessung von Gesteinen,
die unter normalem Druck stehen, keineswegs ohne weiteres auf die
Eigenschaften solcher Gesteine geschlossen werden, die in sehr großen
Tiefen unter besonders hohen Drücken stehen.

Um den Berechtigungsfaktor zu ermitteln, können gewisse Formeln
benutzt werden, die hier nicht weiter ausgeführt werden sollen, da sie
an anderen Stellen der Fachliteratur ausführlich besprochen wurden.
Ich möchte aber nur darauf hinweisen, daß ein Berechtigungsfaktor,
der für Niederfrequenz berechnet wurde, keineswegs auch bei Hochfrequenz gelten muß. Bei Niederfrequenz kommt es fast ausschließlich
auf die Leitungsströme an. Teilchen, die z. B. in ein sehr schlecht
leitendes Mittel eingebettet sind, werden aus diesem Grunde für die
Gesamtleitfähigkeit keine große Rolle spielen können, weil die isolierenden Zwischenschichten einen ungemein hohen Widerstand aufweisen.
Bei Hochfrequenz kommen aber neben den Leitungsströmen auch die
Verschiebungsströme in Betracht. In diesem Falle erscheinen diese
einzelnen Leiter über Kapazitäten miteinander verbunden. Die Stromleitung ist also in diesem Falle eine ganz andere als bei Gleichstrom
oder niederfrequentem Wechselstrom. Auch bei Niederfrequenz haben
z. B. wasserführende Klüfte oder ebensolche Spalten einen weit höheren
Berechtigungsfaktor als er ihnen bloß volumsmäßig zukäme. Bei
Hochfrequenz ist dieser noch weit größer. Wir haben bereits gesehen,
daß der Strom nur bis zu einer bestimmten Tiefe in den Leiter eindringt.
Der Berechtigungsfaktor kann also zunächst nur über jenen Raum
gebildet werden, der für die Stromleitung tatsächlich in Betracht kommt.
Wenn nun z. B. das an einer Spalte anstoßende Gestein oberflächlich
durchfeuchtet ist, so haben wir es also mit zwei verschiedenen Schichten
zu tun, nämlich der mit wäßriger Lösung erfüllten Oberflächenschichten
und der dahinter liegenden trockenen. Der volumsmäßige Anteil der
Oberflächenschichte wird im allgemeinen ein geringer sein. Wenn wir
nun aber berücksichtigen, daß der Strom nur in die oberflächennahe
Schichte eindringt, so wird der Anteil am Stromvolumen bereits weit
größer werden als es den geometrischen Voraussetzungen entsprechen
würde. Wenn wir dann noch weiter berücksichtigen, daß der Berechti-

gungsfaktor für durchfeuchtete Gesteinsvolumen immer weit größer ist als der für trockene, so werden wir einsehen, daß gerade wasserführenden Klüften, Verwerfern usw. für die hochfrequente Stromleitung eine ganz besondere Bedeutung zukommt. Da die elektrischen Eigenschaften von der Anordnung der Bestandteile im Raume und ihrer Orientierung zur Strom- und Feldrichtung abhängig sind, so müssen wir natürlich auch die Schieferung berücksichtigen. In der folgenden Zahlentafel sehen wir, wie das Meßergebnis ganz verschieden ausfallen kann, je nachdem wir parallel oder senkrecht zur Schieferung messen.

Zahlentafel 2

| Geologischer Leiter | Widerstand | | Autor |
| | senkrecht | parallel | |
	zum Streichen		
Trapp	$28 \cdot 10^4$ Ω cm	$21 \cdot 10^4$ Ω cm	Rooney
Polybasiterz	400	0,1	Sundberg, Lundberg und Eklund
Bleizinkerz	$36 \cdot 10^3$	0,1	»
Portlandschiefer	$1200 \cdot 10^4$	$52 \cdot 10^4$	Koenigsberger
Paläozoischer Tonschiefer	$15 \cdot 10^5$	$2 \cdot 10^5$	Ebert

Über den bedeutenden Einfluß der Frequenz wurde bereits gesprochen. Er wird anschaulich in den schon erwähnten Diagrammkörpern dargestellt. Bei den praktischen Durchführungen von Messungen müssen wir daher stets mit solchen Frequenzen arbeiten, die bei der Funkmutung verwendet werden. In der folgenden Zahlentafel ist

Zahlentafel 3
(Nach Smith-Rose)

| Geologischer Leiter | Feuchtigkeitsgehalt % | Leitfähigkeit bei | |
		$1,2 \cdot 10^6$ Hertz	10^7 Hertz
Kalk	24	$0,4 \cdot 10^8$ ESE	$0,64 \cdot 10^8$ ESE
	26	1,7	1,1
	27	0,67	0,64
	27	1,6	2,0
Blaue Tonerde	23	$6,9 \cdot 10^8$	$8,3 \cdot 10^8$
	25	10,0	13,0
	25	7,5	11,0
	27	8,5	14,0
Tonerde und Sand	21	$7,0 \cdot 10^8$	$9,8 \cdot 10^8$
	26	9,0	13,0
Lehm	22	$0,67 \cdot 10^8$	$1,0 \cdot 10^8$
Kalkiger Lehm	21	0,81	0,9
Lehm und Tonerde	13	1,3	1,5
Lehm	33	7,2	8,8

das Ergebnis einer Messung dargestellt, die mit zwei verschiedenen Frequenzen durchgeführt wurde.

Neben den Leitfähigkeitsmessungen sind natürlich für uns auch die Dielektrizitätskonstantenbestimmungen von großer Bedeutung. Es hat sich heute bereits eine eigene Wissenschaft entwickelt, die diese bestimmt. Sie führt den Namen Dielkometrie, und da sie für uns von ziemlicher Bedeutung ist, so werden wir uns mit ihr noch kurz beschäftigen. Wenn wir die Dielektrizitätskonstante eines geologischen Leiters bestimmen, so müssen wir uns vor Augen halten, daß wir es mit einem elektrisch oft recht inhomogenen Gebilde zu tun haben und daß die Dielektrizitätskonstante fast immer frequenzabhängig ist.

Für die Messung der Proben werden die verschiedensten Verfahren verwendet. In Bild 20 sehen wir die einfache Meßbrücke. Die Probe wird zwischen entsprechende Elektroden gelegt und an die Klemmen X angeschlossen. Zwischen C und B ist ein Normalwiderstand eingeschaltet. D ist der Brückendraht. Er wird entweder linear geeicht, oder aber häufiger direkt nach dem Teilungsverhältnis. Dieses mit dem jeweils eingeschalteten Vergleichswiderstand multipliziert ergibt dann

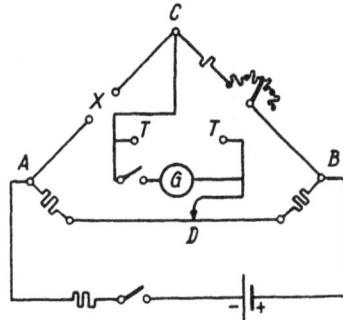

Bild 20. Meßbrücke

sofort den Widerstand der eingespannten Probe. Die Abgleichung erfolgt entweder mit Telephon, das bei T eingeschaltet wird, oder aber mit dem Galvanometer G. Wird mit Telephon gearbeitet, so muß natürlich an Stelle der eingeschalteten Gleichstromquelle eine Wechselstromquelle verwendet werden. Diese ist bei der Vermessung geologischer Leiter auch dann unbedingt anzuwenden, wenn nicht die Frequenzabhängigkeit bei hohen Frequenzen bestimmt werden soll. Bei Gleichstrom können infolge der auftretenden Elektrodeneffekte bedeutende Fehler entstehen. Eine Meßanordnung, die ebenfalls mit mittleren Frequenzen arbeitet, zeigt Bild 21. Die Anordnung ist sowohl für Messungen im Gelände als auch für die Vermessung von Proben geeignet. Bei 1 sehen wir zunächst links den Tonfrequenzgenerator mit den Spulen $L_1...L_2...L_3$. In der Mitte ist die Widerstandsabgleichung und rechts der Indikator zu sehen. Es wird ein magisches Auge AM_1 mit vorgeschalteter Verstärkerröhre verwendet. An die Klemmen $E...S...H$ werden bei Messungen im Gelände die beiden stromführenden Erdelektroden und die Sonde angeschlossen. S_2 ist ein Umschalter, mit dem die Anordnung zunächst abgeglichen und dann auf „messen« umgeschaltet werden kann. Uns interessiert die Anwendung dieses Gerätes zur Durchführung von Probenmessungen. In diesem Falle wird an den eingezeichneten Stellen

2...3...4...5 die Verbindung unterbrochen und an Stelle der bei 1 eingeschalteten Widerstandsanordnung die bei 3 gezeichnete Meßbrücke
eingeschaltet. An Stelle des Brückendrahtes finden wir drei Widerstände, deren Verhältnis mit dem Umschalter St entsprechend einge-

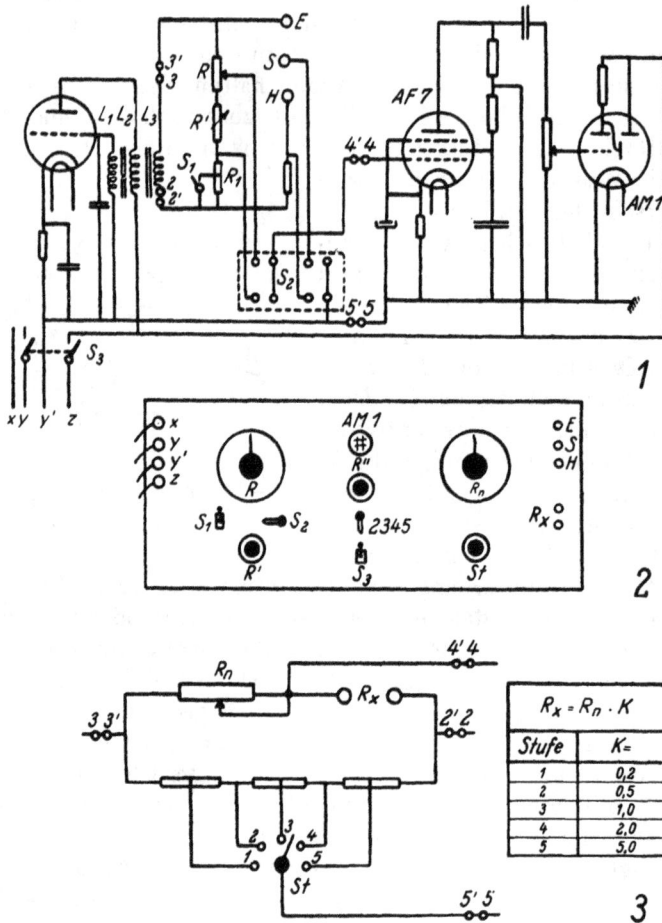

Bild 21. Meßanordnung für Mittelfrequenz

stellt werden kann. Bei R_x wird die eingespannte Probe eingeschaltet.
Hierauf wird der Widerstand R_n solange abgeglichen bis der Indikator
Spannungslosigkeit zeigt. Der Widerstand R_n muß dann einfach mit
dem Brückenverhältnis, das in der beigelegten Tabelle enthalten ist,
multipliziert werden, um den Widerstand der eingespannten Probe zu
erhalten. Ein nach diesem Prinzip arbeitendes Meßinstrument ist das

Philoskop. Es gestattet ein sehr rasches Messen bei Frequenzen von 5000 Hertz.

Will man bei hohen Frequenzen messen, so muß man darauf Rücksicht nehmen, daß der Widerstand des geologischen Leiters komplexer Art ist. In Bild 22 sehen wir bei a zunächst den zwischen den Elektrodenplatten P eingespannten geologischen Leiter G. Im Ersatzschema wird er durch den Ohmschen Widerstand R_g und C_g dargestellt. Wenn wir nun, wie dies bei b dargestellt wird, weitere Kapazitäten und Induktionen dazuschalten, so erhalten wir einen Schwingungskreis und durch Verstellen der zusätzlichen Kapazitäten und Selbstinduktionen kann man diesen Schwingungskreis auf Resonanz abgleichen. Dies bedeutet dann, daß im Schwingungskreis nur mehr der Ohmsche Widerstand wirksam ist. Darauf baut die bei c dargestellte Meßanordnung auf. HF ist der Hochfrequenzgenerator, G wieder der zu untersuchende geologische Leiter. Dieser

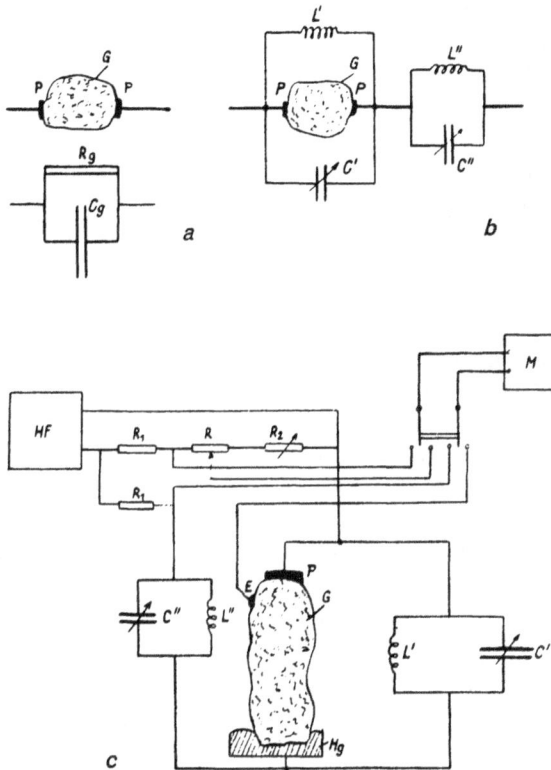

Bild 22. Hochfrequenzmessung eines geologischen Leiters

wird einerseits durch die Quecksilberelektrode Hg, andererseits durch die aufgesetzte Metallplatte P in den Hochfrequenzschwingungskreis eingeschaltet. In diesem liegen überdies noch weitere Kapazitäten und Selbstinduktionen C und L. Zunächst wird nun der Umschalter nach links gestellt. Er führt zu dem Meßgerät M. Am besten wird für diesen Zweck wieder ein magisches Auge verwendet. Zunächst einmal wird durch Verstellen der Kondensatoren C der Meßkreis auf Resonanz gebracht. Dann wird durch Veränderung des Widerstandes R_2 erreicht, daß der durch den geologischen Leiter fließende Strom gleich jenem Strom wird, der durch die Widerstandskette $R_1...R...R_2$ fließt. Dann wird der Umschalter nach rechts gestellt und der Kontakt am

Widerstande R solange verstellt, bis Spannungslosigkeit beobachtet wird. Wenn der Widerstand R_1 gleich dem Widerstande R' ist, so ist dann der zwischen der Quecksilberelektrode und der Sonde E leitende Widerstand des eingespannten geologischen Leiters einfach gleich dem linken Teil des abgegriffenen Widerstandes R. In diesem Widerstand ist allerdings der Übergangswiderstand der Quecksilberelektrode Hg enthalten. Da dieser aber sehr klein ist, so kann er vernachlässigt werden. Der Übergangswiderstand der Elektrode E und P beeinflußt lediglich die Empfindlichkeit, nicht aber die Richtigkeit der Messung.

Wir haben bereits gesehen, daß die elektrischen Eigenschaften des Untergrundes vornehmlich von der Art seiner Durchfeuchtung abhängig sind. Aus diesem Grunde gewinnen für uns Messungen, die die elektrischen Eigenschaften wäßriger Lösungen ermitteln, besonderen Wert. In den letzten Jahren wurde nun eine eigene Grenzwissenschaft ausgebaut, die solche Messungen durchführt und ihre Ergebnisse in verschiedener Weise anwendet. Wir bezeichnen sie als Elektrohydrologie. Elektrohydrologische Messungen können sich auf irgendeine bestimmte wäßrige Lösung beziehen, oder aber auf einen Mischkörper, der solche enthält. In unserem Falle wird mitunter beides möglich sein. Wir haben es einerseits mit reinen Lösungen zu tun, also z. B. mit ober- und untertägigen Wasservorkommen, oder aber mit Mischkörpern, nämlich mit Gesteinen, deren Porenraum solche Lösungen enthält.

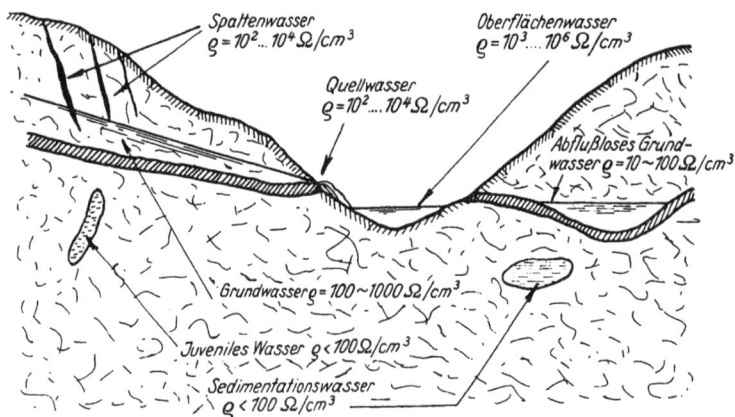

Bild 23. Widerstände natürlicher Wasservorkommen

Die Wässer, die wir zu untersuchen haben, sind ganz verschiedener Art. Es handelt sich um

a) Regenwasser,

b) Fluß-, See- und Meereswasser,

c) Grundwasser,

d) Untertägige Wasserläufe, z. B. Karstwässer,

e) Spaltenwasser,

f) Wasser in Poren und Haarrissen, sowie

g) eingeschlossene Wasser.

Das Regenwasser besitzt eine ganz geringfügige Leitfähigkeit. Geringste Lösungszusätze können allerdings diese Leitfähigkeit rasch hinaufsetzen. Bei Messungen im Laboratorium müssen wir berücksichtigen, daß durch Lösung der in der Luft enthaltenen Kohlensäure bedeutende Leitfähigkeitsschwankungen auftreten können. Im übrigen hat das Regenwasser fast stets außer Kohlensäure noch einen gewissen Gehalt an NH_3 und H_2SO_4. Der Schwefelsäuregehalt wird allerdings nur in Industriegegenden elektrisch bestimmend werden können, weil sein gewichtsmäßiger Anteil dann 50 Milligramm und noch mehr für den Liter betragen kann.

Die Oberflächenwasser unterscheiden sich in elektrischer Hinsicht weitgehend. Während z. B. das Meereswasser bekanntlich eine sehr hohe Leitfähigkeit besitzt, leiten Flußwässer im allgemeinen nur sehr schlecht. Die Leitfähigkeit ist im übrigen bei diesen nicht konstant. Sie ist von der Geschwindigkeit des Wassers, von der Beschaffenheit des Flußbettes und vielen anderen Faktoren abhängig. Wenn man jedenfalls einen Fluß als gutleitende Abschirmung ansieht, so begeht man zweifellos einen Fehler. Die Leitfähigkeit des Flußwassers muß sich keineswegs immer von der des festen Gesteins unterscheiden. Das Grundwasser ist demgegenüber durch eine wesentlich höhere Leitfähigkeit charakterisiert. Wichtig sind für uns oft die im Grundwasser vorhandenen Zonen erhöhter Leitfähigkeit, die sich mit der Grundwassergeschwindigkeit bewegen. Die elektrische Leitfähigkeit des Grundwassers ist im übrigen insbesondere durch die Beschaffenheit des Gesteins bestimmt, mit dem es in Berührung steht. Vom Grundwasser muß man jene untertägigen Wasserläufe unterscheiden, die mit ziemlich großer Geschwindigkeit dahinströmen. In diese Gruppe gehören z. B. die unterirdischen Karstbäche. Ihre elektrische Leitfähigkeit ist im allgemeinen viel geringer als die des stehenden Wassers. Spaltenwässer sind aus den schon früher beschriebenen Gründen heraus immer besonders wichtig. Die Leitfähigkeit solcher Wässer ist meistens eine Funktion der Tiefe. Das in Poren und Haarrissen eingeschlossene Wasser bestimmt, wie schon erwähnt, die elektrischen Eigenschaften der meisten geologischen Leiter. Von diesen muß man die wesentlich größeren eingeschlossenen Wasser unterscheiden, deren Leitfähigkeit nach anderen Gesichtspunkten zu beurteilen ist als die des Porenwassers.

Die Leitfähigkeit einer Wasserprobe bestimmt man im allgemeinen mit der Meßbrücke. Um elektrolytische Wirkungen zu vermeiden, arbeitet man stets mit Wechselstrom und verwendet Meßfrequenzen zwischen 1000 und 5000 Hertz. Neuerdings werden auch hochfrequente

Meßverfahren angewandt. Solche sind in Bild 24 dargestellt. Wir sehen zunächst bei *a* einen Hochfrequenzgenerator *HF*, der durch den Modulator *Mod* moduliert wird. Die Modulationsfrequenz wird in der Regel mit 1000 Hertz gewählt. Mit dem *HF*-Generator wird der eigentliche

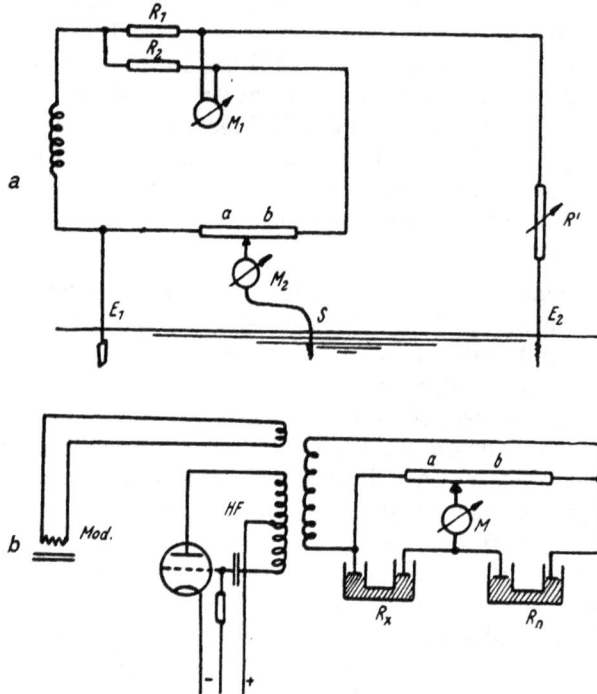

Bild 24. Hochfrequenzmeßverfahren

Meßkreis verbunden, der aus der Brücke *a...b* und den beiden Meßgefäßen besteht. Die beiden Meßgefäße werden vorteilhaft in gleicher Ausführung gewählt. In das Gefäß R_n wird die Vergleichslösung eingegossen und in das Gefäß R_x die zu vermessende. Es wird dann einfach in bekannter Weise die Brücke abgeglichen, bis das Instrument *M* Spannungslosigkeit anzeigt. Der Widerstand der zu untersuchenden Lösung ist dann bekanntlich

$$R_x = \frac{a}{b} R_n.$$

Will man die Widerstandsverhältnisse in größeren Gewässern untersuchen und insbesondere diese an möglichst vielen Stellen mit einer Sonde abmessen, so empfiehlt sich die Anordnung, die bei *b* eingezeichnet ist. Es ist nur die Kopplungsspule eingezeichnet, während der Sender und Modulator, die beide wieder in der gleichen Ausführung zu wählen

sind, fortgelassen wurden. Die Widerstände R_1 und R_2 sind einander
gleich, oder aber sie stehen zueinander in einem ganzzahligen Verhältnis.
E_1 und E_2 sind die beiden Stromzuführungselektroden und S die Sonde.
Der Widerstand R' wird zunächst solange verstellt, bis das Instrument M_1
Spannungslosigkeit anzeigt. Dann wird der Abgriff am Widerstand $a...b$
solange verstellt, bis auch das Meßinstrument M_2 Spannungslosigkeit
anzeigt. Der zwischen E_1 und S liegende Wider-
stand ist dann, wenn $R_1 = R_2$

$$R_E = R \frac{a}{a + b}.$$

Mit diesem Verfahren kann man z. B. rasch die
Veränderung des Widerstandes durch Strömung usw.
nachweisen. Für die Vermessung verwende ich die
dargestellte Elektrode (Bild 25). Auf einer Quarz-
brücke Q sind die zwei Platinbleche P aufgenietet.
Dünne Platindrähte führen dann zu den Klemmen
K. Die Dimensionen sind aus der Abbildung er-

Bild 25

sichtlich. Beim Ansetzen der Lösungen und bei der Durchführung der
Messungen mit dieser Elektrode halte ich den im folgenden beschriebenen Vorgang ein.

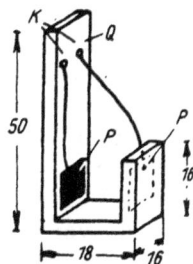

Meßvorgang.

a) Vorrichtung der Proben.

1. Es ist möglichst aus der Mitte der Gesteinsprobe ein kleines Stück
   von ca. 2 g Gewicht herauszubrechen und zwar so, daß es dabei
   nicht verunreinigt wird. Die Rinde von Bohrkernen, in der oft
   Reste des Spülungsschaumes enthalten sind, ist nie zu verwenden.
   Es muß auch darauf geachtet werden, daß keine Teile von dieser
   die entnommene Probe verunreinigen.
2. Die Probe wird in der Reibschale fein zermahlen. Dies geschieht
   zunächst durch Stoßen und dann durch Reiben. Man erhält dann
   ein feines Mehl.
3. Die Probe wird dann verwogen. Es wird 1 g eingewogen.

b) Ansetzen der Probe.

1. Die Proberöhre wird zunächst mit destilliertem Wasser gut ausgespült und dann über dem Bunsenbrenner ausgetrocknet. Sie
   wird dann mit einem Wattebausch verschlossen und abgestellt.
2. Sobald die Proberöhre völlig abgekühlt ist, wird das abgewogene
   Gesteinsmehl eingefüllt. Es werden dann 35 cm³ destilliertes
   Wasser zugesetzt. Die Höhe des Wasserspiegels in der Proberöhre wird am Glase durch eine Marke angezeichnet.
3. In den Ständer wird zunächst eine Probe destillierten Wassers
   eingestellt, dann werden der Reihe nach bis zu 9 Lösungsproben

angesetzt und eingestellt und nach der neunten Probe wird wieder eine Röhre mit destilliertem Wasser gefüllt und eingestellt.

4. Am Ständer werden die Röhren numeriert. Die gleichen Nummern werden auf Klebezetteln vermerkt, die auf der Proberöhre angebracht werden.

c) Messen der Proben.

1. Die Einteilung wird so getroffen, daß in den ersten 6 Tagen jede Probe längstens jeden zweiten Tag und später einmal wöchentlich vermessen wird.

2. Die Einteilung wird so getroffen, daß immer die zugehörige, am Anfang und am Ende eingereihte Probe destillierten Wassers mitvermessen wird, um dessen Widerstandsschwankungen zu erkennen. Es sind in der Regel daher $9 + 2$ Proben in einem Zuge zu vermessen.

3. Die Probe wird vor der Messung 5 Minuten geschüttelt. Es ist darauf zu achten, daß das Mehl nicht am Boden bleibt, sondern sich gleichmäßig in der Lösung verteilt.

4. Die Probe wird in das Quarzgefäß eingegossen, so daß die eingesetzte Elektrode bis zum oberen Drahte benetzt wird.

5. Nach ungefähr einer Minute wird der Widerstand gemessen.

d) Reinigen der Elektroden.

1. Vor Beginn jeder Messung wird die Elektrode mit und dann mit destilliertem Wasser sorgfältig abgespült. Ebenso der Quarztiegel.

2. Dann werden beide mit der Tiegelzange gefaßt und über dem Bunsenbrenner ausgeglüht.

3. Zunächst wird der Tiegel erhitzt und dann abgestellt; dann kommt die Elektrode an die Reihe. Sie wird nachher in den Tiegel gestellt und soll mit keinem anderen Gegenstand mehr in Berührung kommen.

4. Die Probe wird erst eingefüllt, bis die Elektrode und der Tiegel völlig abgekühlt sind.

e) Protokoll.

1. Alle Messungen sind in ein Buch einzutragen.

2. Die ersten Seiten sind für die Inhaltsbeschreibung freizuhalten. Auf diesen wird eingetragen:
   a) Die Nummer der Lösung (auch destilliertes Wasser erhält eine Nummer),
   b) wann die Probe gemahlen wurde ⎫ (Tag, Stunde,
   c) und wann die Lösung angesetzt wurde ⎭ Minute).

3. Auf den folgenden Seiten wird eingetragen:
   a) Zeit der Messung (Tag, Stunde, Minute),
   b) Nummer der Probe,

c) gemessener Widerstand,

d) besondere Bemerkungen.

f) Sonstiges.

1. Wenn beim Ein- und Ausgießen ein wenig Lösung verloren geht, so wird immer destilliertes Wasser bis zur Höhe der Marke zugesetzt. Wurde aber eine größere Menge verschüttet, so muß die Lösung frisch angesetzt werden.

2. Das Steinmehl setzt sich am Boden des Elektrodentiegels ab, während die Messung vorgenommen wird. Nach der Messung muß daher zunächst die Elektrode, bevor sie herausgenommen wird, in der Lösung gut abgespült werden, damit auf ihr kein Mehl haftet. Dann wird die Lösung im Tiegel geschüttelt, damit auch aus diesem alles Mehl in die zugehörige Proberöhre ausgespült wird.

3. Es darf nie destilliertes Wasser verwendet werden, das mehr als einen Tag alt ist.. Infolge der Lösung des Glases fällt nämlich der Widerstand des destillierten Wassers ziemlich rasch ab.

Trägt man auf einem Koordinatensystem die Lösungsdauer und die zugehörigen Widerstandswerte auf, so erhält man Kurven, die sich asymptotisch einem bestimmten Grenzwert nähern. Man darf annehmen, daß die Porenlösungen einen Widerstand besitzen, der sich diesem Grenzwert ebenfalls nähert. Ein anderes Verfahren besteht darin, daß man die Lösungen kurze Zeit erhitzt, um die Auslaugung zu beschleunigen. Man muß dann zwischen kalten und warmen Proben unterscheiden.

Von besonderem Interesse sind für uns die elektrischen Eigenschaften der Grundwasser und ihre Veränderung mit der Tiefe. In Bild 26 sehen wir bei *a* die Änderung eines Spaltenwassers. Auf der Ordinate ist die Tiefe, auf der Abszisse der Widerstandswert aufgetragen. Es handelt sich um Spaltenwasser, das an einem Berg hinabfließt. In verschiedenen Höhen speist die Spalte Quellen, deren Wasser vermessen wurde. Bei *b* sehen wir eine oft beobachtete Widerstandsänderung. Das von der Oberfläche eindringende Wasser hat zunächst einen sehr hohen Widerstand. Durch Auflösung der in der Humusschichte enthaltenen Salze nimmt dieser rasch ab, so daß bei *A* ein Minimum erreicht wird. Es erfolgt in der Regel dann ein Anstieg des Widerstandes und ein neuerliches Abfallen, so daß in der Tiefe des Grundwasserspiegels bei *B* ein weiteres Minimum erreicht wird. Unter dem Grundwasser steigt dann der Widerstand wieder an. Bei *c* sehen wir den Widerstandsverlauf in der obersten Erdschichte. Bis zur sogenannten Porenwinkelzone, die hier in einer Tiefe von 180 cm liegt, fällt der Widerstand rasch ab, bleibt dann konstant, um an der Grenze der Fließzone nochmals etwas abzufallen. In größerer Tiefe setzt dann der schon besprochene Wiederanstieg ein. Bei *d* sehen wir die Veränderung des Widerstandes in Ab-

4*

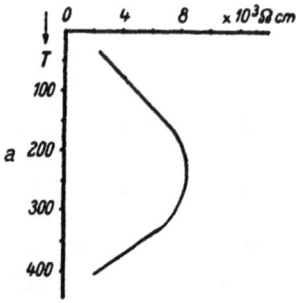

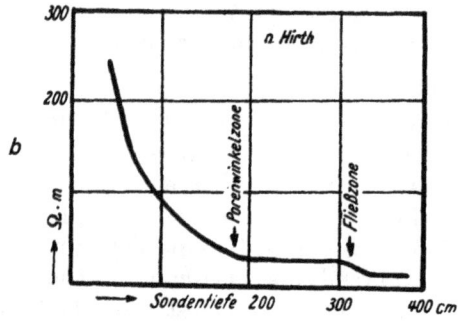

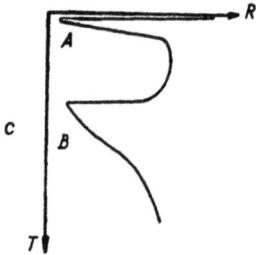

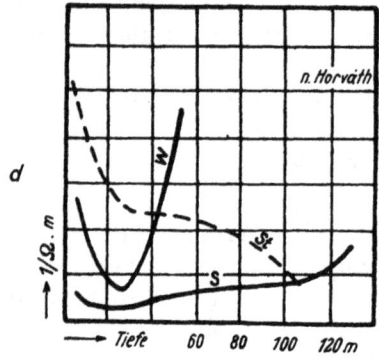

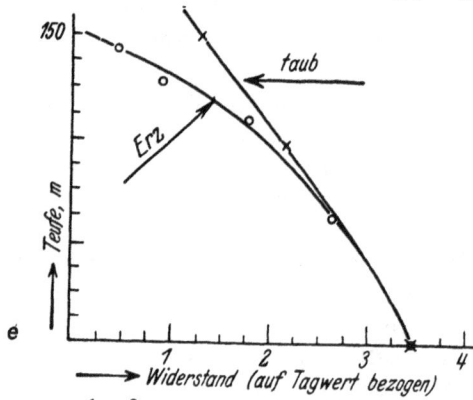

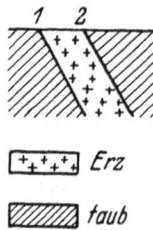

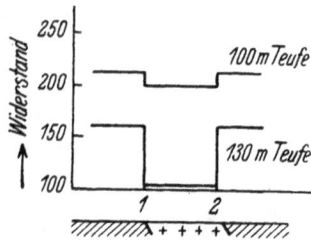

Bild 26. Widerstand natürlicher Wässer

hängigkeit von der Bodenbeschaffenheit. Es sind drei Kurven eingezeichnet, und zwar eine für Waldböden, eine weitere für Steppenböden
und schließlich eine für Salzböden. Bei e sehen wir die Veränderung des
Widerstandes der an einem Gang im tauben Schiefer abfließenden
Spaltenwasser. Während an der Oberfläche sich die beiden elektrisch
wenig unterscheiden, treten in größerer Tiefe Unterschiede auf. Unter
der Kurve ist das elektrische Profil für eine Teufe von 100 und 130 m
eingetragen.

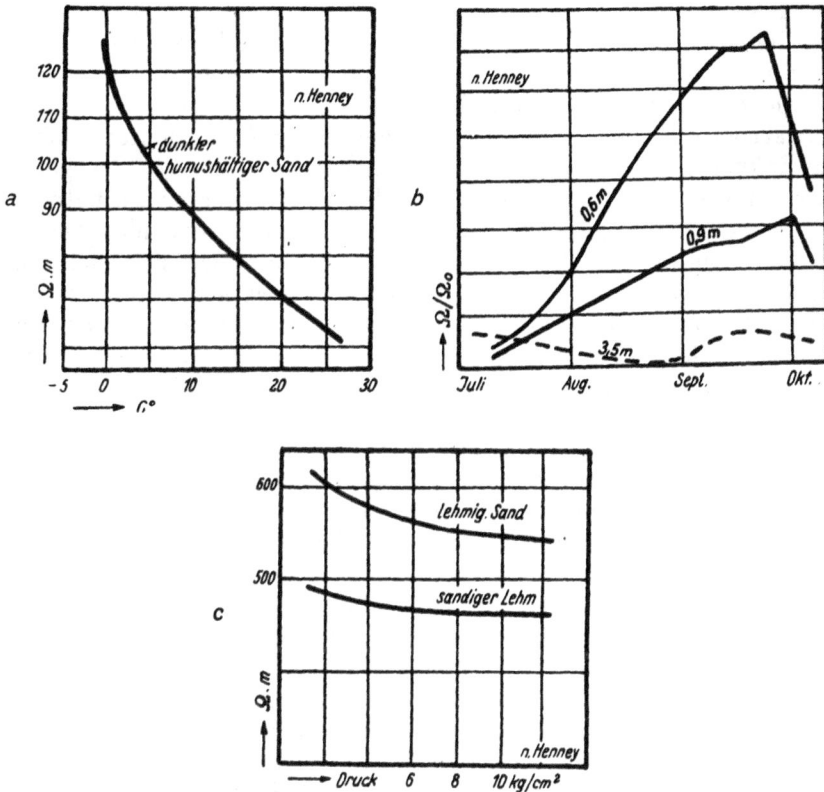

Bild 27. Einfluß verändernder Faktoren

Die Temperatur beeinflußt direkt oder indirekt die Leitfähigkeit. In
Bild 27 sehen wir bei a, welche bedeutende Schwankung der Widerstand bei veränderlicher Temperatur aufweisen kann. Der starke Anstieg in der Gegend des Gefrierpunktes muß allerdings bei Hochfrequenz
keineswegs so stark zum Ausdruck kommen, und zwar deshalb, weil das
Eis bei Hochfrequenz, im Gegensatz zu Niederfrequenz, eine beträchtliche Leitfähigkeit beibehält. Die Widerstandsänderung bei höheren

Temperaturen tritt aber auch bei Hochfrequenz deutlich in Erscheinung. Wir werden noch an anderer Stelle sehen, daß mit der Temperatur z. B. bestimmte Schwankungen der Ersatzkapazität parallel gehen, wenngleich der Zusammenhang keineswegs immer so einfach ist, wie jener, der in dieser Figur dargestellt wird. Der jahreszeitliche Einfluß ist einerseits durch die Temperatur, andererseits natürlich auch durch die Niederschlagsverhältnisse bedingt. Bei b sehen wir die Schwankung des Oberflächenwiderstandes während des Sommers und Frühherbstes. Es ist ganz deutlich ein Extrem zu erkennen, das in den Oktober fällt. Weiter sieht man deutlich, daß die Schwankungen mit zunehmender Tiefe immer geringer werden. Bei einem Meter sind sie schon viel geringer als etwa bei einem halben Meter. Wie die strichlierte Kurve zeigt, sind sie bei 3,5 m schon so gering, daß sie keine nennenswerte Rolle mehr spielen. Freilich muß man sich wieder vor Augen halten, daß die Schwankungen keineswegs an allen Stellen des Untergrundes gleichzeitig erfolgen. In einer wasserführenden Spalte werden sie natürlich ein Vielfaches von jenen betragen, die in dem anstoßenden Gestein auftreten. Dies bedeutet praktisch, daß es in Störungszonen auch noch in größeren Teufen starke Schwankungen geben kann. Wir werden noch später sehen, daß auf diesen Umstand, insbesondere bei der Korrektur der Meßergebnisse, Rücksicht genommen werden muß. Wenn man zur Korrektur an einem bestimmten Festpunkt laufend die Widerstandsänderungen registriert, so muß man diesen Festpunkt stets über einem nicht gestörten Untergrund wählen. Ansonsten erhält man Veränderungen, die keineswegs mit denen an anderen Stellen übereinstimmen müssen. Ich möchte auch noch darauf hinweisen, daß bei den jahreszeitlichen Schwankungen auch die Vegetation eine gewisse Rolle spielt. So ist z. B. die sogenannte Depotbildung von der Vegetation selbstverständlich abhängig. Sie bestimmt aber andererseits auch in weitgehender Weise die Leitfähigkeit der wäßrigen Lösungen in den oberen Bodenschichten. Wir können daher z. B. unter einem abgeernteten Feld eine ganz andere Bodenleitfähigkeit erhalten als unter einem, das noch volle Vegetation trägt. Auf den Einfluß des Druckes wurde bereits hingewiesen. Bei c sehen wir zwei diesbezügliche Kurven eingezeichnet. Man sieht jedoch gleich, daß die Schwankung bei geringen Drücken gering ist, so daß wir sie ohne weiteres vernachlässigen können.

Oft müssen wir auch die Leitfähigkeit des Grundwassers untersuchen. Die Annahme, daß dieses an allen Stellen die gleiche Leitfähigkeit besitzt, ist unrichtig. Es gibt immer gewisse Zonen abweichender Leitfähigkeit und diese bewegen sich im allgemeinen mit der Geschwindigkeit des Grundwassers. Wir sind durch Bestimmung dieser Zonen in der Lage, die Fließrichtung und die Fließgeschwindigkeit experimentell festzustellen. Aber auch sonst hat es für uns oft Interesse diese Faktoren zu ermitteln. Es ist nun interessant, daß neuerdings vielfach elektrische Verfahren verwendet werden, um die Grundwassergeschwindigkeit zu ermitteln. Schematisch ist dieser Vorgang in Bild 26 dargestellt. Wir sehen hier drei verschiedene Bohrungen $A \ldots B \ldots C$. Wir füllen nun bei B eine Salzlösung ein. Dadurch wird das Grundwasser an dieser Stelle eine erhöhte Leitfähigkeit erlangen. Infolge der Diffussion wird sich die Lösungswolke mit der Geschwindigkeit v'

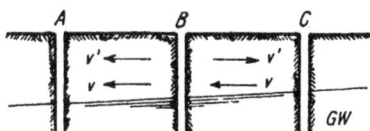

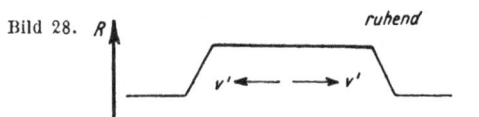

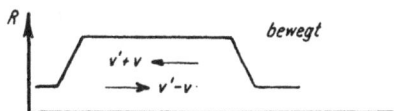

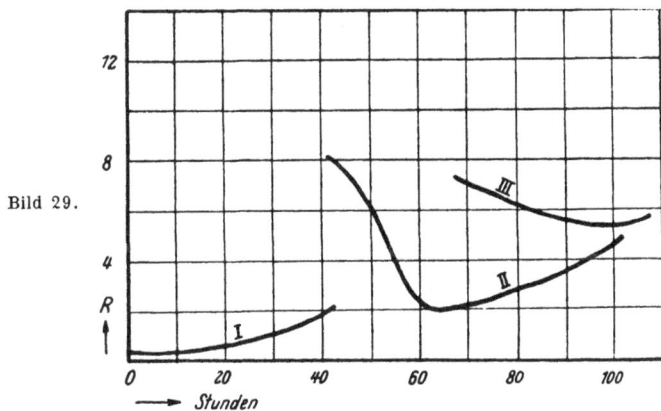

Bild 28.

Bild 29.

Bild 28 und 29. Bestimmung der Grundwassergeschwindigkeit

ausbreiten. Gleichzeitig wird aber die Wolke auch mit der Geschwindigkeit des Grundwassers v fortbewegt. Ist diese Geschwindigkeit Null, so wird, wenn der Abstand von A nach B gleich dem Abstand von B nach C ist, in den Sonden A und C zur gleichen Zeit eine Widerstandsverminderung eintreten, weil, wie dies im oberen Diagramm gezeigt wird, die Geschwindigkeit in beiden Richtungen v' beträgt. Hat das Grundwasser aber eine gewisse Geschwindigkeit, so wird sich die Lösungs-

wolke in der Talrichtung mit der Geschwindigkeit $v + v'$, in der Berg-
richtung mit der Geschwindigkeit $v' - v$ ausbreiten. Dies bedeutet
dann, daß in der Sonde A die Widerstandsverminderung früher eintritt als in der Sonde C. Wenn wir nun in mehreren Sonden die zeit-
liche Veränderung des Widerstandes beobachten, indem wir etwa Elektroden einhängen, die mit einer Widerstandsmeßeinrichtung verbunden
sind, so können wir die Grundwassergeschwindigkeit berechnen. Größere
Schwankungen der Grundwasserleitfähigkeit können · z. B. dann auftreten, wenn ein Feld stark gedüngt wird und nun die entstandenen gut
leitenden Lösungen vom Grundwasser verschleppt werden. In solchen
Fällen ist es notwendig, auf die Veränderung des Grundwassers Bedacht
zu nehmen. Bild 29 zeigt ein Diagramm, das die Veränderung der
Leitfähigkeit in drei verschiedenen Bohrlöchern zeigt, die in der Fließrichtung liegen. Wir sehen, daß in der Bohrung I das Widerstands-
minimum nach ungefähr 5 Stunden auftritt, während es in der Bohrung II erst nach 63 und in der Bohrung III erst nach 96 Stunden zu
beobachten ist. Wenn die Diffusionsgeschwindigkeit durch Experimente
bestimmt wurde, so kann man auf der Lage dieser Minima und der bekannten Entfernung der drei Sonden die Grundwassergeschwindigkeit
ermitteln. Verfahren dieser Art werden insbesondere verwendet, wenn
es darum geht, ganz geringe Grundwassergeschwindigkeiten zu ermitteln.

Bei allen Messungen empfiehlt es sich unbedingt, genaue Angaben
über die Durchfeuchtung des Untergrundes zu machen. Es kann dabei
die auch sonst in der Meteorologie übliche Klassifikation verwendet
werden, die aus der nachfolgenden Tafel ersichtlich ist.

Tafel

0	Boden trocken,
1	Boden feucht,
2	Boden durchnäßt,
3	Boden gefroren (hart und trocken),
4	Boden teilweise mit Schnee und Graupeln bedeckt,
5	Boden mit Eis und Glatteis bedeckt,
6	Boden mit tauendem Schnee bedeckt,
7	Boden nicht gefroren, jedoch mit einer Schneedecke von weniger als 15 cm bedeckt,
8	Boden hart gefroren und mit einer Schneedecke von weniger als 15 cm bedeckt,
9	Boden mit einer Schneedecke von mehr als 15 cm Höhe bedeckt.

Dort, wo die Durchfeuchtung der obersten Bodenschicht besonders
stark ist, sollte man immer durch einzelne Aufschlüsse auch die Durchfeuchtungsverhältnisse in der Tiefe bestimmen. Wenn Messungen in den

frühen Morgenstunden stattfinden, so ist immer auch auf die Tauverhältnisse Rücksicht zu nehmen. Man darf bei allen diesen Forderungen nie vergessen, daß die Beschaffenheit der Oberflächenschichte bei der Funkmutung eine weit größere Bedeutung hat als bei niederfrequenten Verfahren. Nimmt man aber auf die Oberflächenverhältnisse sorgfältig Rücksicht, so gelingt es immer die dadurch entstehenden Fehlerquellen auszuscheiden.

Sehr oft müssen wir die Dielektrizitätskonstante geologischer Leiter und Böden bestimmen. Die Bestimmung der Dielektrizitätskonstante erfolgt nahezu immer indirekt. Den Kondensator, dessen Dielektrikum wir ermitteln sollen, schalten wir in einen Schwingungskreis ein und bestimmen nun dessen Eigenfrequenz. In den letzten Jahren hat sich eine eigene Meßtechnik, die Dielkometrie entwickelt, die sich die Bestimmung der DK zur Aufgabe gemacht hat, um dann aus diesem Wert auf verschiedene andere Eigenschaften, insbesondere chemischer Art zu schließen. In dem Abschnitt über die Widerstandsverfahren sind eine Reihe von Apparaten beschrieben, die der genauen Messung von Kapazitäten dienen und die natürlich auch für diese Messungen verwendet werden können.

Uns interessiert in erster Linie die DK eines geologischen Leiters in Abhängigkeit von seiner Durchfeuchtung und die Veränderung dieser Konstanten durch eingelagerte gut- oder schlechtleitende Teilchen. An und für sich wäre es ja möglich, die DK jener Teile zu ermitteln, aus denen der Mischkörper besteht. Die Theorie des Mischkörpers wurde bereits teilweise besprochen. Wenn wir mit u den sogenannten Formkoeffizienten und mit δ das Mischungsverhältnis bezeichnen, so erhalten wir für die resultierende Dielektrizitätskonstante ε_m

$$\frac{\varepsilon_m - 1}{\varepsilon_m + u} = \delta_1 \frac{\varepsilon_1 - 1}{\varepsilon_1 + u} + \delta_2 \frac{\varepsilon_2 - 1}{\varepsilon_2 + u},$$

wenn mit ε_1 und ε_2 die Dielektrizitätskonstanten der den Mischkörper bildenden Teile bezeichnet werden. Über die Einführung der sogenannten Berechtigungsziffer und die Variation der Gleichungen bei verschiedenartiger Anordnung, wurde bereits gesprochen. In unserem Fall ist nun die Dielektrizitätskonstante der festen Anteile im allgemeinen kleiner, oder wenig größer als 10. Als Dielektrizitätskonstante des Wassers ist 81 anzusehen. Nun kommt in unserem Fall als dritter Bestandteil noch das mit Luft erfüllte Porenvolumen dazu. Wir müssen also eigentlich einen Mischkörper berechnen, der aus drei verschiedenen Teilen zusammengesetzt ist. Diese Berechnung wäre aber ungemein schwierig. Um eine Mischtheorie anwenden zu können, muß man natürlich auch die beiden Stoffe des Mischkörpers entsprechend darstellen und anordnen. Man kann ihnen z. B. die Form von Kugeln, Zylindern und anderen Körpern zuschreiben und diese dann in einem bestimmten Abstand anbringen. Im allgemeinen wird gerade bei der Behandlung des geologischen Leiters die Theorie nur in Ausnahmefällen anzuwenden sein. So wird man z. B. ein Salzvorkommen, das flüssige Kohlensäure enthält, berechnen können. In gleicher Weise wird es .möglich sein, gashaltige Kohle theoretisch zu untersuchen. Einen normalen Leiter aber, der aus verschiedenen festen, flüssigen und überdies noch gasförmigen Phasen besteht, wird man kaum vorausberechnen können. Es bleiben daher wohl nur Messungen im Gelände, oder aber solche an Handstücken übrig.

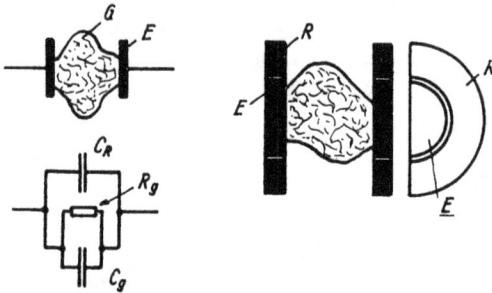

Bild 30. Elektroden

Über die Kapazitätsmeßgeräte soll an dieser Stelle nicht gesprochen werden, weil sie in einem späteren Abschnitt noch genauer beschrieben werden. Will man mit diesen Instrumenten ein Handstück vermessen, so ist dieses an Stelle der Antennenelektroden einzuschalten. In Bild 30 sehen wir einen geologischen Leiter G, der zwischen die Elektroden E eingeklemmt ist. Wenn wir für diese Anordnung das Ersatzschema bilden, so müssen wir außer der kapazitiven und Ohmschen Komponente des geologischen Leiters auch noch die sogenannte Randkapazität C_r berücksichtigen. Diese berücksichtigt die Verschiebungslinien, die zwischen den Elektroden in Luft verlaufen, ohne die eingespannte Probe zu untersuchen. Man kann die Randkapazität dadurch vermeiden, daß man, wie bei b gezeichnet, die Elektroden E noch mit einem geerdeten Ring R umgibt. Mit solchen Elektroden kann man natürlich immer nur kleinere Proben untersuchen. Will man ein größeres Volumen vermessen, so kann man sich mit Vorteil der Lecherschen Drähte bedienen. In Bild 31 sehen wir

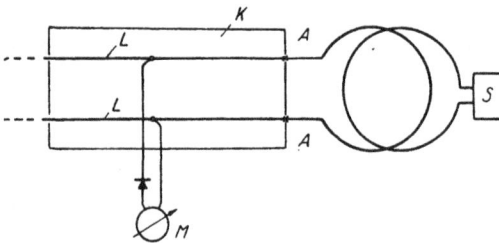

Bild 31. Messung mit Lecherdrähten

die Anordnung schematisch dargestellt. Ein kleiner Sender S ist mit einem Paralleldrahtsystem L induktiv gekoppelt. Dieses System ist in einer Kiste K ausgespannt, die in der Regel eine Länge von 1 bis 4 m hat. Durch eine aufgelegte Brücke außerhalb der Kiste werden auf diesem Drahtsystem stehende Wellen erzeugt und es wird mit dem Instrument M zunächst ein Schwingungsknoten bestimmt. Wenn wir nun in diese Kiste irgendein Dielektrikum einfüllen, so wird dadurch die Wellenlänge verändert, und zwar wird sie verkürzt. Aus der Verkürzung können wir sowohl die Leitfähigkeit als auch die Dielektrizitätskonstante des eingeschütteten Materials berechnen. Wir bestimmen die Veränderung der Wellenlänge so, daß wir zunächst einmal das System bei leerer Kiste erregen und jetzt allmählich das Material einfüllen. Wir zählen dann die Knoten, die durch die Einfüllung und die dadurch bedingte Verkürzung der Wellenlänge, verschoben werden. Es ist die Dielektrizitätskonstante ε

$$\varepsilon = \left(\frac{\lambda_0}{\lambda_g}\right)^2 - \alpha^2 \frac{\lambda_0^2}{4\,\pi^2}$$

und die Leitfähigkeit σ

$$\sigma = \frac{2\,\pi\,\nu\,\alpha}{\lambda_g} \cdot \frac{\lambda_0^2}{4\,\pi^2}.$$

In diesen beiden Gleichungen bedeutet λ_0 die Wellenlänge in Luft, also bei leerer Kiste, und λ_g die Wellenlänge bei gefüllter Kiste. Der Dämpfungsfaktor α ist in folgender Weise bestimmt:

$$\alpha = \frac{2\,\pi\,d}{\lambda_g^2\left(1 + \dfrac{\lambda_0}{\lambda_g}\right)}.$$

In diesem Ausdruck bedeutet d die sogenannte Halbwertbreite. Diese bestimmen wir in folgender Weise: Wir setzen das Meßinstrument zunächst an einen Knoten an und lesen den Spannungswert ab. Nun verschieben wir das Instrument nach beiden Richtungen so lange, bis das Instrument die Hälfte des am Knoten beobachteten Maximenwertes zeigt. Wir verschieben einmal nach links und einmal nach rechts. Der Abstand der beiden Punkte, an denen diese halben Höchstwerte beobachtet wurden, ist dann die Halbwertbreite d. Wichtig ist noch, daß der Rand der Kiste so gegenüber dem Draht festgelegt wird, daß bei A am Draht gerade ein Potentialknoten auftritt. In den folgenden Zahlentafeln sehen wir einige Daten zusammengestellt, die nach diesem Verfahren ermittelt wurden.

Zahlentafel 4[1])

Frequenz 57,03 MHz

Feuchtigkeitsgehalt in %	Dämpfungskonstante	Dielektrizitätskonstante	Leitfähigkeit in e. st. E.
6,3	$2{,}12 \cdot 10^{-2}$	4,58	$1{,}53 \cdot 10^6$
6,8	$2{,}99 \cdot 10^{-2}$	6,50	$2{,}58 \cdot 10^6$
7,6	$2{,}53 \cdot 10^{-2}$	6,95	$2{,}91 \cdot 10^6$
8,8	$3{,}43 \cdot 10^{-2}$	10,25	$5{,}09 \cdot 10^6$
9,2	$3{,}32 \cdot 10^{-2}$	11,01	$4{,}67 \cdot 10^6$
13,9	$5{,}16 \cdot 10^{-2}$	17,33	$7{,}17 \cdot 10^6$

[1]) Banerjee S. S., Joshi R. D., Phil. Mag. (7), **25** (1938), 1025.

Zahlentafel 5[1])

Frequenz 70,92 MHz

Feuchtigkeitsgehalt in %	Dämpfungs-konstante	Dielektrizitäts-konstante	Leitfähigkeit in e. st. E.
6,3	$4,21 \cdot 10^{-2}$	3,22	$2,56 \cdot 10^{6}$
6,8	$4,97 \cdot 10^{-2}$	5,78	$4,04 \cdot 10^{6}$
7,6	$6,38 \cdot 10^{-2}$	6,11	$5,33 \cdot 10^{6}$
8,8	$6,44 \cdot 10^{-2}$	10,20	$5,86 \cdot 10^{6}$
9,2	$7,11 \cdot 10^{-2}$	11,71	$8,21 \cdot 10^{6}$
13,9	$8,34 \cdot 10^{-2}$	12,03	$9,77 \cdot 10^{6}$

Zahlentafel 6[2])

$f = 82$ MHz

Feuchtigkeits-gehalt	λa in Metern	λg	α	ε	σ (e. m. E.)
7,78	3,66	1,84	$1,304 \cdot 10^{-3}$	3,95	$1,377 \cdot 10^{-14}$
19,9	3,66	1,68	$1,29 \cdot 10^{-3}$	4,74	$1,507 \cdot 10^{-14}$
26,8	3,66	1,60	$1,68 \cdot 10^{-3}$	5,23	$2,039 \cdot 10^{-14}$
32,1	3,66	1,30	$2,339 \cdot 10^{-3}$	7,92	$3,275 \cdot 10^{-14}$
36,8	3,66	0,781	$2,057 \cdot 10^{-3}$	21,95	$5,249 \cdot 10^{-14}$
41,4	3,66	0,674	$3,549 \cdot 10^{-3}$	29,4	$9,350 \cdot 10^{-14}$

Zahlentafel 7[3])

Feuchtigkeitsgehalt 13,8 %

Frequenz in MHz	λa in Metern	λg	α	$\varkappa$	σ (e. m. E.)
73,89	4,06	1,98	$0,8145 \cdot 10^{-3}$	4,20	$0,885 \cdot 10^{-14}$
77	3,88	1,96	$1,263 \cdot 10^{-3}$	3,91	$1,12 \cdot 10^{-14}$
78,9	3,80	1,93	$1,704 \cdot 10^{-3}$	3,87	$1,75 \cdot 10^{-14}$
81,08	3,70	1,89	$1,39 \cdot 10^{-3}$	3,83	$1,79 \cdot 10^{-14}$
88,7	3,38	1,80	$1,146 \cdot 10^{-3}$	3,52	$1,135 \cdot 10^{-14}$

Die Versuche zeigen, daß die Dielektrizitätskonstante ε mit dem Feuchtigkeitsgehalt zunimmt und daß auch die Leitfähigkeit selbst ständig mit der Durchfeuchtung ansteigt. Interessant ist der Einfluß der Frequenz. Es zeigt sich auch bei diesen Untersuchungen, daß die Leitfähigkeit des Bodens mit zunehmender Frequenz zunächst zu- und nach Überschreiten eines Maximums wieder abnimmt, während die Dielektrizitätskonstante mit zunehmender Frequenz ständig abnimmt. Da die Extinktion durch die Leitfähigkeit und Dielektrizitätskonstante mitbestimmt ist, so wird der durch die sogenannte funkgeologische Kurve dargestellte Zusammenhang dadurch erklärlich.

[1]) Banerjee S. S., Joshi R. D., Phil. Mag. (7), **25** (1938), 1025.
[2]) und [3]) Khastgir S. R. Phil. Mag. (7), **25** (1938), 739.

Bei der Durchführung funkgeologischer Untersuchungen werden wir sehr häufig in die Lage kommen, bestimmte Werte zu ermitteln, die man schon durch die heute üblichen Verfahren der allgemeinen Elektrometrie bestimmen kann. So wird es z. B. oft erwünscht sein, rasch Angaben über die Beschaffenheit der obersten Deckschicht und ähnliches zu erhalten. Auch wird man mitunter die mit Hochfrequenz erhaltenen Ergebnisse mit jenen vergleichen, die bei niederfrequenten Meßströmen erzielt wurden. Durch diesen Vergleich kann man oft wertvolle Schlüsse auf die Beschaffenheit des Untergrundes ziehen. Aus diesem Grunde soll hier ganz kurz einiges aus der allgemeinen Elektrometrie mitgeteilt werden.

Tafel

Einteilung der geoelektrischen Verfahren

A. Widerstandsmessungen:
  a) Gleichstrom,
  b) Wechselstrom.

B. Messungen an natürlichen Erdströmen:
  a) Turbulente Eigenströme — Potentialmessung,
  b) Eigenpotential von Lagerstätten,
    α) Potentialmessung,
    β) Äquipotentiallinien.

C. Messungen an künstlich dem Erdboden zugeführten Strömen:
  a) Gleichstrom,
    α) Potentialmessungen,
    β) Äquipotentiallinien,
  b) Wechselstrom (Niederfrequenz),
    α) Induktive Stromzufuhr,
    Messung des Magnetfeldes,
      1. Richtung und Intensitätsmessung,
      2. Bestimmung der Lage der Polarisationsebene,
      3. Phasenverschiebungsmessungen,
    β) Stromzuleitung mit Elektroden,
      1. Spannungsmessung,
      Potential-Äquipotentiallinien-Phasenverschiebung,
      2. Richtungsmessung,
      3. Bestimmung der Lage der Polarisationsebene,
      4. Phasenverschiebungsmessung,
      5. Intensitätsmessung
      mittels zwei Spulen,
      mittels Röhrenvoltmeter,
      durch Leitungsverlegung,
  c) Funkmutung.

Auf Seite 61 ist eine Einteilung der Verfahren mitgeteilt, die Haalck zusammengestellt hat und die gleichzeitig auch in anschaulicher Weise zeigt, wie die Verfahren der Funkgeologie sich in das Gebäude der Elektrometrie einfügen.

Wir wollen uns hier nur mit einem einzigen Verfahren beschäftigen, das wir bei der Durchführung unserer funkgeologischen Untersuchungen oft für eine erste, rasche Übersicht zu Hilfe nehmen können. Es ist das Widerstandsverfahren, das gleichzeitig auch die Grundlage für jene Methoden der Funkmutung bildet, die wir noch genau kennen lernen werden und dessen Kenntnis daher auch aus diesem Grunde vorteilhaft ist.

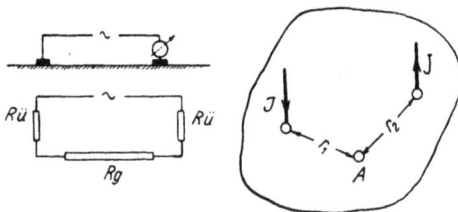

Bild 32. Prinzip des Widerstandsverfahrens

In Bild 32 sehen wir zwei Elektroden, die an dem zu untersuchenden Untergrund angelegt werden. Sie sind mit einer Wechselstromquelle verbunden und ein eingeschaltetes Meßgerät gestattet die Bestimmung der Stromstärke. Wenn die Spannung der Stromquelle bekannt ist, und der Strom am Meßinstrument gemessen wird, so ist daraus der zwischen den beiden Elektroden liegende scheinbare spezifische Widerstand des Untergrundes in einfacher Weise zu ermitteln.

$$\varrho = \frac{U}{J}.$$

Unter der Anordnung ist das Ersatzschema eingezeichnet. Man sieht, daß außer dem Widerstande R_g auch noch die Übergangswiderstände R_{ii} im Meßkreise liegen. Wir erhalten also durch die Messung die Summe dieser drei Widerstände und wenn die Übergangswiderstände dem geologischen Leiterwiderstand vergleichbar werden, so verliert das Ver-

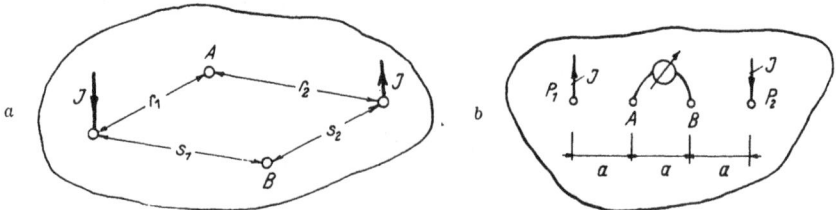

Bild 33. Vierpunktverfahren

fahren jeden Wert. Aus diesem Grunde hat man andere Verfahren entwickelt, bei denen die Übergangswiderstände das Meßergebnis nicht mehr verfälschen können. In Bild 33 sehen wir zunächst bei a wieder die Punkte P, an die die Elektroden angelegt werden. Diesen wird dann ein Strom J zugeführt. Im Abstande r_1 und r_2 wird ein Punkt A angenommen. Das Potential für diesen Punkt ist dann

$$E_A = \frac{J}{2\pi}\varrho\left(\frac{1}{r_1} - \frac{1}{r_2}\right).$$

Wenn wir nun, wie dies Bild 33a zeigt, noch einen weiteren Punkt B annehmen, dessen Abstand von den Stromelektroden s_1 und s_2 beträgt, so können wir auch für diesen in der gleichen Weise das Potential berechnen. Die zwischen A und B auftretende Spannungsdifferenz ist dann somit durch Subtraktion in folgender Weise zu bestimmen:

$$E_A - E_B = \frac{J\varrho}{2\pi}\left[\frac{1}{r_1} - \frac{1}{r_2} - \frac{1}{s_1} - \frac{1}{s_2}\right].$$

Aus dieser Gleichung kann dann wieder der scheinbare Widerstand ϱ berechnet werden.

$$\varrho = \frac{E_A - E_B}{J} \cdot \frac{2\pi}{1\big/\left(\frac{1}{r_1} - \frac{1}{r_2} - \frac{1}{s_1} - \frac{1}{s_2}\right)}.$$

Nun können wir, wie dies bei b dargestellt wird, die Punkte $P\ldots A\ldots B$ auf einer Geraden anordnen, und zwar so, daß sie untereinander den gleichen Abstand haben. Bezeichnen wir diesen mit a, so erhalten wir

$$r_1 = a \qquad\qquad s_1 = 2a$$
$$r_2 = 2a \qquad\qquad s_2 = a.$$

Der Klammerausdruck wird dann zu $\frac{1}{a}$ und wir erhalten für den scheinbaren Widerstand

$$\varrho = 2\pi a \frac{U}{J}.$$

In dieser Gleichung ist der Übergangswiderstand der Stromzuführungselektroden nicht mehr enthalten. Wenn wir die zwischen A und B bestehende Spannung mit einem hochohmigen Instrument U bestimmen, so wird auch der Übergangswiderstand dieser beiden Elektroden keine Rolle spielen, da er viel kleiner als jener des Meßinstrumentes ist. Wir sind auf diese Weise imstande, den zwischen A und B liegenden scheinbaren spezifischen Widerstand des Untergrundes zu ermitteln, ohne daß das Ergebnis durch Elektrodenfehler verfälscht würde.

In Bild 34 sehen wir nun die Vermessung eines Untergrundes, der aus zwei Schichten besteht, deren elektrische

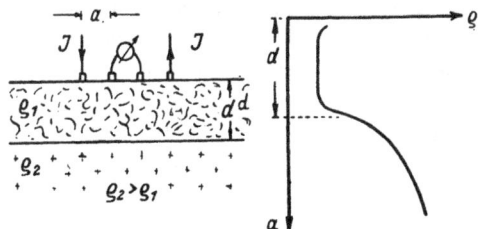

Bild 34. Vermessung eines geschichteten Untergrundes

Leitfähigkeit verschieden ist. Der Widerstand der oberen Schichte soll kleiner sein als der der unteren. Wenn wir nun den Elektrodenabstand a allmählich vergrößern und den gemessenen scheinbaren Widerstand ϱ als Funktion des Abstandes a darstellen, so erhalten wir die in Bild 31 eingezeichnete Kurve. Wir sehen, daß diese im Abstande a plötzlich ansteigt. Dieser Abstand d entspricht dann der Tiefe der zweiten Schichte. Man ist also nach diesem Verfahren in der Lage, die elektrische Beschaffenheit des Untergrundes zu bestimmen und die Tiefe von Diskontinuitätsflächen ziemlich genau zu bestimmen. Bild 35 zeigt drei Beispiele. Bei a[1]) sehen wir den Ver-

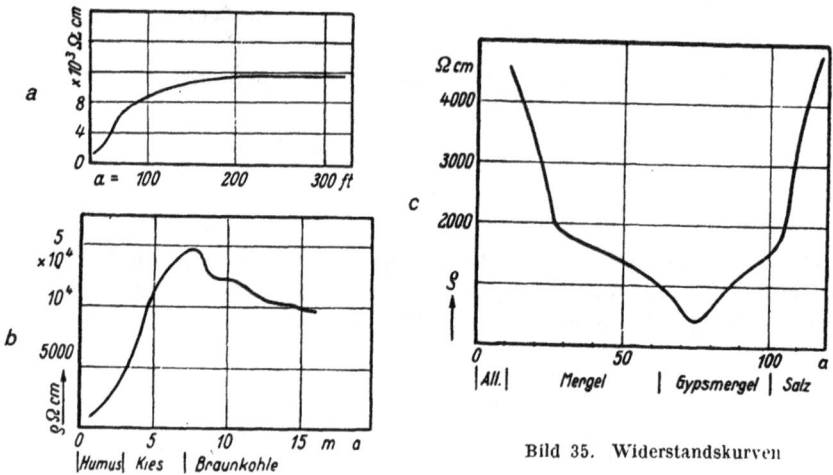

Bild 35. Widerstandskurven

lauf einer im mittelfeuchten Klima aufgenommenen, ziemlich normal verlaufenden Kurve. Der Widerstand fällt zunächst rasch ab, um dann nach Durchlaufen eines Minimums wieder allmählich anzusteigen. Ähnliche Kurven sind auch an anderer Stelle dieses Buches besprochen. Bei b[2]) ist der typische Widerstandsverlauf in einer Braunkohlengegend Westdeutschlands zu sehen. Bei c[3]) schließlich ist das Widerstandsdiagramm über einem Salzdom zu sehen. Wir sehen das ausgeprägte Minimum in der Tiefe des Gipsmergels.

Für diese Messungen können vielfach auch jene Verfahren herangezogen werden, die wir noch später für die Durchführung hochfrequenter Messungen besprechen werden. An die Stelle der hochfrequenten Generatoren tritt natürlich eine niederfrequente Stromquelle. Manche Apparate werden auch so gebaut, daß die zur Modulation des Hochfrequenzgenerators erforderliche niederfrequente Stromquelle

---

[1]) Nach Rooney und Gish.
[2]) Nach Stern.
[3]) Nach Schlumberger.

abgeschaltet und selbständig zur Messung verwendet werden kann. Geräte dieser Art gestatten dann sowohl hochfrequente als auch niederfrequente Messungen.

In letzter Zeit findet auch ein anderes Verfahren zu Hilfsuntersuchungen vorteilhafte Anwendung, das insbesondere eine sehr rasche und dabei quantitativ und qualitativ befriedigende Analyse der Gesteinslösungen ermöglicht. Es handelt sich um den Polarographen. Das Prinzipschema zeigt Bild 36. Wir sehen hier ein Gefäß, dessen Boden mit Quecksilber Hg bedeckt ist. Darüber wird die zu bestimmende Lösung L eingegossen. Das Quecksilber bildet eine Elektrode, während der andere Teil mit einer Tropfelektrode K verbunden ist. Aus dieser tropft in Zeitintervallen von 2 bis 3 Sekunden Quecksilber herab. An dem Potentiometer R kann die Spannung U verändert werden. Wir setzen nun die

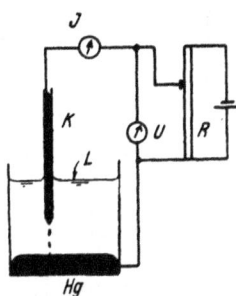

Bild 36. Schaltung des Polarographen

Spannung allmählich hinauf. Sobald nun die sog. Zersetzungsspannung erreicht wird, nimmt der Strom J sprunghaft zu. Wir erhalten daher ein Diagramm, wie es z. B. im Bild 37 dargestellt ist. Auf der Ordinate ist die Stromstärke, auf der Abszisse die zwischen den

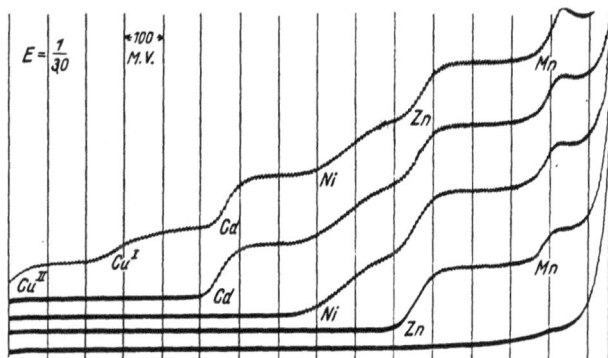

Bild 37. Polarogramm nach Heyrovsky

Elektroden wirksame Spannung aufgetragen. Der Abszissenabstand einer solchen Stufe U' gestattet uns Rückschlüsse auf den in der Lösung enthaltenen Stoff; die Stufenhöhe ΔJ ist dagegen ein Maß für das Mengenverhältnis. Die in dem Bild dargestellte Kurve gestattet also soywohl qualitative als auch quantitative Aufschlüsse. Wichtig ist es, daß das Verfahren auch noch sehr schwachkonzentrierte Lösungen zu untersuchen gestattet. 0,0000001 g Blei, das in 0,1 cm³ Lösung enthalten war, erzeugte bereits eine gut zu erkennende Stufe. Die Kurve kann auch

Extreme zeigen, und zwar treten Maxima auf, wenn an der Kathode reduzierbare Stoffe adsorbiert werden. Werden aber diese reduzierbaren Stoffe durch andere, deren Oberflächenaktivität größer ist, bedingt, so wird die Maximumspitze abgebaut. Es genügen schon sehr geringe Spuren oberflächenaktiver Stoffe, um solche Extremveränderungen herbeizuführen. Ein Beispiel zeigt Bild 38. *I* bezeichnet den Verlauf einer Kurve vor dem Zusatz des (negativ geladenen) zu adsorbierenden Stoffes, die Kurve *II* dagegen den Verlauf nach der Adsorption. Da das positive Maximum verkleinert wurde, so geht daraus hervor, daß die adsorbierten Teilchen negativ geladen sind.

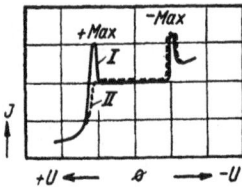

Bild 38. Auftreten von Extremwerten

In Bild 39 ist schließlich noch eine praktisch aufgenommene Kurve mit entsprechender Beschreibung zu sehen. Es handelt sich um die Analyse eines Grubenwassers. Die Apparate sind voll automatisiert und die Aufnahme der Kurven erfolgt automatisch. Auf diese Weise ist es möglich, eine solche Analyse in wenigen Minuten durchzuführen.

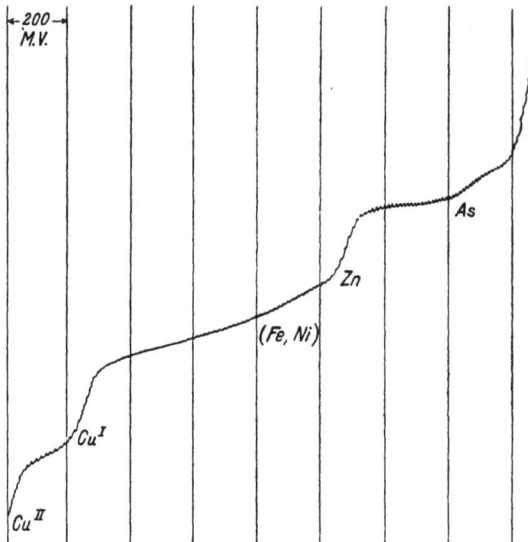

Bild 39. Analyse eines Grubenwassers

III. Ausbreitungsverfahren ober Tags

A. Verfahren

Schon verhältnismäßig früh begann man den Einfluß der elektrischen Bodeneigenschaften auf die Ausbreitung Hertzscher Felder zu untersuchen. Es war daher naheliegend, umgekehrt, aus den gemessenen Bestimmungsstücken des Hertzschen Feldes auf die Eigenschaften des Untergrundes zu schließen, über dem die Ausbreitung stattfand. Trotzdem gerade dieses Teilgebiet theoretisch vielleicht besser untermauert ist als manches andere, konnte es doch bis heute noch nicht die Bedeutung erlangen, die ihm sicher zukommt. Es steht ein verhältnismäßig umfangreiches Beobachtungsmaterial zur Verfügung, das aber bisher nur völlig ungenügend nach geoelektrischen Gesichtspunkten ausgewertet wurde. Es wird daher die Aufgabe der zukünftigen Forschung sein, die zahlreichen Ausbreitungsmessungen, die insbesondere in den letzten Jahren an Rundfunksendern vorgenommen wurden, nach geoelektrischen Gesichtspunkten zu untersuchen.

Das Hertzsche Feld ist durch Stärke und Richtung, durch Frequenz und Phasenlage bestimmt. Es ergeben sich somit eine ganze Reihe von Bestimmungsstücken. Praktisch messen wir die Stärke und Richtung, sowohl des elektrischen als auch des magnetischen Feldes und deren Veränderung mit der Frequenz. Die elektrische und magnetische Feldstärke ist im Fernfeld in folgender Weise bestimmt:

$$\mathfrak{E} = \mathfrak{E}_0 \, \frac{1}{s} \, e^{-\gamma s}$$

$$\mathfrak{H} = \mathfrak{H}_0 \, \frac{1}{s} \, e^{-\gamma s}.$$

In diesen Gleichungen bedeutet s den Weg, über den das Feld fortschreitet und γ eine von den Erdbodeneigenschaften abhängige Größe, die die Dämpfung des Feldes bestimmt.

Auf die Ausbreitungstheorie möchte ich an dieser Stelle nicht zurückkommen, weil diese ziemlich kompliziert ist und daher schwer auf dem verfügbaren kleinen Raum geschildert werden könnte. Es erscheint dies auch deshalb überflüssig, weil sie an anderer Stelle der Literatur sehr ausführlich behandelt wurde. Maßgebend sind auch heute

noch die älteren Arbeiten von Sommerfeld, Zenneck und Hack
sowie die neueren Arbeiten von Strutt und anderen. Um indessen eine
Übersicht über die für uns wichtigen Ausbreitungsverhältnisse zu geben,
seien im folgenden einige Diagramme wiedergegeben, die den Arbeiten
von Zenneck entnommen sind.

Über einem unendlich gutleitenden ebenen Untergrund wird der
elektrische Feldvektor senkrecht stehen. Der magnetische Vektor liegt
parallel zur Oberfläche. Wenn der Boden dagegen schlecht leitet, so
wird der elektrische Feldvektor in der Fortpflanzungsrichtung vorgeneigt sein, während der magnetische Vektor wieder parallel zur Oberfläche liegt. Durch den Untergrund wird also die Dämpfung und die
Richtung des Feldes beeinflußt.

Oft wird der Ausdruck »Reichweite« verwendet. Unter Reichweite
verstehen wir jenen Weg, an dessen Anfang und Endpunkt sich die
Feldstärke so wie $e:1$ verhält. In Bild 40 sehen wir das Reichweitendiagramm von Zenneck. Auf der Ordinate ist die Reichweite, auf der
Abszisse die Leitfähigkeit des Untergrundes aufgetragen. Die Dielektrizitätskonstante des Untergrundes erscheint als Parameter. Wir
sehen, daß die Reichweite mit der Bodenleitfähigkeit zunimmt. Dies

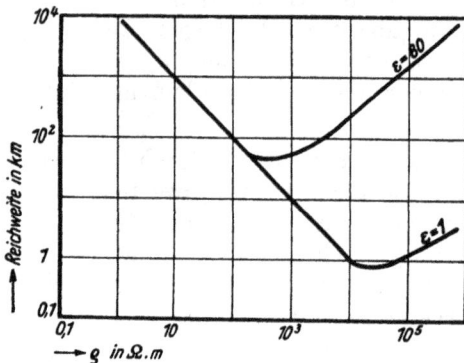

Bild 40. Reichweitendiagramm von Zenneck

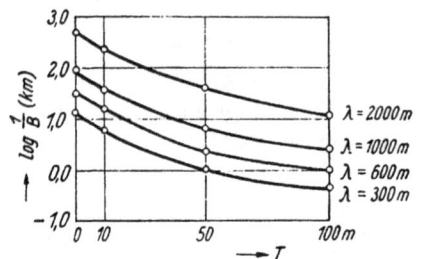

Bild 41. Reichweitendiagramm für
trockenen Boden

ist verständlich, wenn man bedenkt, daß über einem gutleitenden
Boden der Vektor ziemlich senkrecht stehen wird und daher die horizontale Komponente klein sein wird. In Bild 41 sehen wir das Reichweitendiagramm für trockenen Boden. Auf der Ordinate ist wieder die
Reichweite, auf der Abszisse dagegen die Mächtigkeit der trockenen
Bodenschichte aufgetragen. Es ist angenommen, daß diese unten von
einem guten Leiter begrenzt wird. In Bild 42 sind die Ausbreitungsverhältnisse über einem oberflächlich durchfeuchteten Boden dargestellt.
Es ist angenommen, daß der Untergrund aus zwei Schichten besteht,
einer tiefer gelegenen, sehr trockenen und einer Oberflächenschichte, die
infolge der Durchfeuchtung hohe Leitfähigkeit und DK aufweist. Es

ist die Reichweite als Funktion der Mächtigkeit dieser gutleitenden
Schichte dargestellt. Man sieht, daß die Reichweite mit zunehmender
Mächtigkeit ansteigt. In Bild 41 können wir an Stelle der Tiefe der
trockenen Schichte auch die noch zu besprechende Größe der fiktiven
Teufe setzen. Ebenso können wir die Durchfeuchtung des Bodens durch
die noch zu besprechende Bestimmungsgröße ψ bestimmen. Wir kön-

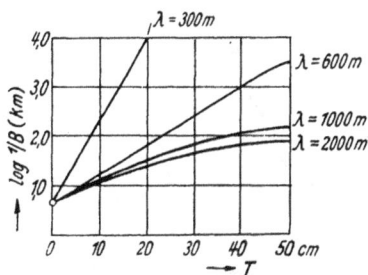

Bild 42. Ausbreitung über oberflächlich
durchfeuchtetem Boden

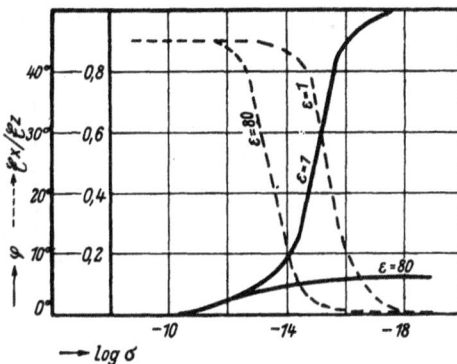

Bild 43. Neigung des elektrischen Feldes

nen dann sagen, daß mit abnehmender fiktiver Teufe und mit zunehmen-
dem ψ die Reichweite größer wird. Die Änderung des Winkels, den der
elektrische Feldvektor mit der Fortpflanzungsrichtung einschließt, in
Abhängigkeit von der Leitfähigkeit des Untergrundes zeigt Bild 43.
Man sieht, daß mit zunehmender Leitfähigkeit der Winkel größer wird.
Wir können auch hier wieder feststellen, daß der Winkel um so größer
sein wird, je kleiner die fiktive Teufe und je größer der Faktor ψ sein
wird. Den Weg, über den das Feld von der Quelle bis zum untersuchten
Aufpunkt fortschreitet, nennen wir den Quellweg. Es ist möglich, daß
Teile des Feldes von der Quelle über verschiedene Wege fortschreiten.
Der Quellweg ist über völlig homogenem Untergrund eine Gerade, die
die Quelle mit dem Aufpunkt verbindet. Ist der Untergrund aber nicht
homogen, so kann der Quellweg die Form einer Kurve annehmen. Er
verläuft dann in der Richtung der geringsten Ausbreitungsdämpfung.
Wenn wir die Punkte gleicher Feldstärke verbinden, so erhalten wir die
Feldgleichen. Ähnliche Kurven können wir zeichnen, wenn wir die Punkte
gleicher Feldneigung verbinden.

Der Zweck all dieser Messungen besteht darin, aus der elektrischen
Vermessung die Beschaffenheit des Untergrundes zu bestimmen. Es
wird also jedenfalls die Ausbreitung für den Fall eines völlig homogenen
Untergrundes berechnet und das Ergebnis dieser Berechnung mit jenem
verglichen, das durch Messung erhalten wurde. Ergeben sich Unterschiede, so weiß man, daß der Untergrund abweichende Eigenschaften

besitzt. Diese dann zu ermitteln und die inhomogenen Zonen einzugrenzen, ist die Aufgabe der Funkmutung.

Die Ausbreitungsverhältnisse eines Senders werden durch ein Diagramm dargestellt. Man zeichnet die Feldgleiche für einen bestimmten Wert, und zwar verbindet man in der Regel jene Punkte, die von der Quelle in Reichweite entfernt sind. Unter der Voraussetzung eines völlig ebenen und völlig homogenen Untergrundes erhält man dann das sogenannte ursprüngliche Diagramm wie es in Bild 44 dargestellt

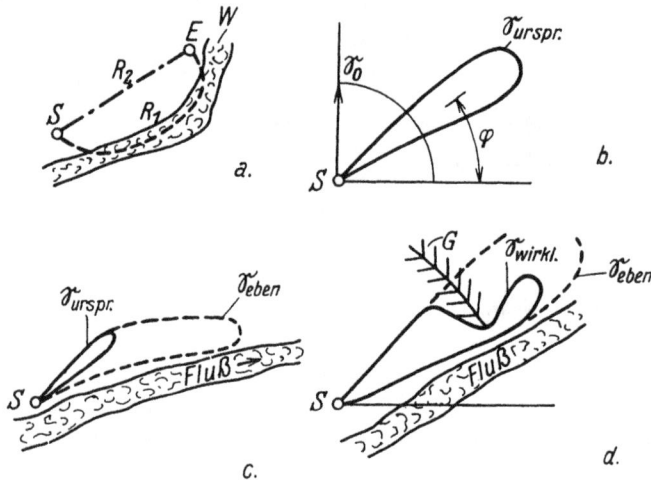

Bild 44. Ausbreitungsdiagramme
S ... Sender, G ... Gebirge, E ... Empfänger

wird. Berücksichtigen wir nun die im Untergrunde enthaltenen inhomogenen Leiterzonen, so erhalten wir, wenn die Begrenzungsfläche dieses Untergrundes eine Ebene ist, das ebene Diagramm. Nun werden aber in der Regel aus dem Untergrunde geologische Leiter in den Luftraum hineinragen. Wir werden es z. B. mit Gebirgen, Häusern usw. zu tun haben, die eine zuzügliche Dämpfung bedingen. Berücksichtigen wir nun auch die, so erhalten wir jenes Diagramm, das wir tatsächlich messen und daß daher als »wirkliches« bezeichnet wird. Die Aufgabe der Felddiagnose besteht darin, aus dem tatsächlich gemessenen wirklichen Diagramm zunächst einmal unter Berücksichtigung des bekannten Einflusses der Gebirge usw. das ebene Diagramm zu konstruieren. Durch Vergleich dieses Diagramms mit dem ursprünglichen, das man für einen bestimmten Sender ebenfalls als bekannt voraussetzen darf, erhält man dann die Möglichkeit, auf die Existenz inhomogener Zonen im Untergrunde zu schließen. In Bild 34 sehen wir auch noch links oben wie der Quellweg durch einen Flußlauf W verlagert werden kann. Er nimmt den

Verlauf R_1 an, während die kürzeste Verbindung zwischen Sender und Empfänger die Strecke R_2 bildet. Bei Ausbreitungsmessungen sind stets auch die Schattenbildungen zu berücksichtigen. In Bild 45 ist dies dargestellt. Ist Q die Quelle des Feldes und G irgendein Gebirge, so erhalten wir hinter diesem immer eine Schattenzone S. In größerer Entfernung verschwindet diese dann. Das Feld wird z. B. von Q zum Auf-

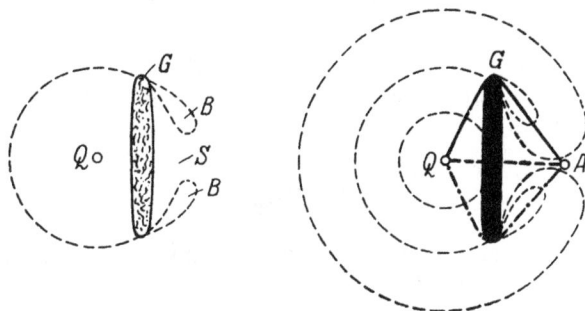

Bild 45. Elektrischer Schatten

punkte A in diesem Fall über die drei eingezeichneten Wege fortschreiten. Der mittlere Weg führt über das Gebirge, oder eventuell sogar durch dieses hindurch. Im Punkte A werden wir daher ziemlich komplizierte Überlagerungsverhältnisse zu gewärtigen haben. Überhaupt kann die Existenz mehrerer Quellwege von verschiedener Länge auch sonst zu

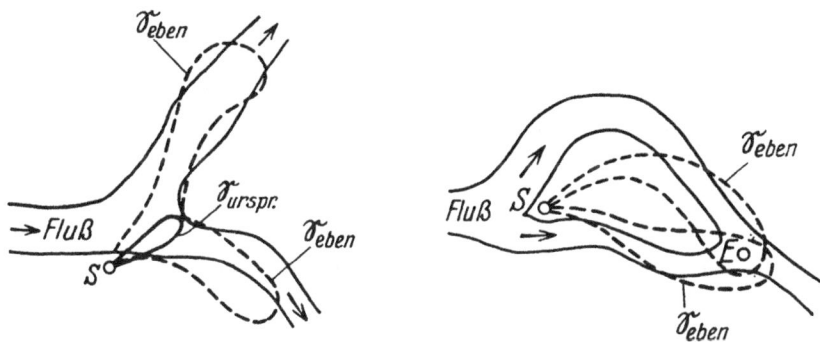

Bild 46. Ausbreitung entlang zweier Flußarme

Komplikationen führen. In Bild 46 sehen wir zunächst die Verformung des ursprünglichen Diagramms durch einen gegabelten Fluß. Vereinigen sich nun in größerer Entfernung die beiden Flußarme wieder, so erhalten wir die Überlagerung der entlang der beiden Quellwege fortschreitenden Feldanteile. Dies kann dann z. B. im Punkte E zu einem Fading führen, den man als »geographischen Fading« bezeichnen könnte. Die Existenz solcher »umlaufender Wellen« muß bei Messungen stets berücksichtigt werden, da man sonst mit großen Fehlern rechnen muß.

Auf der grundlegenden Theorie von Zenneck aufbauend, haben nun Großkopf und Vogt ein Verfahren der Funkmutung entwickelt, das gegenüber den anderen, heute eingeführten obertägigen Ausbreitungsverfahren wesentlichen Fortschritt bedeutet.

Bekanntlich beschreibt der elektrische Feldvektor eine Ellipse, deren große Achse in der Richtung der Ausbreitung vorgeneigt ist. Wir bezeichnen mit E_x die Projektion der großen Achse auf die Fortpflanzungsrichtung und mit E_y die Projektion der kleinen Achse auf die Ordinate. Es ist dann

$$\frac{E_x}{E_y} = \frac{1}{\sqrt[4]{\varepsilon^2 + (2\sigma/\nu)^2}} e^{-j\varphi}$$

ε und σ beziehen sich auf den Untergrund und φ bedeutet den Phasenwinkel zwischen E_x und E_y.

Aus meßtechnischen Gründen bestimmen wir nun nicht die beiden Projektionen, sondern die Achsen selbst und den Winkel, unter dem die große Achse vorgeneigt ist. Ist γ der Winkel, den die kleine Achse mit der vertikalen Ordinate einschließt, a die große und b die kleine Achse, so erhalten wir

$$\frac{E_x}{E_y} = \frac{b}{a} \cdot \frac{1}{\sin\varphi}.$$

Es muß aber der Ausdruck $(a/b)\gamma \geq 1$, damit die Zennecksche Theorie angewendet werden darf.

Etwas komplizierter wird nun aber die Sache, wenn der Untergrund nicht völlig homogen ist, sondern aus mehreren planparallelen Schichten von verschiedener elektrischer Beschaffenheit besteht. In diesem Falle gelten die von Hack angegebenen Ansätze. Wir bezeichnen:

Obere Schichte: $d_1 = d \ldots \varepsilon_1 \ldots \sigma_1$ und
Untere Schichte: $d_2 = \infty \ldots \varepsilon_2 \ldots \sigma_2$.

Weiter bezeichnen wir mit E_x/E_y jenes Komponentenverhältnis, das wir im Falle $d = \infty$ erhielten.

Unter dieser Voraussetzung ist nun $(E_x/E_y)' = 1/\Phi \cdot (\mathfrak{E}_x/\mathfrak{E}_y)$

$$= -\frac{E_x}{E_y} \cdot \frac{\mathfrak{Sin}\, j r_1 d - \delta \mathfrak{Cof}\, j r_1 d}{\mathfrak{Cof}\, j r_1 d - \delta \mathfrak{Sin}\, j r_1 d}.$$

In dieser Gleichung sind r Faktoren, die von der elektrischen Leitfähigkeit und der DK der Schichten sowie der Frequenz abhängig sind.

In Bild 47 ist nun $1/\Phi$ als Funktion der Schichtdicke d dargestellt. Es sind drei Kurven eingezeichnet, die sich auf drei verschiedene Leitfähigkeitsverhältnisse beziehen.

Ist weiter φ_0 der Phasenwinkel, zwischen E_x und E_y, der bei unendlich dicker Oberschichte besteht, so ist der Phasenwinkel bei endlicher Schichtdicke

$$\varphi = \varphi_0 + \psi.$$

Den Verlauf des Winkels ψ als Funktion der Schichtdicke d zeigt das folgende Bild 48.

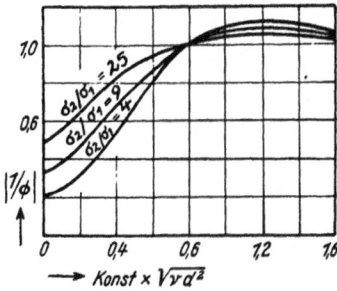

Bild 47. Diagramm nach Großkopf und Vogt

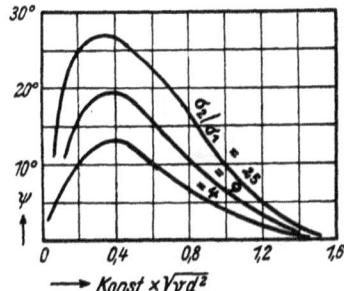

Bild 48. Phasenwinkel als Funktion der Schichtdicke (nach Großkopf und Vogt)

Die beiden Achsen und der Winkel γ werden nun mittels eines besonders für diese Zwecke konstruierten und an anderer Stelle schematisch beschriebenen Meßanordnung ermittelt. Zunächst nimmt man bei der Auswertung an, daß der Boden völlig homogen sei und die Leitfähigkeit σ hätte. Diese ist dann weiter

$$\sigma = \frac{\nu}{4}\left(\frac{a}{b}\right)^2 \text{ in e. s. CGS.}$$

Wenn der Boden nun nicht homogen ist, so wird die so ermittelte Leitfähigkeit lediglich einen Integralbegriff darstellen, den wir als »effektive Leitfähigkeit« bezeichnen wollen. Diese effektive Leitfähigkeit ist nun eigentlich nichts anderes als ein geophysikalisches Bestimmungsstück, wie wir sie ja in der angewandten Geophysik allgemein verwenden. Bei ihrer Berechnung wurde die DK als sehr klein angenommen. Wenn wir nun die Frequenz ändern, so werden wir damit auch gleichzeitig die Aufschlußteufe verändern, und zwar wird bekanntlich mit zunehmender Frequenz die Aufschlußteufe kleiner werden. Stellen wir nun die effektive Leitfähigkeit als Funktion der Frequenz und damit der Anschlußteufe dar, so erhalten wir Diagramme, wie sie beispielsweise im Bilde 49 sehen. Links sehen wir eine Kurve, die auf eine gutleitende Unterschichte hindeutet. Das rechte Diagramm dagegen werden wir erhalten, wenn unter einer gutleitenden Oberschichte ein Untergrund von geringer Leitfähigkeit liegt. Praktisch wäre die linke Kurve gegeben, wenn in einer bestimmten Teufe etwa Grundwasser anzutreffen ist. Der andere Fall wird dagegen vorliegen, wenn unter einer Humusschicht schlechtleitendes Gestein oder trockener Schotter liegt.

Die im Bilde 49 dargestellten Diagramme weisen eine Analogie zu jenen auf, die uns aus der allgemeinen Geolektrik her bekannt sind. Bei diesen erscheint auf den beiden Achsen der gemessene räumliche Widerstand und der Elektrodenabstand, der ja wieder die Aufschluß-

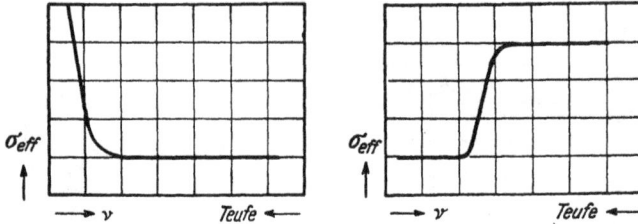

Bild 49. Aufschlußdiagramme

teufe bestimmt. Für die Deutung der Funkmutungsdiagramme gelten also die gleichen Voraussetzungen wie für die der niederfrequenten Verfahren.

Eine weitere Deutungsmöglichkeit ergibt die Überprüfung der Bedingung

$$(a/b)\,\gamma \geq 1.$$

Bei homogenem Boden muß diese Bedingung erfüllt sein. Ist nun aber dieser Ausdruck kleiner als 1, so weist auch dies auf eine Schichtung des Bodens hin.

Im Bereiche der kleinen und mittleren Frequenzen sind nun heute schon Berechnungen möglich, die quantitativ mit den beobachteten Ergebnissen gut übereinstimmen. Im Bereiche der hohen Frequenzen treten Abweichungen auf, die noch nicht geklärt sind. Man wird diese verständlich finden, wenn man an jene Anomalien denkt, die z. B. in der Frequenzabhängigkeit der Leitfähigkeit auftreten, oder die durch die funkgeologische Kurve dargestellt werden. Großkopf und Vogt sind derzeit bestrebt, das Verfahren weiter auszubauen und insbesondere auch das Band der angewendeten Meßfrequenz zu erweitern. In Zukunft dürften diese Verfahren wohl gerade dadurch gekennzeichnet sein, daß sie mit den verschiedensten Frequenzen arbeiten. Dies setzt allerdings eine genaue Erforschung jener Veränderungen voraus, denen geologische Leiter bei sehr hohen Frequenzen unterworfen sind.

B. Geräte

Zur Durchführung der Messungen brauchen wir die entsprechenden Antennen und Einrichtungen zur Bestimmung der Feldstärke. Solche Apparate werden in der Funkmeßtechnik schon seit langem verwendet und die Ausführungen, die heute allgemein üblich sind, können auch von der Funkmutung ohne weiters übernommen werden. Im allgemeinen

handelt es sich nur darum, die Apparate den sehr rauhen Betriebsbedingungen, die sehr häufig ober Tags und natürlich stets unter Tags herrschen, anzupassen. Als Antenne verwendet man entweder lineare Antennen oder Rahmen. In Bild 50 sehen wir bei *a* das Schema einer

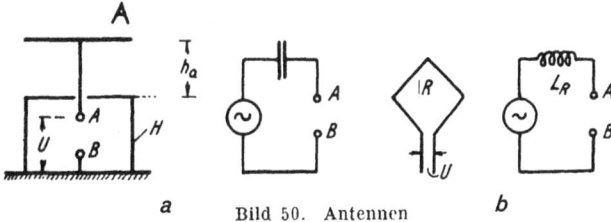

Bild 50. Antennen

Linearantenne. Die Apparatur ist in dem Metallgehäuse H untergebracht,
das das Gerät nach außen hin abschirmt. Es liegt an Erde. Für uns ist
dann die wirksame Antennenhöhe h_a wichtig. Daneben ist das Ersatzschema eingezeichnet. Die in der Antenne induzierte Spannung ist
durch eine HF-Stromquelle dargestellt, die Antennen durch eine Kapazität. Darunter ist bei *b* das Ersatzschema für eine Rahmenantenne
zu sehen. An Stelle der Kapazität tritt jetzt eine Selbstinduktion.
Bezeichnen wir mit *e* die elektrische Feldstärke, so können wir die zwischen den Punkten A und B auftretende Spannung berechnen:

$$U = h_a \cdot e$$

Diese Gleichung gilt unter der Voraussetzung, daß die Antenne in der
Richtung des elektrischen Feldstärkevektors liegt. Verwenden wir
einen Rahmen, so erhalten wir wieder bei gleichen Rahmen die Spannung

$$U = \frac{2\,\pi\,n\,0}{\lambda}\,\overline{\mathfrak{H}}.$$

Hierbei ist $\overline{\mathfrak{H}}$ die magnetische Feldstärke senkrecht zur Rahmenantenne.
Wir können damit auch einer Rahmenantenne eine gewisse wirksame
Höhe zuteilen. Diese ist:

$$h_R = \frac{2\,\pi\,n\,0}{\lambda}\cdot \sin \alpha.$$

Der Winkel α bedeutet in diesem Fall den Winkel, den der Rahmen
mit dem magnetischen Vektor einschließt.

Die Messung der Feldstärke kann nach zwei verschiedenen Gesichtspunkten erfolgen. Entweder bestimmt man, etwa mit einem Röhren-
voltmeter und einem geeichten Verstärker, den absoluten Wert, oder
aber man vergleicht die Feldstärke mit einer anderen, die von einem
in seinen Dimensionen bekannten Sender erzeugt wird. In Bild 51
sehen wir das Schema der absoluten Feldstärkenmessung. Wir sehen
zunächst das Ersatzschema für einen Rahmen. Die an den Enden des

Rahmens auftretende Spannung wird in dem Verstärker V, dessen Verstärkungsfaktor bekannt sein muß, verstärkt und am Instrument M abgelesen. In Bild 52 sehen wir die andere Methode. Oben ist wieder der Rahmen dargestellt, der mit der Spule L' verbunden ist. Außerdem ist aber jetzt noch ein Meß-sender vorhanden, der uns die Spannung U_E erzeugt. Dieser arbeitet auf die Spule L''. Wir können nun

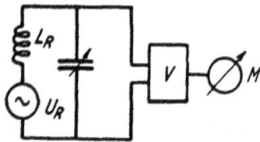

Bild 51. Absolute Feldstärke-messung

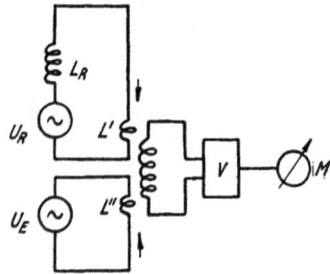

Bild 52. Feldstärkemessung durch Vergleich

mit diesen beiden Spulen eine dritte koppeln und an diese über einem Verstärker V ein Nullinstrument anschließen. Da die beiden Wechsel-ströme einander entgegenwirken, so können wir unter der Voraussetzung der Gleichphasigkeit durch entsprechende Einstellung von U_E die Spannung U_R kompensieren. Praktisch wird an dieser Stelle aber, mit Rücksicht auf die in diesem Falle auftretenden Schwierigkeiten, das Verfahren anders durchgeführt. Man verwendet an Stelle des Nullinstrumentes ein normales Meßinstrument und schaltet zunächst bloß den Rahmen ein. Es wird dann das Meßinstrument abgelesen. Dann wird der Rahmen ausgeschaltet und der Hilfssender eingeschaltet. Die Spannung des Hilfssenders wird solange reguliert, bis das Meßinstrument wieder den gleichen Ausschlag zeigt.

Manchmal bedient man sich an Stelle dieser objektiven Verfahren auch subjektiver. Man kann z. B. bei einem einfachen Empfänger parallel zum Telephon einen Widerstand legen und dann jenen Widerstandswert ermitteln, bei dem die Signale verschwinden. Es sind auf diese Weise verhältnismäßig genaue Messungen möglich. In ganz einfachen Fällen begnügt man sich mitunter sogar mit einer Schätzung der Lautstärke, nach der sogenannten R-Skala. Personen, die viele solcher Messungen durchführen, sind imstande, die zehn Grade dieser Skala ziemlich scharf voneinander zu trennen. Bei Messungen ober Tags sollen subjektive Verfahren natürlich vermieden werden, weil sie ja nie eine brauchbare Meßgrundlage bieten können. Bei Untersuchungen unter Tags dagegen sind sie oft nicht zu vermeiden, besonders dann, wenn man in engen Räumen arbeitet, in denen oft nur ein ganz kleiner Empfänger unter-gebracht werden kann und komplizierte Meßgeräte nicht zu bedienen sind. Natürlich sind auch unter Tags wo irgend möglich objektive Meßverfahren anzuwenden. Will man lediglich die Richtung des Feldes bestimmen, und sich daher damit begnügen, die Rahmenstellung bei schlechtestem Empfang zu ermitteln, so wird in vielen Fällen der einfache Kopfhörerempfang ausreichen.

Die Frage, ob zur Messung Linear- oder Rahmenantennen zu verwenden sind, ist natürlich davon abhängig, ob man die Richtung des Feldes bestimmen will oder nicht. Im allgemeinen wird man die Richtung bestimmen wollen und daher wird heute für solche Messungen im allgemeinen der Rahmen verwendet. Dort, wo man eine größere Antennenhöhe braucht und auf die Richtwirkung verzichten kann, oder diese sogar schädlich wäre, verwendet man die Linearantenne. Man muß nun allerdings berücksichtigen, daß auch eine Rahmenantenne gleichzeitig die Funktion einer Linearantenne erfüllt und daß daher an ihr eigentlich zwei verschiedene Meßspannungen auftreten. Bei größeren Rahmendimensionen kann die Linearantennenwirkung des Rahmens recht schädlich werden und man muß daher durch entsprechende Hilfsmittel diese Wirkung vermeiden. In Bild 53 sehen wir dies schematisch dargestellt. Wir sehen oben

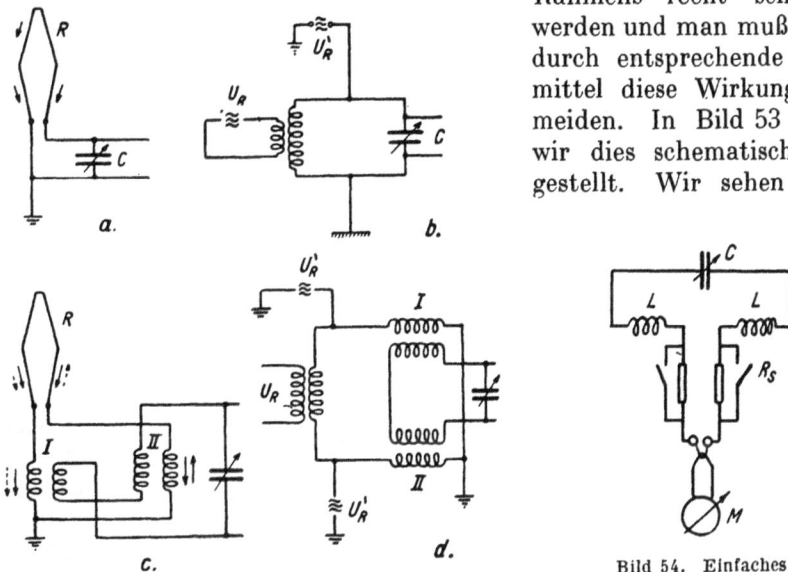

Bild 53. Rahmenschaltung

Bild 54. Einfaches Feldstärkemeßgerät

bei a das Schaltschema. R ist der Rahmen und C die Abstimmkapazität. Bei b ist das Ersatzschema dargestellt. U_R ist die von den magnetischen Kraftlinien induzierte Rahmenspannung. Außerdem tritt dann aber noch infolge der besprochenen Wirkung des Rahmens als Linearantenne eine zweite Spannung mit dem Index U_R' auf. Man kann diese zweite Spannung, die sich der ersten überlagert, dadurch unterdrücken, daß man die bei c gezeichnete Schaltung verwendet. Wir sehen zwei Spulensysteme I und II, die so geschaltet sind, daß sie die infolge der beiden Span-

nungen entstehenden Ströme teils in der gleichen, teils in entgegen-
gesetzter Richtung durchfließen. Bei d ist das entsprechende Ersatzschema gezeichnet. Man sieht, daß die Spannung U_n, sich in den beiden
Spulenästen aufhebt.

Eine genauere Beschreibung der Meßgeräte erscheint an dieser
Stelle nicht notwendig, weil in der allgemeinen Meßliteratur darüber
ohnehin schon alles in ausführlicher Weise besprochen wurde. Es seien
hier nur einige wichtige Geräte kurz skizziert. In Bild 54 sehen wir ein
Feldstärkemeßgerät, das allerdings nur in der näheren Umgebung des
Meßsenders verwendbar ist. L sind die beiden Teilrahmen der Antenne,
die über dem Abstimmkondensator C miteinander verbunden sind.
R_s sind zwei Widerstände, die kurzgeschlossen werden können. M ist
schließlich ein empfindliches Mikroaperemeter, das über einen Gleichrichter angeschlossen wird. In der Regel wird ein Thermokreuz verwendet. Die Feldstärke e in Volt/m ist

$$e = \frac{J R}{h_R}.$$

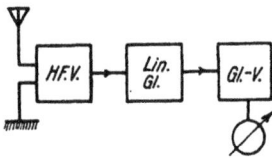

Bild 55. Feldstärkemeßein-
richtung mit Verstärker

J wird am Instrument M abgelesen; h_R ist die
wirksame Antennenhöhe des Rahmens. Erhalten
wir bei kurzgeschlossenen Schaltern den Strom
J_s und bei offenem Schalter den Strom J, so
wird

$$R = 2 \cdot \frac{J_s \cdot R_s}{J - J_s}.$$

Wird in weiterer Entfernung gemessen, so muß natürlich jetzt ein entsprechender Verstärker vorgeschaltet werden. Das Prinzipschema sehen
wir in Bild 55 HFV ist der Hochfrequenzverstärker; an diesen schließt
der linke Gleichrichter und an diesen wieder der Gleichstromverstärker
Den Endpunkt bildet das Meßinstrument. In Bild 56 sehen wir einen
viel verwendeten Feldstärkemesser, der nach dem bereits besprochenen
Substitutionsprinzip arbeitet. O_1 ist ein Hilfssender, dessen Strom mit
dem Gerät M_1 gemessen wird. L_R und der dazwischenliegende Kondensator bilden das Ersatzschema für den Meßrahmen. Zwischen die beiden
Rahmen ist ein Widerstand R geschaltet. Die in diesem auftretende
Spannung ist dann bekanntlich $J \cdot R$. Wir schalten zunächst O_1 ab und
lesen die verstärkte Rahmenspannung am Meßinstrument M_2 ab. Dann
drehen wir den Rahmen so, daß die Spannung fast Null wird und setzen
den Hilfssender in Betrieb. Wir erhalten dann einen zweiten Ausschlag. Da wir nun den am Widerstand R auftretenden Spannungsabfall
kennen, so sind wir auch imstande aus den Angaben die Feldstärke
zu berechnen. In Bild 57 sehen wir das Schema eines Dipolmeßgerätes
nach Großkopf und Vogt. Durch den Schalters kann einmal der Dipol,
das andere Mal der über eine Eichleitung E angeschlossene Hilfssender

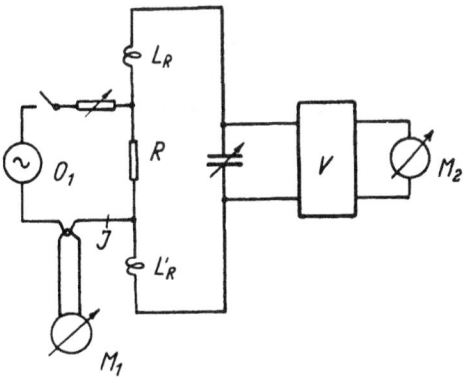

Bild 56. Substitutionsverfahren

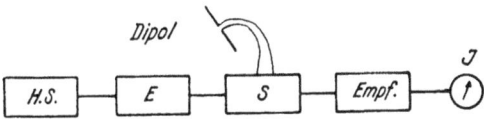

H. S, = Hilfssender   Empf. = Empfänger
Bild 57. Feldstärkemeßgerät nach Großkopf und Vogt

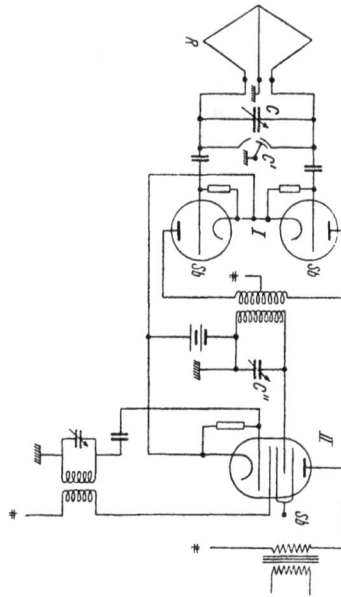

Bild 58

eingeschaltet werden. Die auftretenden Spannungen werden dann an dem anschließenden Meßgerät abgelesen und zueinander in Beziehung gesetzt. In Bild 58 sehen wir ein Meßgerät, das lediglich zur Bestimmung der Feldrichtung dient. R ist ein Rahmen mit Mittelanzapfung und C der Abschirmkondensator. Um die erwähnte Antennenwirkung zu kompensieren ist die Kapazität C' vorgesehen. Die übrige Schaltung

Bild 59a

Bild 59b

ist ohne weiters verständlich. Der Rahmen wird solange gedreht bis ein Empfangsminimum auftritt. Durch Verstellung des Kondensators C' kann das Minimum entsprechend verschärft werden. In Bild 59 sehen wir schließlich das Feldstärkemeßgerät von Philips. Die Batterien sind in dem unteren Kasten untergebracht und dieser ist durch vier Säulen mit dem eigentlichen Meßgerät verbunden. Das Prinzipschema dieses Gerätes entspricht ungefähr dem in Bild 56 dargestellten.

Zwischen dem Hilfssender und dem Meßgerät ist eine »Schwächungsstufe« einzubauen, um die Spannung in einem bestimmten Verhältnis zu unterteilen. Will man mehrere Sender miteinander vergleichen, deren Feldstärke sehr verschieden ist, so muß man die Schwächungsstufe so ausführen, daß man rasch von einem Spannungsverhältnis zum anderen übergehen kann. Der Hochfrequenzverstärker wird im allgemeinen selektiv ausgeführt. Da wir ja praktisch stets mit einer, oder lediglich mit bestimmten Frequenzen arbeiten, so werden wir auch den Verstärker nur auf diese abstimmen. Unter Umständen können auch aperiodische Verstärker verwendet werden. Bei Messungen unter Tags wird man auch oft mit aperiodischem Verstärker arbeiten, da ja Störungen durch andere Sender kaum zu befürchten sind.

Erhalten wir am Instrument bei angeschlossener Antenne einen Ausschlag von U' und bei Anschluß der Hilfssenderspannung von 1 Millivolt/m einen Ausschlag von U'', so ist die gemessene Feldstärke

$$e = \frac{s' \cdot U'}{s'' \cdot U''} \cdot \frac{1}{h_a}.$$

In dieser Gleichung bedeutet $\frac{1}{s}$ die Abschwächung, und zwar $\frac{1}{s''}$ bei angeschaltetem Meßsender und $\frac{1}{s'}$ bei angeschalteter Antenne. h_a ist die wirksame Antennenhöhe. Voraussetzung natürlich ist, daß das einmal eingestellte Verstärkungsverhältnis auch bei der Nachmessung mit dem Hilfssender beibehalten wird.

Ein geeignetes Meßverfahren hat auch Burstyn schon vor Jahren angegeben. Bekanntlich strahlt eine Dipolantenne im homogenen Raume nicht in jener Ebene, die ihre Achse enthält. Verspannen wir nun aber eine solche Antenne horizontal über dem Untergrund, so tritt nun auch in axialer Richtung eine Strahlung auf. Wir haben also jetzt neben der in der Hauptstrahlrichtung gelegenen Komponente $\mathfrak{Z}_v$ auch noch die horizontale Komponente $\mathfrak{Z}_h$. Das Verhältnis des Wertes $\frac{\mathfrak{Z}_h}{\mathfrak{Z}_v}$ wird jetzt von den elektrischen Eigenschaften des Untergrundes, also vom Faktor ψ und der fiktiven Teufe abhängig. Wir haben daher wieder die Möglichkeit Funkmutung zu treiben.

C. Auswertung der Ergebnisse

Mit den hier beschriebenen Verfahren bestimmt man im allgemeinen Intensität und Richtung des Feldes. Man kann nun die Auswertung der Ergebnisse in folgender Weise vornehmen:

a) Es werden für ein größeres Gebiet Feldstärke oder Neigungswinkel gemessen und die Punkte gleicher Feldstärke oder gleicher Neigungswinkel durch Kurven, die Feldgleichen heißen, miteinander verbunden.

b) Es wird der Hauptquellweg ermittelt, der immer entlang des steilsten Feldgradienten verläuft.

c) Es werden die beiden besprochenen Verfahren bei verschiedenen Meßfrequenzen durchgeführt. Der Verlauf der Feldgleichen oder des Quellwegs wird als Funktion der Meßfrequenz dargestellt.

d) Es besteht auch die Möglichkeit das Auftreten zusätzlicher Komponenten zu ermitteln und von den Eigenschaften des Untergrundes in Abhängigkeit zu bringen.

Haben wir für das zu untersuchende Gebiet die Feldgleichen gezeichnet, so diagnostizieren wir zuerst das Feld. Es ist bekanntlich, wenn s den Quellweg und γ den Dämpfungsfaktor darstellt, die Feldstärke $\mathfrak{E}$

$$\mathfrak{E} = \mathfrak{E}_0 \cdot \frac{1}{s^a} \cdot e^{-\gamma s}.$$

In dieser Gleichung berücksichtigt s^a die geometrischen und $-\gamma s$ die geophysikalischen Einflüsse. Der Faktor a wird, je nachdem wir im Nah-, Übergangs- oder Fernstrahlungsgebiet arbeiten mit 3, 2 oder 1 einzusetzen sein. Wenn wir diese Gleichung umformen, so erhalten wir folgende Form:

$$-\gamma = \frac{1}{s}[\ln \mathfrak{E}/\mathfrak{E}_0 + a \ln s].$$

Wenn wir nun das Feldgleichendiagramm zeichnen, so erhalten wir aus diesem in einfacher Weise auch graphisch das Diagramm für

$$\ln (\mathfrak{E}/\mathfrak{E}_0).$$

In dieses zeichnen wir nun die Kurven für $(a \ln s)$ ein. Nun addieren wir an möglichst vielen Punkten und erhalten dadurch neue Kurven

$$\ln (\mathfrak{E}/\mathfrak{E}_0) + a \ln s.$$

Wenn wir diese nun noch durch s dividieren, bekommen wir das eigentliche Zerstreuungsdiagramm. Den Einfluß der verformenden Faktoren können wir teilweise schon bei der Konstruktion dieses Devik-Diagramms berücksichtigen. So können wir z. B. die Verlagerung des Quellweges ungefähr abschätzen und bei Bildung der entsprechenden Kurven berücksichtigen. Ansonsten wird das Zerstreuungsdiagramm dann weiter analysiert, wie wir dies bereits einmal besprochen haben.

In Bild 60 sehen wir den Verlauf der Feldgleichen über einer Diskontinuitätsfläche. Bei schlechtleitendem Untergrund erhalten wir

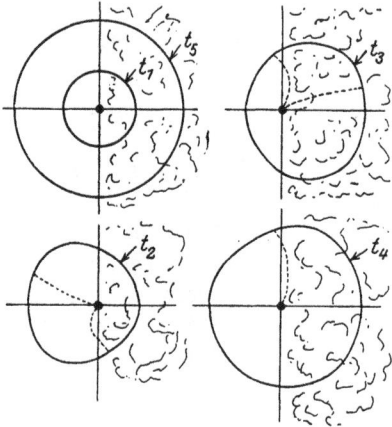

Bild 60. Verlauf der Feldgleiche über einer Diskontinuitätsfläche

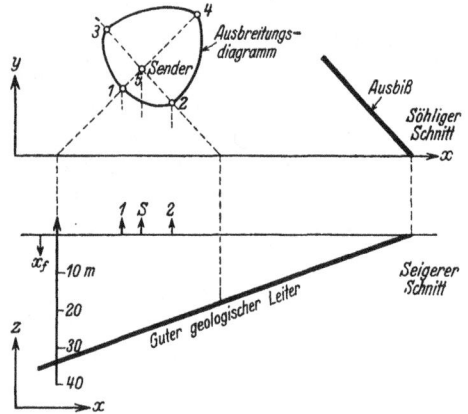

Bild 61. Ausbreitungsdiagramm über flach einfallendem Leiter

die Feldgleiche t_1, bei gutleitendem t_5. Wenn die Leitfähigkeit der rechten Seite des Untergrundes größer ist als die der linken, so erhalten wir den Verlauf t_3 oder t_4. Ist das Umgekehrte der Fall, so erhalten wir den Verlauf t_2. In Bild 61 sehen wir einen guten geologischen Leiter, der von rechts nach links verflächt. Wenn wir bei S den Sender aufstellen, so erhalten wir das Diagramm *1...2...4...3*. Aus der Form dieses Diagramms kann man auf die Richtung des Verflächens und des Streichens schließen. Bei c sehen wir schematisch die Aufrichtung des Feldes über einem schlechtleitenden Untergrunde, in dem ein Grundwasservorkommen GW eingebettet ist. Im Bilde 63 ist eine Kurve

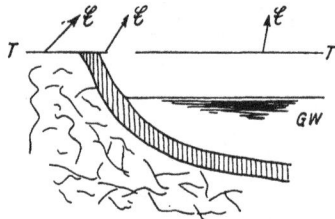

Bild 62. Feld über Grundwasser

dargestellt, die die Feldneigung entlang einer Standlinie zeigt, die nach einem Abgrund verläuft. In Bild 64 sehen wir ein interessantes Ausbreitungsdiagramm, das an der Donau zwischen Linz und Wien ermittelt wurde. Bei der Ortschaft Wallsee wurde einer der zahlreichen alten Arme durch einen Damm abgesperrt, so daß er austrocknete. Wie nun das Diagramm zeigt, verfolgt der Hauptquellweg nicht die Richtung des Stromes, sondern jene des ausgetrockneten altes Armes. Es ist dies erklärlich, wenn man die schlechte Leitfähigkeit des Flußwassers berücksichtigt. Ihm gegenüber besitzt die lose Ausfüllung des

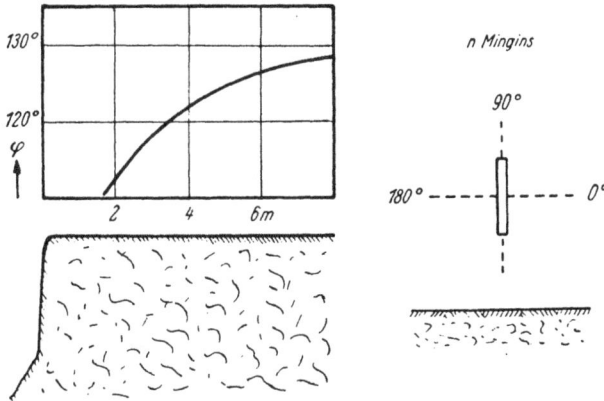

Bild 63. Feldneigung bei einem Abgrund

alten Flußbettes, die stark durchfeuchtet ist, sicher eine höhere Leitfähigkeit. Möglicherweise dürfte auch das Grundwasser diese Richtung verfolgen. In Bild 65 sehen wir eine Kurve, die mit dem sogenannten Geoskop aufgenommen wurde.

Es wurde schon erwähnt, daß die Richtung des Feldvektors von der Beschaffenheit des Untergrundes abhängig ist. Über schlechtleitenden Böden ist dieser in der Fortpflanzungsrichtung stets vorgeneigt, über gutleitendem Boden dagegen richtet er sich auf. Das Geoskopverfahren baut auf diesem Grundprinzip auf. Sender und Empfänger sind in geringem Abstand auf einem Traggestell montiert. Zum Unterschied

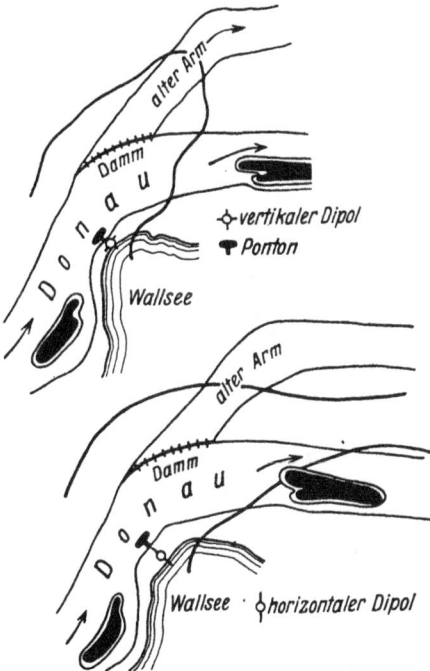

Bild 64. Feldgleichen über altem Strombett

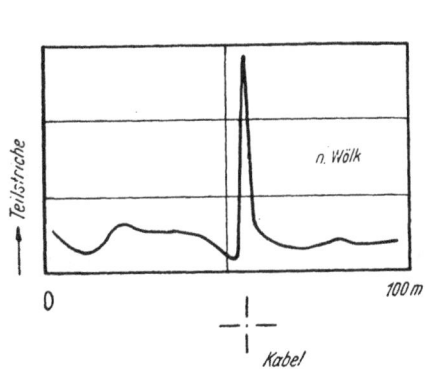

Bild 65. Feldneigung über einem Kabel

von den Messungen, wie sie etwa Großkopf und Vogt durchführen, wird
aber die Richtung des Feldes nicht durch Verdrehen der Rahmenantenne
oder des Dipols bestimmt. Sende- und Empfangsantennen schließen
vielmehr einen während der Messung stets gleichbleibenden Winkel ein,
der vor Beginn der Messung nach bestimmten Gesichtspunkten gewählt
wird. Durch die Neigung des Feldes wird die in der Antenne induzierte
Spannung geändert und diese Spannungsschwankungen werden nach

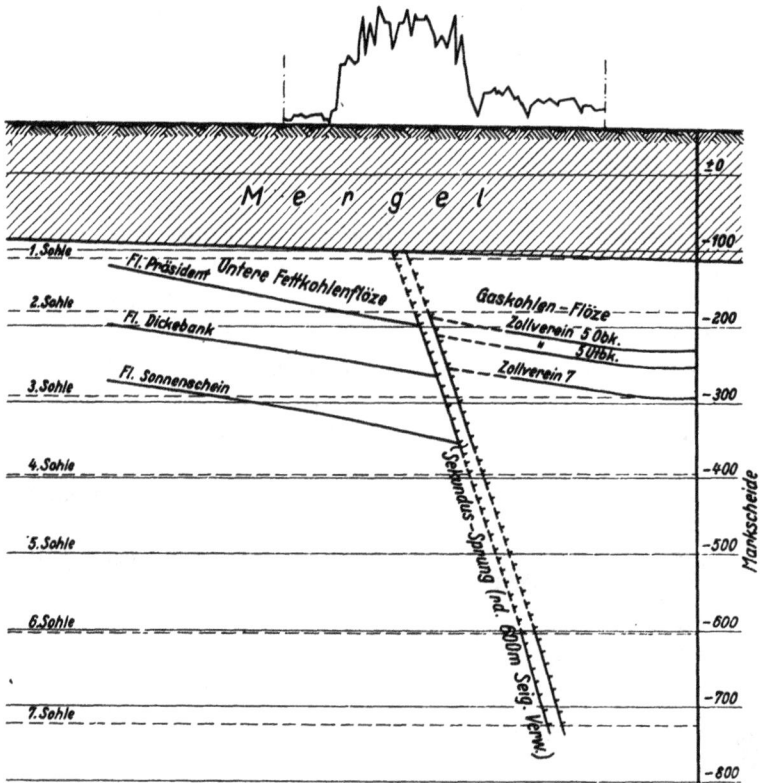

Bild 66   Geoskopkurve

entsprechender Verstärkung gemessen. Das Gerät basiert somit auf der
Ausbreitungstheorie, wie sie insbesondere von Zenneck und Hack
entwickelt wurde. Auffallend ist der geringe Abstand von Sender und
Empfänger. In Bild 66 ist eine zweite, mit dem Geoskop gemessene
Kurve dargestellt. Über einem Verwerfer liegt eine ausgesprochene Stör-
zone. Auffallend ist allerdings die große Aufschlußteufe von ungefähr
100 m. Da Messungen über die elektrischen Eigenschaften des Deck-
gebirges nicht vorliegen, so ist eine Nachrechnung dieses Verlaufes nicht
möglich. Nach einer bloßen Abschätzung der Verhältnisse ergibt sich

aber nicht die Möglichkeit einer direkten physikalischen Erklärung. Es besteht somit nur eine andere Möglichkeit, nämlich die des indirekten Nachweises. In Arbeiten, insbesondere von Börner, wird auf die Möglichkeit hingewiesen, daß Strahlungen, die von der Störungszone ausgehen, im Deckgebirge elektrische Veränderungen hervorrufen. Theoretisch bestünde diese Möglichkeit insofern, als z. B. Veränderungen in der Depotbildung durch Strahlen beobachtet wurden. Durch verschiedene Anhäufung von Nährsalzen könnten natürlich in der Nähe der Oberfläche elektrische Verwerfungen des Untergrundes stattfinden, die dann durch ein oberflächliches Ausbreitungsverfahren nachzuweisen wären. Die weitere Entwicklung des Geoskopverfahrens und aller ähnlicher Methoden setzt daher ein gründliches Studium dieser Verhältnisse voraus. Eine abschließende Beurteilung der durch Strahlen und andere indirekte Einflüsse bedingten elektrischen Veränderungen in der Nähe der Erdoberfläche ist heute noch nicht möglich. Die Forschung muß gerade auf diesem Gebiete sehr weitgehend gefördert werden, um jene verläßlichen Anhaltspunkte zu gewinnen, die unbedingt nötig sind. Über die praktische Anwendung des Geoskops und die erzielten Ergebnisse wurde besonders von Börner an vielen Stellen berichtet.

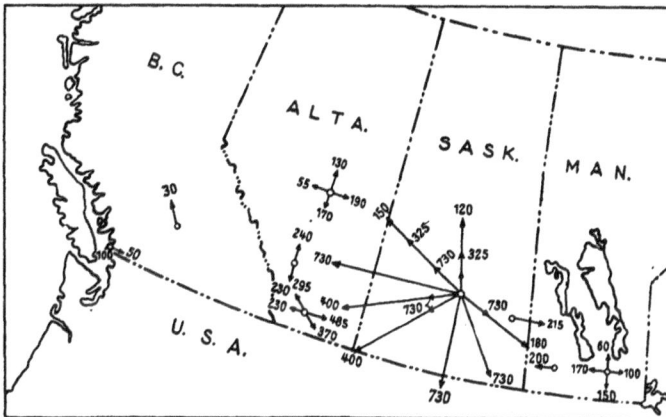

Bild 67. Untersuchungen in Kanada

Wie schon erwähnt, wäre es eine dankbare Aufgabe, die für die meisten Rundfunksender sehr genau ermittelten Diagramme nach geoelektrischen Gesichtspunkten hin auszuwerten. Neuerdings wurden Untersuchungen dieser Art in Nordamerika durchgeführt. Durch Feldmessungen, die an vielen Stellen unter den gleichen Voraussetzungen stattfanden, konnte man die mittlere Leitfähigkeit des zwischen Sender und Meßpunkt liegenden Untergrundes ermitteln. In Bild 67 sehen wir ein Teilergebnis der Versuche, die in Kanada durchgeführt wurden.

Bei jedem Meßpunkt ist durch einen Pfeil die Richtung zum Sender angegeben und gleichzeitig der erwähnte Durchschnittswert der Leit- fähigkeit aufgeschrieben. Auf diese Weise ist man imstande, Zonen ab- weichender Leitfähigkeit einzugrenzen. Es wird allerdings stets ange- nommen, daß der Quellweg eine durch Sender und Meßpunkt gelegte Gerade sei. Diese Angabe ist, wie wir gesehen haben, nicht immer zu- lässig. Im Zusammenhange mit diesen Untersuchungen sei auch auf Messungen in Norwegen hingewiesen, die die Verformung von Strahl- diagrammen durch gutleitende Erzlager zeigen. Genauere Angaben über diese Messungen stehen mir leider nicht zur Verfügung. Ein gut- leitendes Erzlager wird eine Vergrößerung der Reichweite und eine Steilrichtung des Feldes bedingen. Beide Effekte werden in stärkerem Maße als bei Grundwasser auftreten, da die Leitfähigkeit der nordischen Erze bisweilen eine sehr hohe ist. Es besteht durchaus die Möglichkeit, durch Ermittlung der Strahldiagramme solche Lagerstätten nachzu- weisen. Eine weitere Möglichkeit bestünde auf hydrologischem Gebiet. Man könnte nämlich den Einfluß ausgedehnter Grundwasservorkommen und Urströme durch Untersuchung der Wellenausbreitung ermitteln.

IV. Ausbreitungsverfahren unter Tags

Bei den Ausbreitungsverfahren unter Tags gelten im allgemeinen die gleichen Gesichtspunkte wie bei jenen, die ober der Erdoberfläche angewendet werden. Während wir es aber ober Tags mit einer Ausbreitung entlang einer Trennfläche zwischen zwei elektrisch sehr verschiedenen Räumen zu tun haben, gelten für die Ausbreitungsverfahren unter Tags wesentlich einfachere Beziehungen. Wenn wir von jenem Anteil absehen, der entlang unterirdischer Hohlräume verläuft, so haben wir es einfach mit der Ausbreitung in einem mehr oder weniger homogenen Mittel zu tun, für das die Ansätze gelten, die wir teilweise schon früher besprochen haben. Die Verfahren unter Tags sind verhältnismäßig alt, wenngleich sie auch heute noch keineswegs so vollständig entwickelt sind, wie es wünschenswert wäre. Immerhin können sie in vielen Fällen bereits nützliche Anwendung finden.

A. Verfahren

Die Quelle des für die Messung erzeugten Feldes kann entweder unter Tags oder ober Tags stehen und ebenso kann unter Umständen auch der Aufpunkt, in dem die Messung stattfindet, unter oder ober Tags liegen. Maßgebend ist, daß der Quellweg den zu vermessenden Raum unter der Erdoberfläche durchsetzt. Im allgemeinen liegen indessen entweder die Quelle oder der Meßpunkt, sehr häufig sogar beide, unter Tags. Wenn Quelle und Meßpunkt nicht beide unter Tags liegen, so müssen

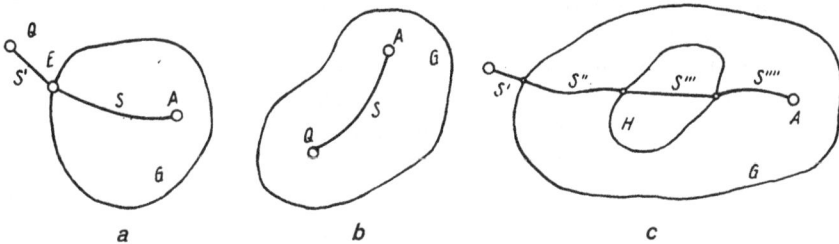

Bild 68. Verlauf des Quellweges

wir den Quellweg unterteilen, wie dies in Bild 68a gezeigt wird. Q ist die Quelle, und A der Aufpunkt, in dem die Messung stattfindet. Die Quelle ist außerhalb des mit geologischen Leitern erfüllten Raumes angenommen. Der Aufpunkt liegt dagegen unter der Erdoberfläche im Inneren des Raumes. Wir bezeichnen in diesem Falle den Abschnitt s' des Quellweges als Leerlänge und den Abschnitt s, der zur Gänze in dem mit geologischen Leitern erfüllten Raume verläuft, als Verschnitt. Ihre Summe ist die gesamte Wegelänge. Man muß bei diesen Untersuchungen stets beachten, daß insbesondere der Verschnitt keineswegs immer einer Geraden entspricht, die durch den Eintrittspunkt E und den Aufpunkt A verläuft. Sehr häufig zeigt dieser Abschnitt des Quellweges einen recht komplizierten Verlauf.

In Bild 68b ist sowohl die Quelle als auch der Aufpunkt unter Tags. Wenn wir von den kurzen Strecken in der Nähe des Meßgerätes und des Senders absehen, so verläuft der gesamte Quellweg in den mit geologischen Leitern erfülltem Raum. In Bild 68c ist schließlich der Einfluß einer Höhle H dargestellt. Der Abschnitt s''' und der Abschnitt s' sind Leerlängen, die beiden anderen Verschnitt.

Die Feldstärke im Aufpunkt $\mathfrak{E}$ ist bekanntlich allgemein

$$\mathfrak{E}_A = \mathfrak{E}_Q \, e^{-s\gamma}.$$

Unter Berücksichtigung der Aufteilung des Quellweges erhalten wir analog

$$\mathfrak{E}_A = \mathfrak{E}_Q \, e^{-(s'\gamma' + s\gamma + \ldots)},$$

wobei die Extinktion γ für $\lambda \geq 100$ m wie folgt bestimmt ist:

$$\gamma = \frac{4\pi}{\lambda^m} \sqrt{\sqrt{\varepsilon^2 + \frac{4\sigma^2}{\nu^2}} - \varepsilon}.$$

Wenn somit die Extinktion und damit der Feldstärkerückgang bekannt ist, so kann die Länge des Quellweges ermittelt werden. In gleicher Weise kann die Extinktion aus der bekannten Länge des Quellweges und dem Feldstärkerückgang berechnet werden. Die Aufgabe des Funkgeologen besteht darin, aus den ermittelten Wegelängen und Extinktionen auf die Existenz bestimmter geologischer Leiter zu schließen.

Maßgebend für die Anwendbarkeit dieser Verfahren ist natürlich die Möglichkeit, in einem mit geologischen Leitern erfülltem Raume mit normalen Meßsendern genügende Reichweiten zu erzielen. Wenn wir die Reichweite eines unter Tags aufgestellten Senders beurteilen, so müssen wir eigentlich drei Reichweiten unterscheiden. Es sind dies zunächst die Reichweite in dem mit den betreffenden geologischen Leitern homogen erfülltem Raume. Als geologischer Leiter ist in diesem Falle das trockene Gestein zu verstehen. Unter Berücksichtigung der in der Regel sehr geringen Leitfähigkeiten, erhält man auch entsprechend niedrige Extinktionen, so daß man für die meisten in Betracht kommenden Gesteine Reichweiten auch von einigen hundert oder tausend km berechnen kann. Von dieser Reichweite, die zu mindestens in den oberen Schichten nur theoretisches Interesse beanspruchen darf, unterscheidet sich weitgehend jene, die in den naturfeuchten und eventuell noch mit feuchten Schichten überzogenen geologi-. schen Leitern erzielt wird. Sie ist naturgemäß viel geringer als die in trockenen Gesteinen. In der Natur werden wir es aber in den seltensten Fällen mit größeren homogenen Leitern zu tun haben. In der Regel ist das Gebirge gestört, von mehr oder weniger stark durchfeuchteten Spalten, Verwerfern, eventuell auch Erzgängen usw. durchzogen. Ein eingestrahltes Feld wird durch all diese geologischen Leiter einerseits absorbiert, andererseits aber, wenn die Einstrahlung unter bestimmten Winkeln erfolgt, wieder geführt. Wir haben es also das eine Mal mit einer Herabsetzung, das andere Mal mit einer wesentlichen Vergrößerung der Reichweite zu tun. Auf diese Weise ist es klar, daß wir im natürlichen Gebirge wieder viel größere Reichweiten erhalten als in dem eben skizzierten zweiten Fall eines homogenen, stark durchfeuchteten Leitervolumens. Die Führung des Feldes muß natürlich berücksichtigt werden, und sie ist von der Aufstellung des Senders und Meßgerätes abhängig. Auf jeden Fall werden aber Reichweiten von einigen hundert Metern zu erzielen sein, so daß, wenn die Voraussetzungen nicht ganz besonders ungünstige sind, durchaus über jene Entfernungen gemessen werden kann, die aus praktischen Gründen notwendig sind.

Es ist bekanntlich die Feldstärke $\mathfrak{E}$ im Abstande s von der Quelle

$$ ln\left(\frac{\mathfrak{E}}{\mathfrak{E}_0}\right) = -\gamma s, $$

wenn $\mathfrak{E}_0$ die Feldstärke in der Quelle ist und γ die Extinktion. Setzen wir nun $\mathfrak{E} = \mathfrak{E}_0 \cdot \frac{1}{e}$, so erhalten wir die allgemeine Reichweite s'. Neben dieser definieren wir dann noch praktische Reichweiten. Wir können z. B. die Reichweite ermitteln, über die ein Sender von 10 W Leistung noch eine Mindestfeldstärke von 5 Mikrovolt pro Meter induziert. Je nach den besonderen Voraussetzungen wird man dann diese Reichweiten verschieden festlegen. Sie richten sich im allgemeinen nach der Leistungsfähigkeit der in Betracht kommenden Empfangsgeräte, den zu berücksichtigenden Störungen und schließlich auch nach der wirtschaftlichen und technischen Möglichkeit, Sender bestimmter Leistung zu verwenden. Unter der oben angegebenen Voraussetzung erhalten wir z. B. folgende praktische Reichweiten:

Gesteinsart	γ	Praktische Reichweite
Sehr trockener Granit	0,00000176	7×10^6 m
Naturfeuchtes Gestein	0,128 ... 0,015	$1 ... 8 \times 10^2$ m
Gestein mit Erzlösung	0,52	~ 24 m
Lehm	1,28	~ 10 m
Humus	2,40	~ 5 m

Man sieht, daß im trockenen kompakten Gestein noch recht beträchtliche Reichweiten möglich sind und daher auch Funkmutung auf große Entfernung getrieben werden kann. Weit ungünstiger werden die Verhältnisse, wenn wir den Sender ober Tag aufstellen, weil dann das Feld zunächst die recht gutleitende Humusschicht durchdringen muß. Nehmen wir die Feldstärke in der Quelle mit 100% an, so erhalten wir unter der Annahme, daß die Extinktion des Humus $\gamma = 2{,}4$ ist, folgende Werte:

$$s \;=\; 0{,}5 \qquad 1{,}0 \qquad 2{,}0 \qquad 3{,}0 \text{ m}$$
$$\frac{\mathfrak{E}}{\mathfrak{E}_0} = 30\% \quad 4\% \quad 0{,}2\% \quad < 0{,}1\%$$

In einem Gebirge, das unter einer solchen Humusschicht liegt, erhalten wir dann ungefähr folgenden Feldstärkerückgang:

$$s \;=\; 0{,}5 \qquad 10{,}0 \qquad 20{,}0 \qquad 50{,}0 \text{ m}$$
$$\frac{\mathfrak{E}}{\mathfrak{E}_0} = 30\% \quad 11\% \quad 3{,}8\% \quad 0{,}2\%$$

Aus diesem Grunde werden wir bei jeder Funkmutung zunächst eine Untersuchung des Gebirges vornehmen, ehe wir uns für die Aufstellung des Senders entscheiden. Ober Tags sollen Sender und Empfänger im allgemeinen nur dann aufgestellt werden, wenn man z. B. die Führung des Feldes entlang gutleitender Verwerfer und in das Innere des Gebirges hinein studieren will. Sie kann auch verantwortet werden, wenn die Oberfläche recht kahl ist und daher eine nur geringe Extinktion besitzt. In Bild 69 sehen wir den Verlauf der Feldstärkekurve in der Nähe des Mundloches einer Grube. Auf den Achsen ist einerseits das Feldstärkeverhältnis $\mathfrak{E} : \mathfrak{E}_0$, andererseits die Mächtigkeit der durchdrungenen Deckgebirgsschichte eingetragen. Man sieht, daß die berechnete und die beobachtete Kurve sich brauchbar decken. Der plötzliche steile Abfall der beobachteten Kurve ist auf die Existenz einer mehrere Meter mächtigen Lehmschichte zurückzuführen, deren Extinktion ungemein hoch ist.

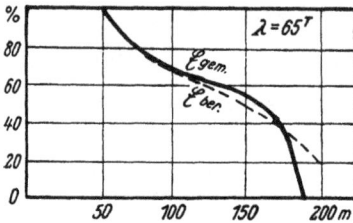

Bild 69. Verlauf der Feldstärke unter der Humusschichte

Von großer Bedeutung ist die Tatsache, daß die Extinktion, wie schon erwähnt, von der Frequenz abhängig ist. Die ursprüngliche Annahme, daß die Extinktion mit der Frequenz stets zunehme, kann heute nicht mehr vertreten werden. Der Zusammenhang zwischen diesen beiden für $\lambda < 100$ m, wird vielmehr durch eine Kurve dargestellt, die einen recht komplizierten Verlauf zeigt. Nach den Untersuchungen der letzten Jahre darf man vermuten, daß die sogenannte funkgeologische Kurve ein für den geologischen Leiter gegebenes Charakteristikum ist und daß in vielen Fällen aus der durch Messung bestimmten Kurve auf die Beschaffenheit des entsprechenden geologischen Leiters geschlossen werden kann.

Will man die besprochenen Gleichungen anwenden, so ist es nötig, den Quellweg zu bestimmen. In den meisten Fällen ist nun dieser selbst nicht bekannt, sondern es sind lediglich zwei oder mehrere Punkte gegeben, die auf ihm liegen. Bei den einfachsten Messungen sind eigentlich nur der Anfang und das Ende dieses Weges bestimmbar. Bei genaueren Messungen kann mitunter auch noch ein oder der andere Zwischenpunkt ermittelt werden. Nun wissen wir aber, daß der Quellweg in inhomogenen Gebilden keineswegs immer gerade verläuft und daß daher die Kenntnis zweier Punkte nicht ausreicht, um die Länge dieses Weges zu bestimmen. Wir sind daher daran interessiert, in bestimmten Fällen Verfahren zu entwickeln, die ohne die Kenntnis dieses Quellweges brauchbare Ergebnisse liefern können. Neben der einfachen Extinktionsmethode, deren Grundzüge aus dem Besprochenen ohne weiters klar sind, entwickelt sich daher neuerdings die sogenannte Frequenzmethode. Sie verzichtet darauf, die Extinktion als Funktion des Weges darzustellen und erfaßt diese ausschließlich in Abhängigkeit von der Größe der Frequenz. Es wird also die funkgeologische Kurve bestimmt. Stillschweigend wird allerdings vorausgesetzt, daß der Quellweg bei allen in Betracht kommenden Meßfrequenzen die gleiche Länge aufweist. In Bild 70 sehen wir bei a die Quelle Q und den Meßpunkt A. Wir wollen nun annehmen, daß der Quellweg entweder entlang s_1 oder entlang s_2 verläuft. Wie die darunterliegende Skizze zeigt, können wir daher im Meßpunkt A, je nachdem wir den längeren oder kürzeren Quellweg annehmen, auch zwei verschiedene Feldstärken erhalten. Das Ergebnis ist aus diesem Grunde, solange wir den Verlauf des Quellweges nicht kennen, mehrdeutig. Nun wollen wir annehmen, daß in das Gebirge ein Luftraum, also etwa eine trockene Höhle, eingebettet ist. Wenn wir nun annehmen, daß der Quellweg mit der durch Q und A gelegten Geraden zusammenfällt, so erhalten wir wieder, wie die darunter eingezeichnete Skizze zeigt, infolge der Existenz des Hohlraumes, einen bestimmten Feldstärkenunterschied. Dieser Feldstärkenunterschied $\triangle \mathfrak{E}$ kann also einmal durch die Existenz eines Hohlraumes, das andere Mal lediglich dadurch bedingt werden, daß infolge irgendwelcher eingelagerter Inhomogenitäten der Quellweg verlagert wird. Nach der reinen Extinktionsmethode kann also in diesem Fall kein eindeutiges Prognistikon gestellt werden. Wir wollen aber nun annehmen, daß durch Messung die funkgeologische Kurve für das Gebirge ermittelt worden sei. In der untersten Skizze ist die Kurve G' eingezeichnet. Die funkgeologische Kurve für Luft ist einfach eine

Gerade, da ja die Extinktion der Luft sich mit der Frequenz praktisch überhaupt nicht verändert. Wenn wir nun im Meßpunkte A eine Kurve bestimmen, wie sie in Bild 70c strichliert ingetragen ist, so wissen wir, daß die Verformung dieser gemessenen Kurve gegenüber der für das Ge-

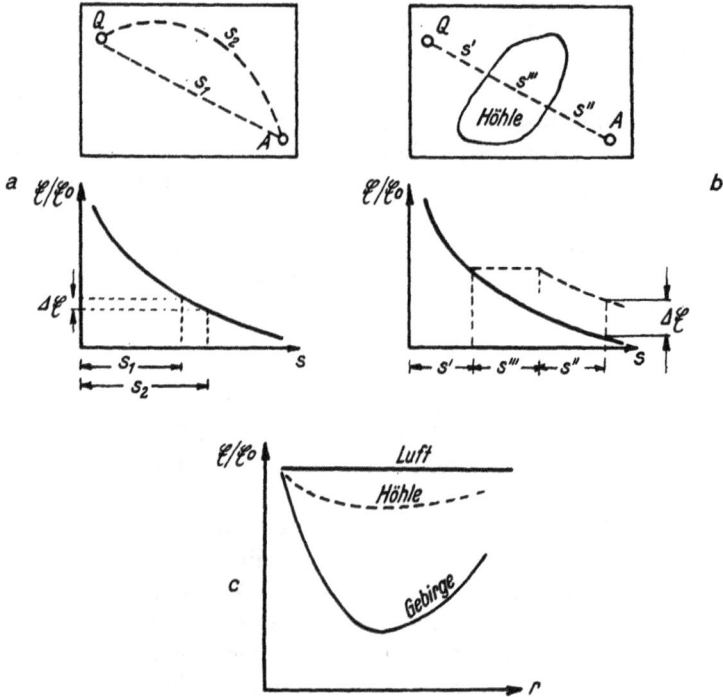

Bild 70. Frequenzmethode

birge bereits früher ermittelten durch irgendeine Einlagerung bedingt ist, und zwar in unserem Falle durch eine Einlagerung, deren Extinktion von der Frequenz weniger abhängig ist als jene des Gesteins. Je nach den geologischen Voraussetzungen werden wir dann auf die Existenz eines Hohlraumes oder eventuell auf die eines anderen geologischen Leiters schließen. Je mehr die strichlierte Kurve sich der Geraden annähern wird, desto größer wird die Höhle sein.

Zu jenen Verfahren, die schon seit fast drei Jahrzehnten für diese Zwecke empfohlen werden, zählt die Reflexionsmethode. Die Voraussetzungen sind sicher die denkbar einfachsten. Wir haben, wie dies in Bild 71 dargestellt ist, wieder den Meßpunkt und die Quelle (A und B) gegeben. Wir strahlen nun von der Quelle unter einem bestimmten Winkel ein Feld in den Untergrund ein und bestimmen dann im Meßpunkt B wieder den Winkel, unter dem es einfällt. Es ist dann natürlich sehr einfach, die Lage von Diskonstinuitätsflächen zu ermitteln.

In Bild 43a sehen wir zunächst drei Schichten von verschiedenen elektrischen Eigenschaften. Im Punkte B münden dann drei Quellwege ein, zunächst ein direkter von der Quelle her, dann einer, der an der Fläche F' im Punkte 2 reflektiert wird und schließlich noch einer, der entlang des Linienzuges $A...1...3...4...B$ gebrochen wird. Man kann dann natürlich in geeigneter Weise diese drei Teilfelder trennen und daraus z. B. die Tiefe der Schichte F'' ermitteln. Neben dieser Skizze sehen wir noch eine zweite, in der die Einstrahlung des Feldes eingetragen wird.

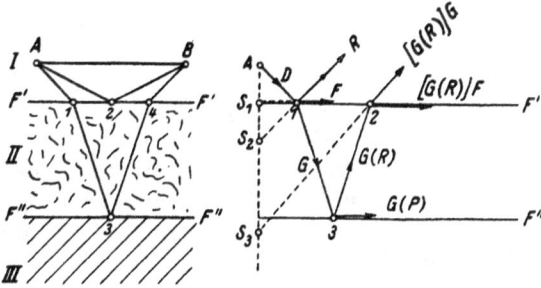

Bild 71. Reflexions- und Beugungsverfahren

Um die Reflexion und Beugung einfach darzustellen, führen wir die sogenannten virtuellen Strahler S ein. In dem Diagramm bedeutet R die reflektierten, G die gebrochenen und F die geführten Anteile. Man sieht schon aus dieser Skizze, daß die Verhältnisse keineswegs einfach sind. Untersuchungen dieser Art hat besonders Violet durchgeführt. In der Natur wird nun dieses Verfahren aber noch weiter ungemein kompliziert. Es fehlt vor allem an jenen klaren Diskontinuitätsflächen, die wir bei allen Rechnungen stets annehmen müssen. Nur in verhältnismäßig wenig Fällen haben wir wirklich scharfe Trennflächen. Sehr oft findet auch in elektrischer Hinsicht ein allmählicher Übergang statt, der dann die Anwendung der besprochenen Konstruktionen praktisch unmöglich macht. So einfach somit gerade die Reflexionsverfahren auf den ersten Blick aussehen mögen, so wenig entsprechen sie den Voraussetzungen, die wir an sie in der Praxis richten müssen, und aus diesem Grunde haben sie sich auch bis heute kaum eingebürgert. Nur in wenigen Ausnahmsfällen haben sie praktischen Wert erlangt, so z. B. bei der Bestimmung der Höhe von Flugzeugen. In diesem Fall ist aber natürlich eine sehr scharfe Trennungsfläche zwischen dem Lufraum und der Erde gegeben. Wenn diese Verfahren somit heute noch wenig praktische Bedeutung haben, so dürften sie einmal in Zukunft eine solche doch noch erlangen, und zwar bei der Untersuchung sehr tiefgelegener Erdschichten. Es ist keineswegs ausgeschlossen, daß die Untersuchung des Erdinneren einmal nach ähnlichen Gesichtspunkten erfolgen wird wie heute die Untersuchung der Ionosphäre. Bei solchen Untersuchungen wäre dann die Voraussetzungen ungleich günstiger. Vor allem wäre die Extinktion in den tiefgelegenen trockenen Schichten gering, so daß die erforderlichen Reichweiten zu erzielen wären. Dann hätte man es aber auch mit scharfen Diskontinuitätsflächen zu tun,

an denen möglicherweise durchaus klare Reflexionen zu beobachten
wären. Für die Untersuchung tiefer Schichten käme natürlich, ebenso
wie in der Ionosphärenforschung, ausschließlich das Reflexionsverfahren
in seinen verschiedenen Modifikationen in Betracht.

B. Geräte.

Bei den Messungen unter Tags werden im allgemeinen die gleichen
Meßgeräte verwendet wie bei jenen ober Tags. Unter Hinweis auf den
vorigen Abschnitt soll daher von einer neuerlichen Besprechung Abstand
genommen werden. Maßgebend ist auf jeden Fall, daß die Apparate
stets sehr rauhen Betriebsbedingungen ausgesetzt sind und daher besonders fest gebaut werden müssen. Unter anderem ist auf Wasser- und
Wetterdichtigkeit zu sehen.

Große Schwierigkeiten bereitet in der Regel die Verlegung der
Sendeantenne. Diese muß fast stets in engen Strecken, oft aber auch
in Bohrlöchern ausgespannt werden. Da nun die Oberfläche des Gesteins sehr oft mit einem feuchten und daher gutleitenden Überzug
bekleidet ist, so ist die Antenne gewissermaßen durch eine konzentrisch
leitende Röhre ihrer ganzen Länge nach abgeschirmt. In Bild 72 sehen

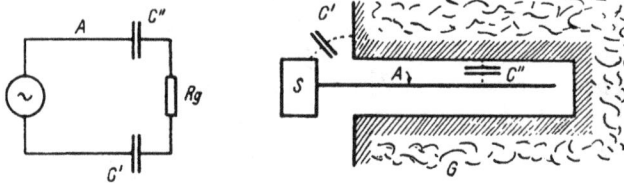

Bild 72. Antenne im Bohrloch

wir das diesbezügliche Ersatzschema. Wir sehen hier den Sender S
mit der Antenne A. Diese ist in einem Bohrloch verspannt. Das an
und für sich schlechtleitende Gestein G ist mit einer feuchten Schichte F
überzogen. Die Antenne ist in diesem Fall über die Kapazitäten C''
und C', sowie den geologischen Leiter praktisch kurzgeschlossen und
strahlt daher fast gar keine Energie in den Raum ein. Es ist unmöglich,
allgemein gültige Gesichtspunkte für die Verlegung der Sendeantenne
zu geben. In größeren Karsthöhlen kann sie fast stets ohne weiteres

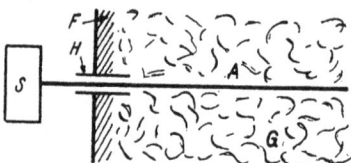

Bild 73. Verlegung der Antenne

ausgespannt werden. In Strecken oder
gar in Bohrlöchern muß man darauf
sehen, daß die Antenne von trockenem
Gestein umgeben ist. Es kann also
z. B. die in Bild 73 dargestellte Anordnung sich bewähren. Die Antenne A
ist als Rohr ausgebildet, das direkt in

das Gebirge eingelassen wird. Dort, wo dieses Rohr die feuchte Oberflächenschichte S durchsetzt, muß man in irgendeiner Weise für eine
Isolierung H sorgen, also etwa durch oberflächliche Imprägnation des
Gesteines mit dichtendem Isoliermaterial, durch Erhitzen oder sonstige Verfahren. Geschieht dies, so
tritt dann eine direkte Einstrahlung in das Gebirge ein.

Die von der Antenne tatsächlich in den Raum
eingestrahlte Energie wird natürlich in verschiedener
Weise aufgespalten, ehe sie zur Meßstelle gelangt. In
Bild 74 sehen wir die Energiebilanz für einen Sender S,
der an einer leitenden Schichte F aufgestellt ist. Diese
Schichte ist entlang des Verwerfers V verworfen. An
den Übergangsstellen tritt stets Reflexion, Absorption
und Führung des Feldes auf. Es wird schließlich nur
ein verhältnismäßig kleiner Teil der Energie zum Meßpunkt A gelangen. Solche Einflüsse muß man natürlich berücksichtigen. Wenn der Quellweg einen Verwerfer quert, so muß auf die durch diesen Verwerfer
bedingte Absorption und Ablenkung eines Teiles der
Energie unbedingt Rücksicht genommen werden.

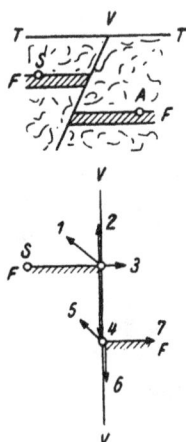

Bild 74. Energiebilanz

Komplizierte Brechungserscheinungen treten auch bei der Aus-
strahlung des Feldes aus dem Erdinnneren in den Luftraum auf. Die
diesbezüglichen Verhältnisse hat Wundt genau untersucht. Von Bedeutung sind schließlich noch die Untersuchungen von Zuhrt über die
durch dünne Wände hervorgerufenen Absorptionserscheinungen.

C. Auswertung der Ergebnisse

Die Auswertung der Meßergebnisse erfolgt ebenfalls nach ähnlichen
Gesichtspunkten wie bei den Verfahren ober Tags. Natürlich wird die
Zahl der Meßpunkte im allgemeinen viel geringer sein als die, die man
bei obertägigen Messungen annehmen kann. Die Messung kann ja nur
an zugänglichen Stellen durchgeführt werden, also stets nur im Bereich
der Strecken eines Bergwerkes, oder aber innerhalb bereits erschlossener
Höhlen. Dieses Beobachtungsnetz kann dann nur an wenigen Stellen
noch durch eventuelle Bohrungen ergänzt werden, die natürlich sehr
kostspielig sind und daher nach Möglichkeit zu vermeiden sind. Allerdings darf man nicht übersehen, daß sehr oft gerade bei diesen Verfahren von Bohrlöchern aus verhältnismäßig große Gebiete untersucht
werden können. Während für den Geologen ein Bohrloch, das z. B. an
dem gesuchten Vorkommen knapp vorbeigeht, bereits wertlos ist, so
ist dies hier nicht der Fall, da durch die funkgeologischen Verfahren
immer noch die Umgebung des Bohrloches untersucht werden kann.
Im Schlußabschnitt wird eine Untersuchung genau geschildert, und

zwar die Ermittlung eines Karsthöhlenzuges. Das dort geschilderte
Verfahren ist im Prinzip auch bei jeder anderen Untersuchung anzuwenden. Ich kann mich daher in diesem Falle darauf beschränken, gewisse allgemeine Gesichtspunkte kurz zu skizzieren.

Ehe eine Messung durchgeführt wird, muß unbedingt die Geologie
des Geländes genau studiert werden. Insbesondere sind Verwerfungen
von größter Bedeutung und müssen daher stets berücksichtigt werden.
Parallel zum Streichen von Verwerfungen und wasserführenden Flächen
ist jedesmal mit einer Führung und damit einer beträchtlichen Erhöhung
der Reichweiten zu rechnen. Quert dagegen die Standlinie solche
Verwerfer und Spalten senkrecht, so kann die dadurch bedingte Extinktion bedeutend größer sein als die, die sonst über eine größere Entfernung auftritt. Wenn der Sender in der Nähe eines solchen Verwerfers
steht, so wird fast jedesmal der Quellweg verlagert. In solchen Fällen
darf dann keineswegs die geometrische Entfernung zwischen Sender und
Meßpunkt für die Länge des Quellweges eingesetzt werden. Zu Beginn
einer jeden Untersuchung muß man Angaben über die Extinktionen
des Gebirges, womöglich bei verschiedenen Frequenzen sammeln. Zu
diesem Zweck ist es nötig, in einem Teil des Gebirges, der nach
geologischen Voraussetzungen als homogen betrachtet werden darf,
eine Basisstandlinie zu ziehen, um entlang dieser den Feldstärkerückgang bei verschiedener Wellenlänge zu ermitteln. Womöglich ist
der Feldstärkerückgang mindestens für zwei, vorteilhafter aber für
mehrere Längen des Quellweges zu ermitteln. Durch Konstruktion
einer Kurve, die den Feldstärkerückgang als Funktion der Länge des
Quellweges darstellt, erhält man auch darüber Aufschluß, ob die Standlinie die Voraussetzung der Homogenität erfüllt. Zeigt die praktisch
ermittelte Feldstärkenkurve Abweichungen gegenüber der nach den
besprochenen Voraussetzungen konstruierten, und sind an ihr insbesondere deutliche Diskontinuitätsstellen zu beobachten, so weiß man,
daß der Quellweg nicht durch homogenes Gebirge verläuft und muß
eine andere Basisstandlinie suchen. Nur dann, wenn es überhaupt
unmöglich ist, eine solche Basis zu finden, muß man durch laboratoriums-
mäßige Bestimmung der Extinktion eine Unterlage für die Durchführung der Messungen suchen. Hat man auf diese Weise einen Ausgangspunkt geschaffen, so wird das zu untersuchende Gebiet mit möglichst vielen Meßlinien überzogen. Der Sender soll an möglichst vielen
Punkten aufgestellt werden und seine Feldstärke wieder an allen
erreichbaren Orten vermessen werden. Auf diese Weise erhält man
eine größere Zahl von Daten, die nun in die Höhlen- oder Grubenkarte
eingetragen werden. Durch Vergleich mit der Basismessung kann man
nun ermitteln, ob die Extinktion für die einzelnen Meßlinien größer oder
kleiner ist als sie jener im homogenen Gebirge entsprechen würde. Eine
Vergrößerung der Extinktion deutet auf die Existenz gutleitender

Einschlüsse, eine Verkleinerung auf das Umgekehrte hin. Wir müssen daher weiter versuchen, die Eigenschaften dieser möglichen Einschlüsse zu untersuchen. Praktisch werden Erzgänge, wasserführende Klüfte oder Hohlräume in Betracht kommen. Am einfachsten sind die Untersuchungen bei Hohlräumen. Wenn diese trocken sind, so kann man die Extinktion über die in ihnen laufenden Leerlängen praktisch vernachlässigen. Man erhält dann durch einen einfachen Vergleich des Meßergebnisses mit dem entlang der Basisstandlinien erzielten, gleich die entsprechende Leerlänge. Man muß diese Leerlängen dann auf die Meßlinien so aufteilen, daß sie sich innerhalb des ganzen Meßnetzes gegenseitig entsprechend decken. Auf diese Weise kann man dann auch die Lage und Ausdehnung des Hohlraumes einigermaßen ermitteln. Die Erhöhung der Extinktion durch Erzgänge, wasserführende Spalten usw. ist natürlich quantitativ viel schwieriger zu erfassen. Im allgemeinen genügt es aber, aus einer Extinktionserhöhung überhaupt auf die Existenz eines Ganges oder einer Spalte schließen zu können.

Bei der Auswertung der Ergebnisse muß man immer darauf Rücksicht nehmen, daß mitunter mehrere Quellwege in Betracht kommen können. So werden z. B. mitunter Quellwege um die nachzuweisenden inhomogenen Stellen herumlaufen. Wir sprechen da von umlaufenden Wellen. Auf diese Weise können sich z. B. auch Höhlen oder linsenförmige Lagerstätten einem Nachweise entziehen. Durch Wahl mehrerer Standlinien, die den zu untersuchenden Raum in möglichst verschiedener Richtung durchsetzen, kann man solche Fehlermöglichkeiten eingrenzen. Man muß sich jedenfalls vor Augen halten, daß gerade bei der Anwendung dieser Verfahren ein bloß schematisches Arbeiten stets zu Mißerfolgen führen muß und nur die gewissenhafte Beachtung aller geologischen und hydrologischen Voraussetzungen ein praktisches Ergebnis sichern kann.

V. Widerstandsverfahren

Die Widerstandsverfahren werden in der allgemeinen Geoelektrik bereits seit vielen Jahren angewandt und ihre Anwendung wird heute durch ein sehr großes Erfahrungsmaterial wesentlich erleichtert. Es war daher naheliegend, an diese bewährten Methoden anzuknüpfen und einfach durch Erhöhung der Meßfrequenz sie ebenfalls in die Funkmutung einzubauen. Es gibt heute tatsächlich gewisse Verfahren, die nach ganz ähnlichen Gesichtspunkten arbeiten wie die niederfrequenten Widerstandsmethoden. Diese werden aber verhältnismäßig wenig verwendet und kommen vornehmlich für besondere Zwecke, so z. B. für die Überprüfung der Umgebung eines Blitzableitererders, in Betracht. Weit mehr werden jene Verfahren verwendet, die neben dem Leitungsstrom auch den Verschiebungsstrom oder sogar vornehmlich diesen berücksichtigen. An Stelle der galvanisch mit dem Untergrund verbundenen Elektroden treten die kapazitiv gekoppelten Antennen. Diesem Umstand ist es zuzuschreiben, daß eine große Gruppe der hochfrequenten Widerstandsmeßverfahren als Kapazitätsmethoden bezeichnet werden. Sie sind heute vielleicht die am meisten verwendeten Methoden, und im Laufe der Jahre gelang es gerade für sie, ein immerhin recht beträchtliches Material durch zahlreiche Versuche zu schaffen.

A. Verfahren

Mit Rücksicht darauf, daß den mit kapazitiv gekoppelten Antennenelektroden arbeitenden Verfahren größere Bedeutung zukommt als jenen, bei denen die Elektroden mit den geologischen Leitern in direktem Kontakt stehen, wollen wir diese zuerst besprechen. Daß die elektrischen Eigenschaften des Untergrundes die Eigenschaften einer über ihr verspannten Antenne weitgehend beeinflussen, war schon sehr frühzeitig bekannt. Einer der ersten, der diese Zusammenhänge näher untersuchte, um daraus Anregung für die geophysikalische Auswertung zu erlangen, war Burstyn. Bei der verhältnismäßig primitiven Meßtechnik war es aber bis vor wenigen Jahren unmöglich, die Geophysik um solche Methoden zu bereichern, trotzdem es schon in der Vorkriegszeit auch an praktischen Untersuchungen keineswegs gefehlt hat. Erst nach dem Weltkrieg gestattete insbesondere die Elektronenröhre eine weitgehende Verfeinerung aller funkphysikalischen Meßverfahren, und dadurch wurde es möglich, auch die verhältnismäßig geringfügigen

Schwankungen zu erfassen, die durch die verschiedenartige elektrische Beschaffenheit des Untergrundes bedingt waren. Wir dürfen nicht vergessen, daß die Stromdichte in den Oberflächenschichten bei Hochfrequenz immer weit größer ist als bei tiefer gelegenen Schichten. Vom geophysikalischen Standpunkt aus interessieren uns nun aber ausschließlich jene Schichten, die in größerer Tiefe liegen. Da nun der Einfluß dieser Zonen auf die Antenneneigenschaften ungleich geringer ist als jener, der uns direkt zugänglichen Oberflächenschichte, so müssen wir naturgemäß die Empfindlichkeit des Meßverfahrens sehr bedeutend erhöhen, um praktisch verwertbare Ergebnisse zu erlangen. Aus diesem Grunde scheiden alle jene Meßverfahren aus, die man noch in den ersten Jahren nach dem Weltkrieg für diese Zwecke verwendete. Erst durch die rasche Entwicklung der Kapazitätsfeinmeßtechnik konnte die Grundlage für eine weitere Anwendung geschaffen werden.

Das Grundprinzip der Anordnung sehen wir in Bild 75. Bei a sehen wir eine Antenne von der Länge l_a, die in der Höhe h_{a0} über der Erdoberfläche T verspannt ist. Diese begrenzt einen mit geologischen Leitern G erfüllten Raum. Die Antenne ist an einen Schwingungskreis $L...C'$ angekoppelt, der durch einen kleinen Sender erregt wird und der überdies eine Einrichtung enthält, die seine Resonanz anzeigt. Um nun eine Übersicht über die Verhältnisse zu gewinnen, müssen wir uns zunächst einmal das Ersatzschema vor Augen halten und in dieses natürlich auch die verschiedenen geologischen Leiter eintragen. Bei b sehen wir wieder eine Antenne A über dem Untergrund verspannt, die mit einem Pol des Schwingungskreises verbunden ist. Der andere Pol ist mit einem Erder verbunden. Es sei nun angenommen, daß die Erdoberfläche so gut leitet, daß in größerer Tiefe kein nennenswerter Strom mehr fließt. In diesem Fall ist das Ersatzschema ganz einfach. Die statische Antennenkapazität C_a wird in der üblichen Weise aufgeteilt und außer ihr noch die Selbstinduktion und der Ohmsche Widerstand der Antenne berücksichtigt. Wenn nun, wie dies bei c zu sehen ist, die Erdoberfläche entweder schlecht leitet oder aber aus einzelnen gutleitenden, aber unterbrochenen Nichtleitern besteht, so werden die geologischen Leiter des Untergrundes zu berücksichtigen sein. Wir erhalten im Schema dann den komplexen Widerstand $\mathfrak{R}_E$. Bei d sehen wir nur einen Dipol. Es fehlt also jetzt die direkte Erdung. Im übrigen entspricht dieser Fall dem Falle b. Als neue Bestimmungsgröße tritt jetzt die Kapazität C'' auf, die dadurch bedingt ist, daß Verschiebungslinien zwischen den beiden Antennenästen verlaufen, ohne den Untergrund zu berühren. Ganz analog kann man dann im Falle e das Ersatzschema so konstruieren, wie es bei c geschah. Wesentlich schwieriger wird aber der Fall, wenn wir einen Untergrund gegeben haben, der aus mehreren, elektrisch verschiedenen Schichten besteht. Dieser Fall ist bei f gezeigt. Wir sehen, daß die von der Antenne A ausgehenden elek-

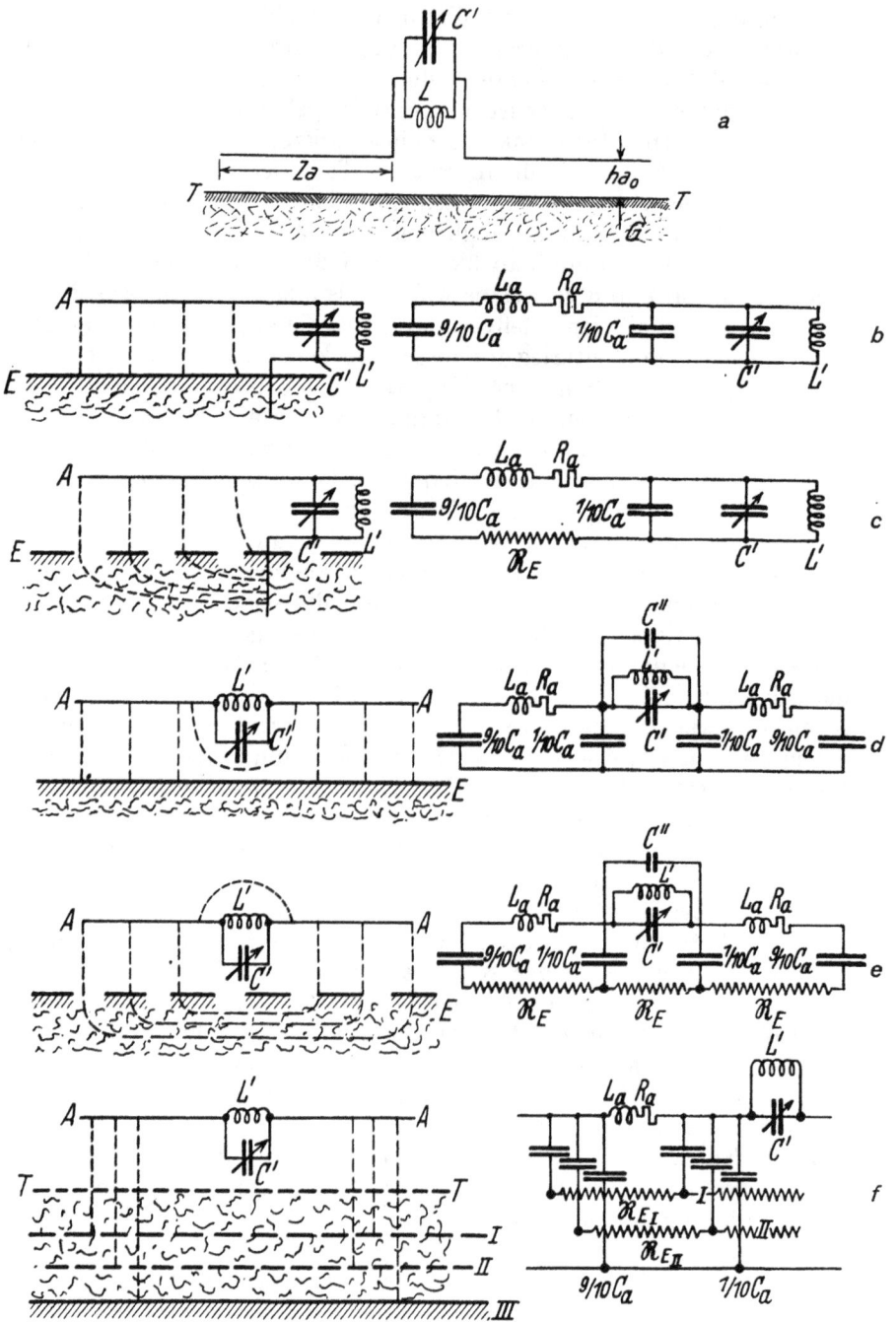

Bild 75. Über dem Untergrunde ausgespannte Meßantennen

trischen Verschiebungslinien teilweise auf dem Leiter *I*, *II* und *III* einsenken. Es ist anzunehmen, daß der übrige Untergrund ein Dielektrikum ist. Praktisch kann dieser Fall z. B. auftreten, wenn in einem trockenen, steinigen Untergrund eine Reihe gutleitender Wasser- oder Erzlinsen eingebettet sind. In diesem Falle erhalten wir ein neues Bestimmungsstück, und zwar den sogenannten »Übergriff«. Durch den Übergriff geben wir an, wieviel von jenen Verschiebungslinien, die eine bestimmte Fläche erreichen, von dieser abgefangen werden, so daß sie sie nicht mehr durchsetzen. Im Bilde *f* sehen wir z. B., daß die durch die erwähnten Leiter hindurchgezeichnete Fläche *I* von drei Verschiebungslinien erreicht wird. Von diesen drei senkt aber nur eine ein, während die beiden anderen sie durchsetzen, um dann später auf *II* und *III* einzusenken. Der Übergriff der Fläche *I* ist also in diesem Falle ein Drittel bzw. in der üblichen Angabe 33,3%. Dieser Übergriff ist für uns deshalb wichtig, weil er auch ein Maß für die notwendige, Empfindlichkeit der Methode bildet. Wenn wir z. B. Veränderungen in der Schichte *II* nachweisen sollen, so ist es natürlich von großem Werte, ob der Übergriff der Schichte *I* groß oder klein ist. Ist der Übergriff klein, so wird zum Nachweis der erwähnten Veränderungen eine viel weniger empfindliche Methode notwendig sein, als wenn der Übergriff der Schichte *I* groß ist. Eine Schichte mit dem Übergriff Null ist elektrisch als nicht existent anzusehen. Andererseits heißt eine Schichte mit dem Übergriff von 100% eine Volldeckschichte. Ein Raum, der unter einer Volldeckschichte liegt, kann durch Verfahren der Funkmutung überhaupt nicht erfaßt werden. Ein Raum, der durch eine Volldeckschichte nach allen Richtungen hin begrenzt wird, tritt als funkgeologisches Volumen mit den Eigenschaften seiner Volldeckschichte in Erscheinung.

Wir wollen nun einen anderen Fall besprechen. In Bild 76 sehen wir wieder eine Antenne *A* über einem Untergrund ausgespannt, der aus drei Schichten besteht. An Stelle der Schichte *I* werden wir bei weitverspannten Antennen den Luftraum in die Rechnung einzuführen haben. Die Schichten *II* und *III* sollen voneinander verschieden sein, und zwar wird z. B. in unserem Falle die Schichte *II* ein reines Dielektrikum, die Schichte *III* ein reiner Ohmscher Leiter sein. Für diesen Fall können wir nun alles berechnen, wenn die Dielektrizitätskonstante der Schichte *II* bekannt ist. Es ist dann durchaus möglich, die Mächtigkeit dieser Schichte aus einer elektrischen Messung heraus zu berechnen. Schwieriger wird aber nun der Fall, der bei *b* eingezeichnet ist. Wir sehen hier wieder ein Dreischichtensystem. Die Schichte *II* ist aber jetzt nicht rein dielektrischer Natur, sondern sie hat noch auch eine gewisse Leitfähigkeit, die den noch zu besprechenden Faktor ψ beeinflußt. Überdies sollen noch in dieser Schichte Zonen *L* eingelagert sein, deren Leitfähigkeit und Dielektrizitätskonstanten sich

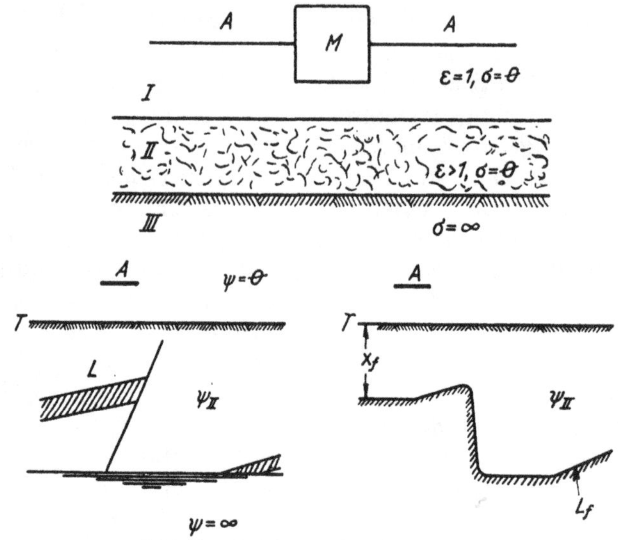

Bild 76. Einführung der fiktiven Teufe

von denen der übrigen in ihr enthaltenen geologischen Leiter unterscheiden. Wenn wir nun wieder nur eine Kapazitätsmessung durchführen, so können wir aus dieser die hier auftretenden zahlreichen Unbekannten natürlich nicht ermitteln. Wir müssen uns da eine Vereinfachung gestatten. Wir denken uns nämlich den bei b gezeichneten Raum wieder als Folge dreier Schichten, von denen jede einzelne homogen sein soll. Die Schichte *III* soll eine Volldeckschichte sein. Für die Schichte *II* nehmen wir jetzt irgendeinen Mittelwert an. Aus der Kapazitätsmessung und diesem angenommenen Mittelwert können wir nun aber für jeden einzelnen Punkt, über dem wir messen, eine bestimmte Mächtigkeit für die Schichte *II* errechnen. Diese Mächtigkeit, die in der Abbildung mit x_f eingetragen ist, heißt nun die fiktive Teufe der Volldeckschichte *III*, und diese Schichte, die nun eine andere Anordnung erfährt als ihr tatsächlich zukommt, heißt der fiktive Leiter L_f. Die fiktive Teufe ist lediglich ein elektrisches Bestimmungsstück. Sie hat mit der tatsächlichen Mächtigkeit nichts zu tun; sie ist aber eine notwendige Annahme. Der Einfluß irgendeines Erzganges oder eines Wasservorkommens wird einfach durch die Veränderung der fiktiven Teufe gezeigt. Geradeso wie wir z. B. bei den niederfrequenten Widerstandsverfahren den Eintritt eines Grundwasservorkommens in den Aufschlußraum an der Veränderung des scheinbaren Raumwiderstandes erkennen, so erkennen wir bei diesen Verfahren den Eintritt an einer Veränderung der fiktiven Teufe.

Ehe wir nun zur Besprechung der theoretischen Voraussetzungen übergehen, sei noch kurz die Meßmethode selbst skizziert. Wir verstellen bei der in Bild 75 gezeigten Anordnung zunächst bei eingeschalteten Antennen den Kondensator C' so lange, bis wir Resonanz erhalten. Dann schalten wir die Antennen ab und verstellen neuerlich den Kondensator, bis wieder Resonanz erhalten wird. Der Unterschied der beiden Kondensatoreinstellungen heißt die Antennenersatzkapazität, oder kurz die Ersatzkapazität. Sie ist nicht etwa der Antennenkapazität gleich, denn sie wird natürlich durch die im Untergrunde enthaltenen Leiter mitbestimmt. Unsere Aufgabe besteht nun darin, aus der gemessenen Ersatzkapazität die fiktive Teufe zu berechnen und die elektrischen Eigenschaften der zwischen der Erdoberfläche und dem fiktiven Leiter liegenden Untergrundschichte zu ermitteln.

Die Ersatzkapazität ist eine Funktion der Antennenhöhe ober Tags sowie der elektrischen Eigenschaften der zwischen der Oberfläche und dem fiktiven Leiter gelegenen Schichte. Zur Bestimmung der Ersatzkapazität kann man die Meßkapazität zu ihr in Reihen- oder Nebenschaltung legen. In Bild 77 sehen wir die verschiedenen mög-

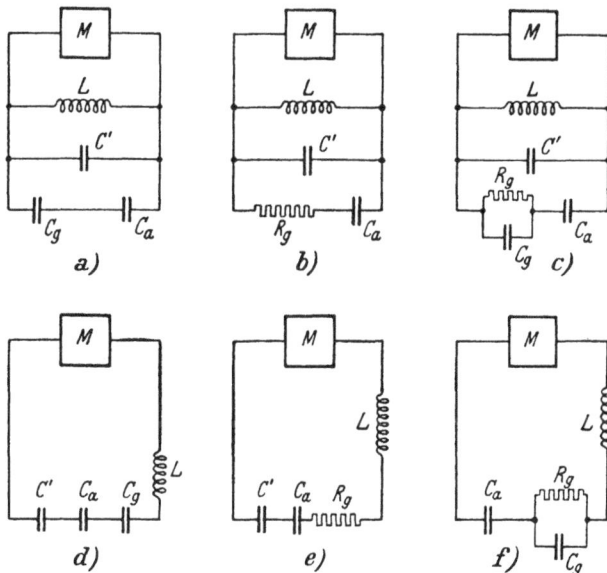

Bild 77. Schaltung der Meßkapazität

lichen Schaltungen. In der oberen Reihe liegt die Meßkapazität C' parallel zum Antennenkreis. C_a ist die zwischen der Antenne und der Erdoberfläche liegende Kapazität. Bei a ist der Untergrund als rein dielektrisch angenommen; bei b ist der Untergrund als rein Ohmscher Leiter dargestellt und bei c haben wir schließlich den Normalfall, nämlich einen geologischen Leiter, der elektrisch als komplexer Widerstand darzustellen ist. In der unteren Reihe ist die Meßkapazität mit der

Antenne in Reihe geschaltet. Der Untergrund ist wieder als Dielektrikum, als Ohmscher und komplexer Widerstand dargestellt. Im allgemeinen wird der Meßwiderstand parallel zum Antennenkreis gelegt. Wir wollen daher die folgenden theoretischen Untersuchungen auf diesen Fall beziehen. Wir ersetzen zunächst die schon dargestellte Antennenanordnung durch eine äquivalente Doppelleitung, so wie dies in Bild 78 dargestellt ist.

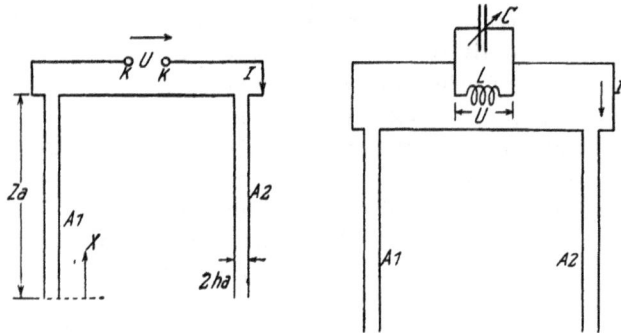

Bild 78. Äquivalente Doppelleitung

gestellt ist. Entsprechend dem verwendeten Antennendipol nehmen wir zwei solcher Doppelleitungen von der Länge l_a und dem Abstand $2h_a$ an. Die zwischen den beiden Klemmen K liegende Impedanz sei

$$2\,\Re_a = \frac{V}{J}.$$

Nach der Leitungstheorie ist diese nun bei leerlaufender Leitung

$$R_a + j\,X_a = j\,\mathfrak{Z}\tan\left[2\,\pi\,\frac{l_a}{\lambda_a} + j\,\alpha\,l^0\right] = \Re_a.$$

In dieser Gleichung bedeutet $\mathfrak{Z}$ den komplexen Wellenwiderstand, der ungefähr

$$Z = \frac{L}{C}$$

entspricht. Der Faktor α ist ein Dämpfungsmaß für die ganze Leitung. Aus dieser Gleichung können wir R_a und X_a berechnen. Es ist R_a

$$R_a = Z\,\frac{\mathfrak{Sin}\,2\,\alpha\,l_0}{\mathfrak{Cof}\,2\,\alpha\,l_a - \cos 2\,[2\,\pi\,l_a/\lambda_a]}$$

und X_a

$$X_a = Z\,\frac{\sin 2\,[2\,\pi\,l_a/\lambda_a]}{\mathfrak{Cof}\,2\,\alpha\,l_a - \cos 2\,[2\,\pi\,l_a/\lambda_a]}.$$

Damit sind nun sowohl die reale als auch die imaginäre Komponente bestimmt. Nun denken wir uns zwischen die beiden Klemmen K den

Schwingungskreis eingeschaltet, so wie ja auch zwischen den beiden Antennenästen ein solcher liegt. Die entsprechende Anordnung ist in Bild 52 bei b gezeichnet. Befindet sich das System in Resonanz, so erhalten wir

$$- C' + 1/\omega^2 L = 1/2\,\omega\,X_a.$$

Schalten wir nun, wie das schon besprochen wurde, die Meßantennen und in unserem Falle die äquivalente Leitung ab, so erhalten wir dagegen

$$\omega\,C'_r = \frac{1}{\omega\,L}.$$

In dieser Gleichung bedeutet C_r' die Kapazität des Kreiskondensators im Resonanzfall. Aus den beiden Gleichungen können wir nun die Antennenersatzkapazität $\varDelta\,C'$ berechnen. Sie ist

$$\varDelta\,C' = \frac{1}{2\,\omega\,X_a} = \frac{1}{2\,\omega\,z}\cdot\frac{\mathfrak{Coj}\,2\,\alpha\,l_a - \cos 2\,[2\,\pi\,l_a/\lambda_a]}{\sin 2\,[2\,\pi\,l_a/\lambda_a]}.$$

Wenn wir nun annehmen, daß 1. das innere Leiterfeld vernachlässigt werden kann, 2. l_a höchstens 2% der verwendeten Wellenlänge beträgt, und 3. der Ausdruck $2\,\alpha\,l_a \leq 0{,}35$ ist, so können wir für die Ersatzkapazität folgende Gleichung anschreiben:

$$\varDelta\,C' = 12{,}06\,l_a^{\text{Meter}}\frac{\psi}{\log\,[2\,h_a/r_a]}\ \text{in}\ p\,F.$$

In dieser Gleichung erscheint die Kapazität in Zentimetern und alle Längen in Metern. Der Ausdruck ψ berücksichtigt die Verluste in der Schichte zwischen Oberfläche und fiktivem Leiter. Wenn $\mu = 1$ und λ_1 die Wellenlänge in Luft ist, so erhalten wir für ψ

$$\psi = \varepsilon\left[1 + \left(\frac{\alpha\,\lambda_a}{2\,\pi}\right)^2\right].$$

λ_a ist dabei in folgender Weise bestimmt:

$$\lambda_a/\lambda_e = v/c = \sqrt{\varepsilon'\,\mu'}$$

Wir können nun mit der so berechneten Ersatzkapazität die statische Kapazität einer Antenne vergleichen, die über einem unendlich gutleitenden und ausgedehnten Fläche verspannt ist. Diese ist bekanntlich

$$C_a = K\,l_a\frac{\varepsilon}{\log\,[2\,h_a/r_a]}.$$

Wir sehen, daß an die Stelle der Dielektrizitätskonstante ε der eben besprochene Faktor ψ tritt. Zu dem ε tritt noch das Korrekturglied

$$\left(\frac{\alpha\,\lambda_a}{2\,\pi}\right)^2$$

hinzu.

Die Ersatzkapazität können wir nun mit Hilfe der heute entwickelten Meßverfahren noch mit Genauigkeiten von ungefähr ein Tausendstel Zentimeter bestimmen. Wir müssen nun diese Ersatzkapazität als Funktion irgendwelcher Bestimmungsstücke ermitteln. Es werden heute vornehmlich die folgenden drei Verfahren verwendet:

a) Höhenverfahren. Die Antenne bleibt über der gleichen Stelle, es wird aber die obertägige Antennenhöhe geändert, und die dabei auftretende Veränderung der Ersatzkapazität dargestellt. In diesem Falle ist es natürlich nötig, daß die Zuleitungen zur Antenne stets in gleicher Höhe bleiben, falls nicht durch ihre Abschirmung überhaupt eine Kapazitätsänderung bedeutungslos ist.

b) Standlinienverfahren. Die Antenne wird entlang einer gewählten Standlinie verschoben, wobei die Antennenhöhe stets konstant bleibt. Die Ersatzkapazität wird als Funktion des Ortes dargestellt.

c) Verfahren der C-Gleichen. Über einer Fläche wird bei gleichbleibender Antennenhöhe an möglichst vielen Stellen die Ersatzkapazität bestimmt. Es werden dann die Kurven gezeichnet, die der Ort gleicher Ersatzkapazitäten sind. Diese heißen C-Gleichen. Das durch die C-Gleichen dargestellte Bild wird bei verschiedener Antennenhöhe ebenfalls verschieden sein. Man kann in manchen Fällen daher auch zu einer dreidimensionalen Darstellung greifen.

Das Grundprinzip, das diesen drei Verfahren zugrunde liegt, ist das gleiche. In Bild 79 sehen wir die Abhängigkeit der Ersatzkapazität von der fiktiven Teufe, der obertägigen Antennenhöhe und dem Faktor ψ. Die Geraden stellen die Ersatzkapazität $\Delta C'$ als Funktion der gesamten Antennenhöhe dar. Diese ist gleich der Summe aus obertägiger und untertägiger Antennenhöhe. Als untertägige wollen wir die fiktive Teufe einsetzen. Wenn wir die durch Messung erhaltenen Kurven in ein Koordinatensystem eintragen, das so wie jenes in Bild 79 geteilt ist, so

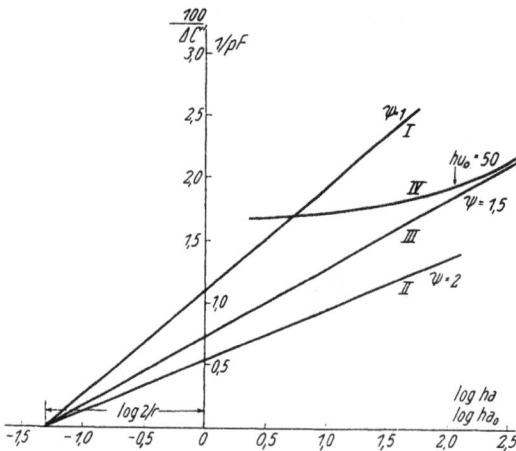

Bild 79. Tafel zur Ermittlung der Ersatzkapazität

erhalten wir, wenn die fiktive Teufe nicht zufällig Null ist, eine Kurve, wie sie etwa durch IV dargestellt wird. Wir wählen nun der Reihe nach verschiedene fiktive Teufen und zeichnen die entsprechenden Kurven ein. Sobald wir die richtige fiktive Teufe gewählt haben, geht die Kurve in eine Gerade über. Wir wissen dann, daß die gewählte fiktive Teufe richtig ist. Wenn wir nun weiter in das Diagramm eine Schar von Geraden für verschiedene ψ-Werte eintragen, so können wir aus der Lage der bei richtiger fiktiver Teufe erhaltenen Geraden gleichzeitig auch auf den entsprechenden ψ-Wert schließen. Wenn also z. B. in unserem Falle bei einer fiktiven Teufe von 50 cm die Kurve *IV* in die Gerade *III* übergeht, so wissen wir gleichzeitig auch, daß der der Zwischenschichte zugeteilte Faktor $\psi = 1,5$ ist. In Bild 53 bedeutet *r* den Durchmesser der Antenne.

Diese Art der Darstellung setzt natürlich voraus, daß sowohl die fiktive Teufe als auch der Faktor ψ unabhängig von der obertägigen Antennenhöhe ist. Mit der Erhöhung der Antenne wird selbstverständlich auch der Aufschlußraum geändert. Wenn wir nun in der Nähe einer Diskontinuitätsfläche arbeiten, so wird durch die Erhöhung der Antenne der Aufschlußraum allmählich auch über ein Gebiet erstreckt, das andere Eigenschaften aufweist als jenes, das bei geringer Antennenhöhe in Betracht käme. Dies hat dann einen abnormalen Verlauf der Ersatzkapazitätskurve zur Folge. Die erwähnte Darstellung wird also nur dann zutreffen, wenn wir z. B. über einem völlig homogenen Untergrund arbeiten, oder über einem Grundwasserspiegel, der von einer homogenen Schichte überlagert ist. Wenn wir z. B. über einer geneigten Diskontinuitätsfläche arbeiten, so müssen wir die entsprechenden Mittelwerte für die ganze Dipollänge berücksichtigen. Wenn wir in der Nähe einer senkrecht einfallenden Spalte oder Verwerfung messen, so werden wir in der als Funktion der obertägigen Antennenhöhe dargestellten Antennenersatzkapazitätskurve eine Diskontinuitätsstelle erhalten. Die Lage dieser Diskontinuitätsstelle kann andererseits auf die Diskontinuität und ihre örtliche Lage weisen.

Um die für verschiedene Voraussetzungen charakteristischen Kurven zu erhalten, kann man sich auch des Modellversuches bedienen. Man erhält dann eine Anzahl von Kurven, mit denen man die in der Natur gemessenen vergleichen kann. Auf diese Weise ist es z. B. möglich, Spalten, Verwerfer usw. zu ermitteln. Es wäre natürlich notwendig, den erwähnten Aufschlußraum näher zu umgrenzen. Wenn wir über einem Untergrund eine Antenne verspannen, so werden die von ihr ausgehenden Verschiebungslinien an verschiedenen Stellen der Erdoberfläche einsenken. Theoretisch wird der ganze umgebende Raum von solchen Verschiebungslinien durchsetzt werden. Praktisch kommt aber nur ein kleiner Teil in Betracht, und zwar jener, in dem irgendein eingebrachtes Vorkommen von elektrisch abweichenden Eigenschaften und einer praktisch noch zu berücksichtigenden Größe eine meßbare Veränderung der Ersatzkapazität hervorruft. Im folgenden wollen wir immer nur diesen Teilraum als Aufschlußraum bezeichnen, da nur dieser für uns von Bedeutung ist. Einige charakteristische Fälle mögen nun kurz besprochen werden.

Wenn man irgendeinen Fall zu behandeln hat, so müssen wir zunächst die geologischen bzw. geoelektrischen Veränderungen im Untergrunde durch Veränderungen der fiktiven Teufe und des Faktors ψ darstellen. Es ist natürlich möglich, entweder die fiktive Teufe konstant anzunehmen und den Faktor ψ zu verändern, oder aber das Umgekehrte zu tun. Wir werden die Wahl der Veränderlichen dem praktischen Falle anpassen. So werden wir z. B. Schwankungen des Grundwassers, oder aber Kontakte zwischen zwei elektrisch sehr verschiedenen Schichten, bei der Bemessung der fiktiven Teufe berücksichtigen, während wir z. B. Änderungen der Durchfeuchtung in den Schichten über dem Grundwasserspiegel durch den Faktor ψ darstellen werden. Man wird natürlich in jedem einzelnen Fall zu entscheiden haben, welche Art der Darstellung man wählt.

Ein in der Praxis sehr häufig vorkommender Fall ist in Bild 80 dargestellt. Wir wollen annehmen, daß der Untergrund durch eine zur Oberfläche senkrecht verlaufende Fläche in zwei elektrisch verschiedene Teile zerfällt. Dies wird z. B. dann der Fall sein, wenn zwei Gesteine von verschiedener elektrischer Beschaffenheit aneinander grenzen, also z. B. an Formationsgrenzen. Wir wollen nun weiter annehmen, daß die Antenne in unmittelbarer Nähe dieser Berührungsfläche senkrecht verschoben wird. Die elektrische Verschiedenartigkeit der beiden Schichten wollen wir, wie dies die Abbildung zeigt, einmal durch das Abfallen des Faktors ψ, das andere Mal durch Ansteigen der fiktiven Teufe ausdrücken. Die eingezeichneten Kurven a und b beziehen sich auf zwei verschiedene Antennenmeßorte. Wir können dann die ebenfalls eingezeichnete Ersatzkapazitätskurve ermitteln. Diese ist dadurch charakterisiert, daß sie einen scharfen Knick aufweist. Mit Rücksicht darauf, daß die Antenne immer einen größeren Raum überspannt, wird bei der praktischen Vermessung an Stelle dieses Knicks ein Übergang von einer Kurvenform zur anderen stattfinden. Ein weiteres Beispiel sehen wir in Bild 81. Wir haben hier im Untergrund an Stelle einer einzigen Grenzfläche ihrer zwei. Praktisch wird dieser Fall gegeben sein, wenn eine wenig mächtige Spalte S im Untergrund G verläuft. Wenn nun die Antennenhöhe vergrößert wird, so wird der Aufschlußraum zunächst nur den Raum G erfassen. Dann wird er über den Raum G hinaus noch in das Gebiet von S reichen und schließlich über S hinaus wieder in G hinein. Wir wollen in unserem praktisch gewählten Fall annehmen, daß das Gebirge G ziemlich trocken und daher schlechtleitend ist, während die Spalte S mit stark durchfeuchtetem Schotter erfüllt ist. Wir erhalten zunächst einmal für die fiktive Teufe und den Faktor ψ die beiden eingezeichneten Kurven. Je nachdem die Durchfeuchtung stärker oder schwächer ist, erhalten wir für ψ die Kurven a oder b.

Darauf können wir dann wieder die Ersatzkapazität ermitteln. Diese wird durch eine Kurve dargestellt, die deutliche Diskontinuitätsstellen aufweist.

Beim Standlinienverfahren bleibt die Antenne stets in der gleichen Höhe über der Erdoberfläche. Sie wird entlang einer entsprechend ge-

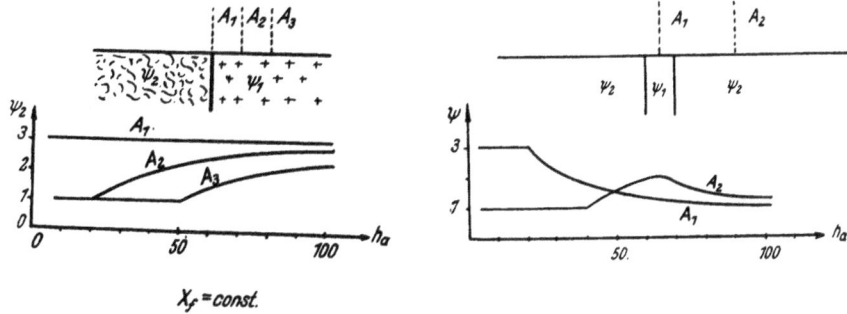

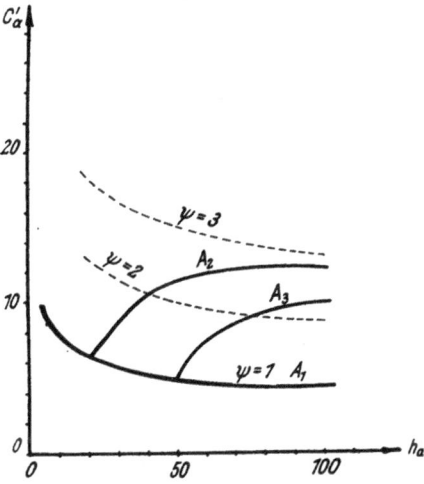

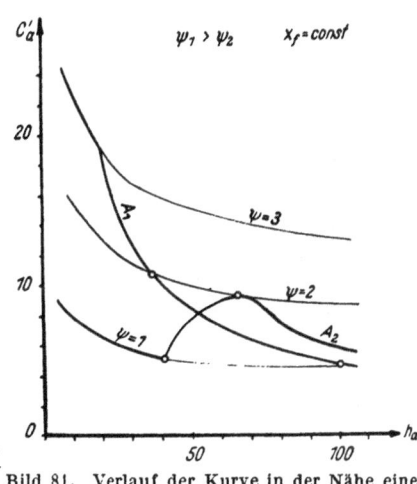

Bild 80. Kurve in der Nähe eines Kontaktes

Bild 81. Verlauf der Kurve in der Nähe einer wenig mächtigen Spalte

wählten Standlinie verschoben und die gemessene Ersatzkapazität als Funktion des Meßortes dargestellt. In Bild 82 sehen wir zwei ebenfalls oft vorkommende Fälle dargestellt. Bei a ist der Verlauf der Ersatzkapazität entlang einer Standlinie dargestellt, die eine gutleitende Spalte S quert. Die Spalte ist einerseits durch eine Zunahme des Faktors ψ, andererseits durch eine Abnahme der fiktiven Teufe dargestellt. Bei b sehen wir den Verlauf der Ersatzkapazität über einem inhomogenen Untergrund. In das trockene Gestein ist eine feuchte Sandlinse F eingelagert. Überdies haben wir noch zwei verschiedene Wasservorkommen W zu berücksichtigen. Die Sandlinse wird durch eine Zunahme des Faktors ψ dargestellt. Die Existenz der Wasservorkommen kommt im

G = schlechtleitendes Gestein
S = Gangspalte

F = feuchte Sandlinse   W = Grundwasser
G = trockenes Gestein

ψ

2
1

ψ

2
1

50
100
x_f

50
100
x_f

$\Delta C'$
90
70
50

$\Delta C'$
90
70
50

a

b

T —————————— T

W

ψ

2
1,5

C-Gleichen:

50
100
x_f

50
100
x_f

$\Delta C'$
70
60
50

trockene Höhle

$\Delta C'$
70
60
50

feuchte Höhle

72
55
H

a

72
65
H

b

c

o

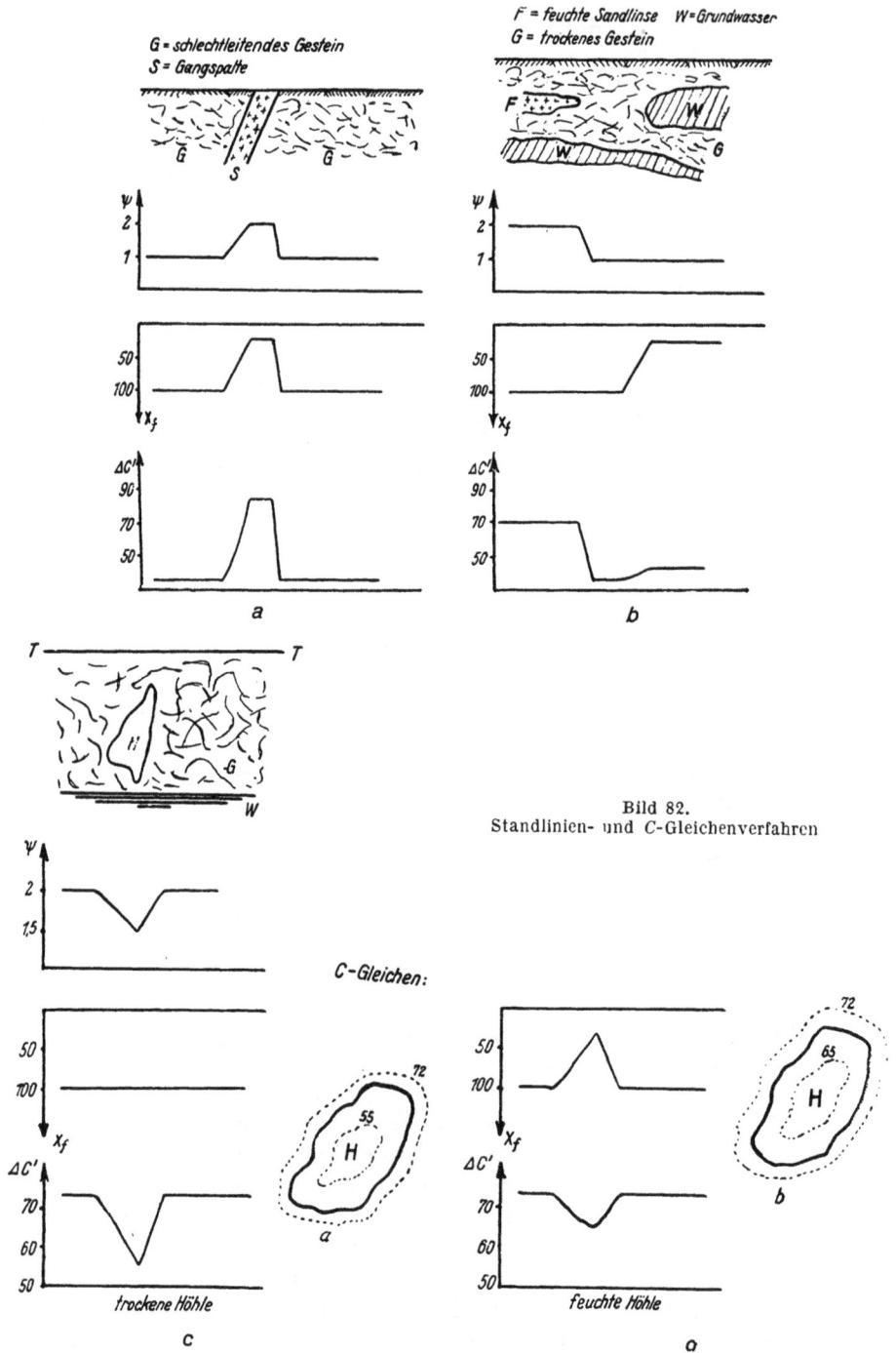

Bild 82.
Standlinien- und C-Gleichenverfahren

Verlauf der fiktiven Teufe zum Ausdruck. Wir stellen also wieder den Einfluß von rein Ohmschen Leitern durch eine Veränderung der fiktiven Teufe, jenen komplexer Widerstände jedoch durch Veränderung des Faktors ψ dar. Der Verlauf der Ersatzkapazität entlang der gewählten Standlinien ist in Bild 82 eingezeichnet.

Wenn wir nun entlang mehrerer Standlinien die Ersatzkapazitätswerte bestimmen, so können wir Kurven zeichnen, die Punkte gleicher Ersatzkapazität mit einander verbinden. Wir erhalten dann die sogenannten C-Gleichen. In Bild 82c sehen wir den Verlauf der Ersatzkapazität über einer Höhle H. Das Gebirge soll trocken und daher schlechtleitend sein. Es ist überdies ein Grundwasserspiegel W zu sehen. Wir müssen nun zwischen trockenen und feuchten Höhlen unterscheiden. Eine trockene Höhle stellt lediglich eine nichtleitende Einlagerung dar. Die feuchte Höhle ist jedoch innen mit einem leitenden Überzug versehen. Im Extremfall kann daher die ganze Höhle als funkgeologisches Volumen, mit den dem Überzug eigentümlichen Eigenschaften erscheinen. Die Höhle steht selbst fast stets z. B. durch feuchte Spalten, mit dem eingezeichneten Wasservorkommen in Verbindung. Die beiden Fälle müssen daher auch elektrisch verschieden behandelt werden. Im Falle der trockenen Höhle bleibt die fiktive Teufe konstant, da ja der einzige, rein Ohmsche Leiter, nämlich das Grundwasser, konstante Tiefe beibehält. Der Faktor ψ wird dagegen abnehmen, da natürlich die Höhle ein Nichtleiter ist. Umgekehrt wird im Falle eines feuchten Höhlenüberzuges auch die fiktive Teufe verändert, weil ja jetzt die elektrische Trennungsfläche zwischen dem gutleitenden Grundwasser und dem schlechtleitenden Gestein gewissermaßen hochgezogen erscheint. Aus diesem Grunde erhalten wir auch in beiden Fällen einen wesentlich verschiedenen Verlauf der Ersatzkapazität. Neben den Standlinienkurven ist in beiden Fällen auch noch der Verlauf der C-Gleichen eingezeichnet. Man sieht, daß der senkrecht zur Höhlenwand gemessene Gradient bei der feuchten Höhle viel geringer ist als bei der trockenen.

Über eine weitere, sehr interessante Anwendung dieser Methode befichtet Petrowsky und Dostovalov. Das Obruchov-Institut zur Erorrschung des ewig gefrorenen Bodens in der SSSR. beschloß, die erstmals von Stern angegebene Methode der Gletschermessung auszubauen und anzuwenden. Die Versuche wurden in einem Wasserbecken bei Moskau durchgeführt (1939—1940), das 170 cm tief war. Der Schnee wurde von der Oberfläche des Eises im Meßbereich entfernt und hierauf die Ersatzkapazität eines Antennendipols über dem Eis ermittelt. Die obertätige Antennenhöhe wurde zwischen 5 und 60 cm verändert. Es wurden die in Bild 83 und 84 dargestellten Kurven aufgenommen. In Bild 83 ist auf der Ordinate die Ersatzkapazität, auf der Abszisse die Antennenhöhe aufgetragen. In Bild 84 sind die Ergebnisse übersichtlich zusammengestellt. Es wird die Ersatzkapazität als Funktion der Eisdicke dargestellt; die Antennenhöhe erscheint als Parameter. Das Verfahren wird in der Sowjetunion ausgebaut, um in der Landwirtschaft, aber auch im Straßenbau Anwendung zu finden.

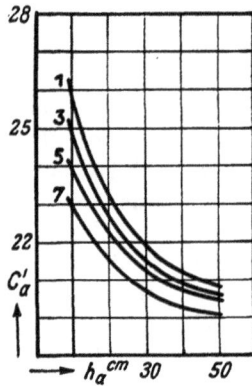

Bild 83

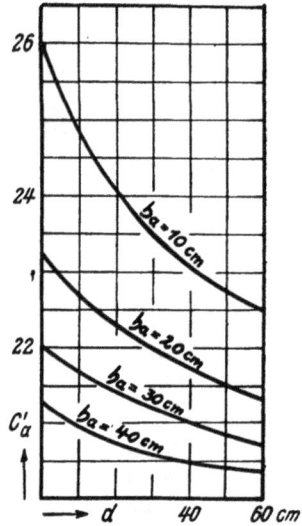

Bild 84

Bild 83 und 84. Ersatzkapazität, über einer Eisschichte gemesen

Um charakteristische Kurven für die wichtigsten Fälle zu erhalten, kann man nun entweder Messungen im aufgeschlossenen Gelände durchführen, oder aber Versuche an Modellen machen. In den folgenden Abbildungen seien einige dieser Modellversuche kurz besprochen. In Bild 85 bei a sehen wir die Ersatzkapazität als Funktion der Antennenhöhe dargestellt. Als Antenne wird einmal ein Messingrohr, das andere Mal ein Vierkantdraht von den angeführten Dimensionen verwendet. Die Antenne wird über einem Wasserspiegel verschoben. Man sieht, daß die Veränderung der Ersatzkapazität mit der Höhe bei dem Messingrohr von 6 mm Durchmesser größer ist als bei der aus einem schwachen Vierkantdraht bestehenden Antenne. Bei b sehen wir ähnliche Kurven dargestellt. Nur tritt jetzt an die Stelle des Drahtes eine Röhrenelektrode von größerem Durchmesser. Man sieht auch jetzt wieder, daß die Steilheit der Kurve in beiden Fällen verschieden ist. Sie ist von den Dimensionen der Antenne selbstverständlich weitgehend abhängig. Einige wichtige Werte sind in der folgenden Zahlentafel zusammengestellt. Bei c ist nun eine weitere Versuchsanordnung zu sehen. Ein Glasgefäß ist bis zu einer bestimmten Höhe mit Wasser gefüllt. Über dem Wasserspiegel wird eine Zylinderelektrode als Antenne verschoben. Zunächst wird die übliche Ersatzkapazitätskurve aufgenommen (B). Dann wird auf dem Boden des Gefäßes ein Metallkörper gestellt, so daß

seine Oberfläche noch einige Zentimeter unter dem Wasserspiegel liegt.
Man erhält jetzt die Kurve A. Trotzdem die Dielektrizitätskonstante
des verwendeten Wasserspiegels ziemlich groß ist und auch seine Leitfähigkeit nicht unbeträchtlich ist, so kommt die Existenz des Metallkörpers im Kurvenverlauf deutlich zum Ausdruck. Bei d sehen wir wieder
einen Metallkörper M, der diesmal aber aus dem Wasser herausragt. Es
wird einmal die Kurve ohne den Metallkörper, das andere Mal über dem
Metallkörper bestimmt. Wir sehen jetzt sehr deutlich die Verformung.
Sie ist ähnlich jener über einer schwachen aufgenommenen Spalte. Die
Diskontinuitätsstelle bei der Höhe von 14 bis 16 cm ist deutlich zu erkennen. Bei e schließlich ist wieder ein Metallkörper M zu sehen. Die
Antenne wird aber jetzt seitwärts verschoben. Zunächst findet die Verschiebung unmittelbar über der Kante statt, dann aber im Abstande
von 2,8 und 4,5 cm. Die Kurve $d = 4,5$ cm zeigt den normalen Verlauf.
Der Einfluß des Metallkörpers kommt hier nur schwach zum Ausdruck.
Bei den anderen Kurven, insbesondere bei jener $d = 2,8$ cm, sehen wir
aber sehr deutlich wieder die charakteristische Verformung. Schließlich ist noch bei f die Verformung der Kurve durch einen Hohlkörper
dargestellt. An Stelle des Metallkörpers wird ein Glaskörper verwendet,
der teilweise bzw. völlig in das Wasser eingetaucht wird. Die drei Kurven
sind einmal wieder bei völlig eingetauchtem Glaskörper aufzunehmen,
das andere Mal über einem Glaskörper, der zur Hälfte über die Wasser-
oberfläche emporragt. Schließlich ist noch die Kurve für die Ersatzkapazität bei abwesendem Glaskörper eingezeichnet. Man sieht wieder
die charakteristischen Verformungen.

So kann man für jede Anordnung geologischer Leiter auch ein entsprechendes Modell konstruieren und an diesem dann die charakteristische
Kurve bestimmen. In der nachfolgenden Tafel sind einige weitere Anordnungen noch zusammengestellt. Wir sehen da zunächst den Nachweis eines gut leitenden Verwerfers. Geoelektrisch müssen wir da zwischen den beiden geologischen Leitern 1 und 2 unterscheiden, wobei wir
annehmen wollen, daß die Leitfähigkeit des zweiten Leiters bedeutend
größer ist als die des ersten. Die Leitfähigkeit des Verwerfers selbst soll
noch größer sein als die der besser leitenden Schichte. Unter Vernach-
lässigung der Humusschichte erhalten wir dann die eingezeichnete
Modellanordnung. In einem Glastrog, der mit Öl erfüllt ist, wird eine
Blechplatte eingehängt, die entsprechend der unteren Begrenzungsfläche und oberen Schichte zurechtgebogen wird. In der zweiten Spalte
sehen wir den Nachweis einer schlecht leitenden Spalte. Wir können
annehmen, daß es sich hier um eine Spalte handelt, deren gut leitenden
Lösungen etwa durch einen starken Regenguß ausgeschwemmt wurden,
so daß die Leitfähigkeit ihrer Füllung unter der des benachbarten festen
Gesteins liegt. In diesem Falle erhalten wir eine andere Anordnung.
Die Blechplatte 2 wird jetzt so gebogen, daß sie der fiktiven Teufe ent-

Antenne
Glasrohr
h_a

Antennenelektroden:
A: Rohr 6 $^m/_m$ ∅
B: Vierkantdraht
1,2 × 1,2 mm²

n_a
C'   4   6   8   10   12

a

h_a
A   B
0   4   8   12   16   20   24 → C'

l
∅
h_a

Elektrode	A	B
∅	55 $^m/_m$	80 $^m/_m$
l	80 $^m/_m$	115 $^m/_m$

b

A... mit M
B... ohne M

h_a
C'   4   6   8   10   12   14   16

Antenne   80   55 ∅
h_a

M
60
115
190
110

c

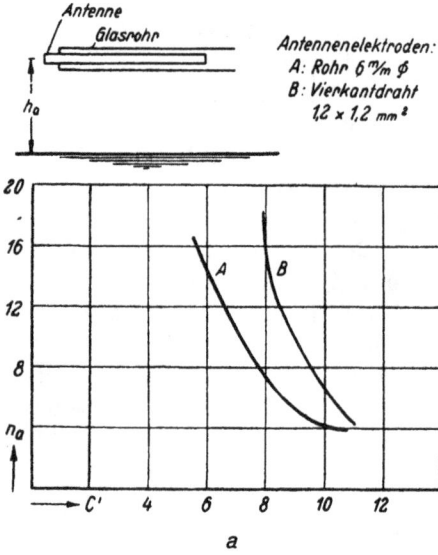

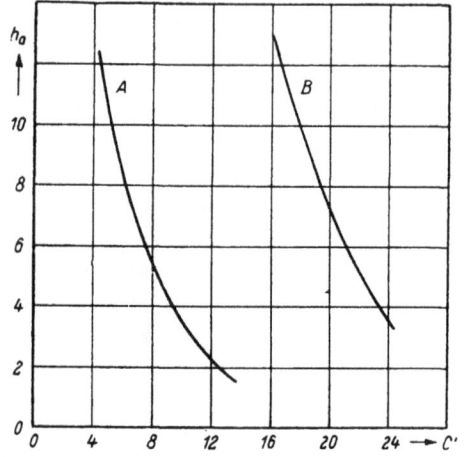

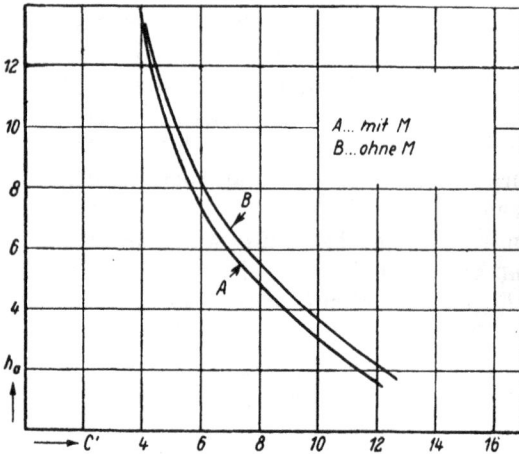

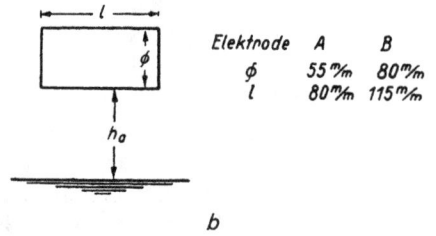

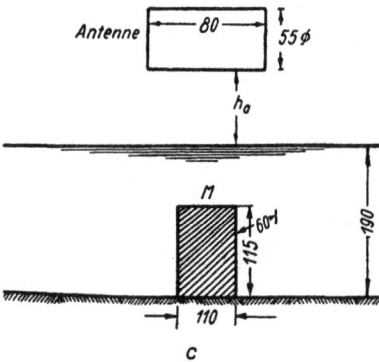

Bild 85. Kurven aus Modellversuchen

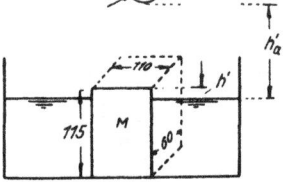

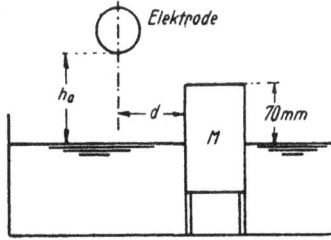

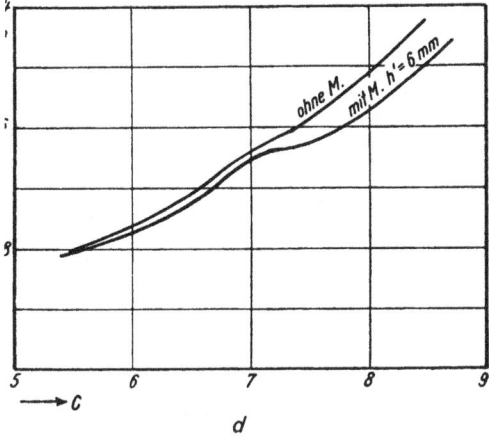

d

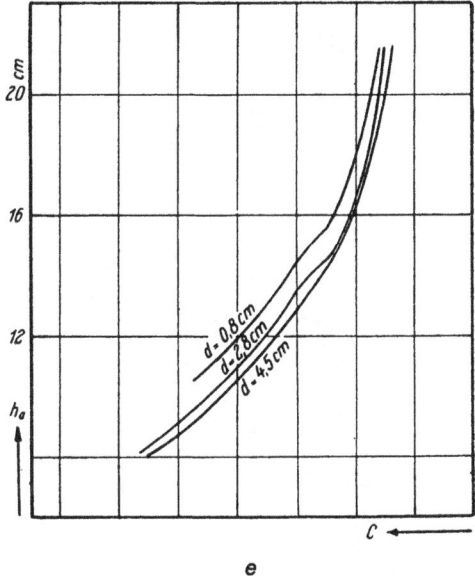

e

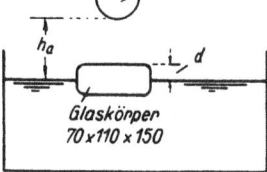

a   ohne Glaskörper
b   d = 35 mm
c   Glaskörper völlig
    eingetaucht

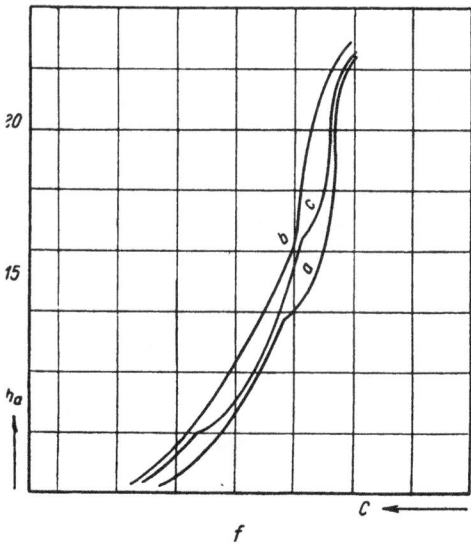

f

8*

— 116 —

Tafel
Modellversuche

Aufgabe	Schema	geologische Beschreibung	Modellversuch	
			Elektrodenanordnung	elektr. Beschreibung
Nachweis eines gutleitenden Verwerfers F		Humus, Geoleiter 1, Geoleiter 2, $\sigma_1 \ll \sigma_2$		1 = beweglicher Zylinder, 2 = Elektrode, ③ = Öl
Nachweis einer schlechtleitenden Spalte Sp		Humus, festes Gestein, Spaltenfüllung		1 = beweglicher Zylinder, 2 = Elektrode, ③ = Öl
Nachweis eines trockenen Hohlraumes H		Humus, fester Stein		1 = beweglicher Zylinder, 2 = hohler Glaskörper, ③ = Öl
Nachweis eines Hohlraumes H dessen Wände feucht sind		— || —	— || —	1 = beweglicher Zylinder, 2 = Metallkörper, ③ = Öl
Darstellung einer „übergreifenden" Schichte G		H = Humus, G = Deckschichte, W = Grundwasser		1 = beweglicher Zyl., 2 = Netzelektrode (Maschendichte durch „Übergriff" bestimmt), 3 = Elektrode (Blech), ④ = Öl

A = Antenne

spricht. Aus diesem Grunde wird die Entfernung der Platte in jedem Teil, wo sie die Spalte darstellen soll, von der Öloberfläche zu vergrößern sein. Der Nachweis eines trockenen Hohlraumes wurde bereits besprochen. Er ist der Vollständigkeit halber in die Tafel aufgenommen. Der trockene Hohlraum wird durch einen hohlen Glaskörper oder durch einen anderen Isolator dargestellt. Handelt es sich dagegen um einen Hohlraum, dessen Innenwandung mit einem feuchten Überzug bekleidet ist, so wird an dessen Stelle ein metallischer Hohlkörper verwendet. Auch den Übergriff kann man durch eine solchen Modellversuch demonstrieren und bestimmen. Die Anordnungen sind in der letzten Spalte dargestellt. Es wird angenommen, daß der Großteil der von der Antenne A ausgehenden Verschiebungslinien sich in der Schichte G schließt, während nur ein bestimmter Teil die Oberfläche der gut leitenden Grundwasserschichte W

erreicht. Das Grundwasser wird durch die Elektrode *3* dargestellt
und die übergreifende Schichte *G* durch eine Netzelektrode, deren Má-
schendichte durch den Übergriff bestimmt ist.

Neben den eben besprochenen Verfahren gibt es nun, wie schon
erwähnt, auch solche, bei denen der hochfrequente Meßstrom dem zu
untersuchenden Untergrund durch Elektroden zugeleitet wird, die mit
diesem in direkter Verbindung stehen. Es wird dann der zwischen diesen
Elektroden liegende räumliche Widerstand gemessen und aus dessen
Größe auf die Zusammensetzung des untersuchten Raumes geschlossen. Man knüpft also an die Verfahren an, die in der allgemeinen Geoelektrik schon seit vielen Jahren weitgehende Verwendung gefunden
haben. Trotzdem ist es nicht möglich, die dort gewonnenen Erfahrungen
ohne weiteres zu übernehmen und insbesondere die für die Größe des
Aufschlußraumes geltenden Formeln ohne weiteres anzuwenden. Infolge der bei hohen Frequenzen auftretenden Stromlinienverdrängungen
wird das vom Strom durchflossene Volumen bei hohen Frequenzen
anders aussehen als bei niedrigen. In Bild 86 ist dies dargestellt.
An den Untergrund werden zwei
Elektroden *E* im gegenseitigen Abstande *d* eingelegt. Bei normalen
niedrigen Frequenzen erhielten wir
dann ungefähr den strichliert eingezeichneten Stromlinienverlauf. Be i
hohen Frequenzen sind diese zur
Oberfläche hin zusammengedrückt.
Man erhält den stark ausgezogenen
Kurvenverlauf. Damit wird aber
auch die Aufschlußteufe *T* geändert.
Bei Niederfrequenz wird z. B. die
Diskontinuitätsfläche *S* noch in dem

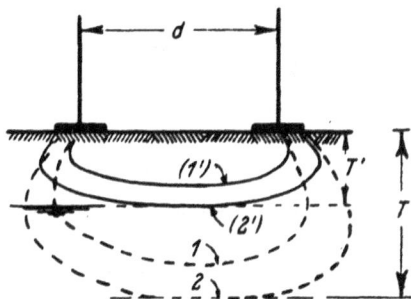

Bild 86. Stromlinienverlauf

gezeichneten Aufschlußraum liegen. Bei Hochfrequenz reicht dieser
indessen an diese Diskontinuitätsschichte nur mehr knapp heran.
Bei niederfrequenten Verfahren würden wir bei einem Elektrodenabstand, der ungefähr dem vertikalen Abstand der Schichte *S* von
der Erdoberfläche entspricht, in der Widerstandskurve eine deutlich
erkennbare Diskontinuität erhalten. Bei hohen Frequenzen wird diese
dagegen bei diesem Elektrodenabstand noch nicht auftreten. Nun
ist es bisher noch nicht gelungen, brauchbare Gleichungen anzu-
geben, die den Einfluß der Frequenz berücksichtigen. Unter diesen Umständen kann man die Versuchsergebnisse nur durch Vergleich auswerten. Zum Vergleich werden Messungen über einem geologisch vollkommen aufgeschlossenen Boden, oder aber solche an Modellen herangezogen.
Einige Ergebnisse werden wir noch kennenlernen. An dieser Stelle sei
nur der Verlauf der Widerstandskurve kurz diskutiert.

In der unmittelbaren Umgebung der Elektrode erhalten wir, ebenso wie bei Gleichstrom oder niederfrequentem Wechselstrom, einen Spannungstrichter. Er ist in Bild 87a dargestellt. Auf der Abzisse ist der Elektrodenabstand, auf der Ordinate der scheinbare räumliche Wider-

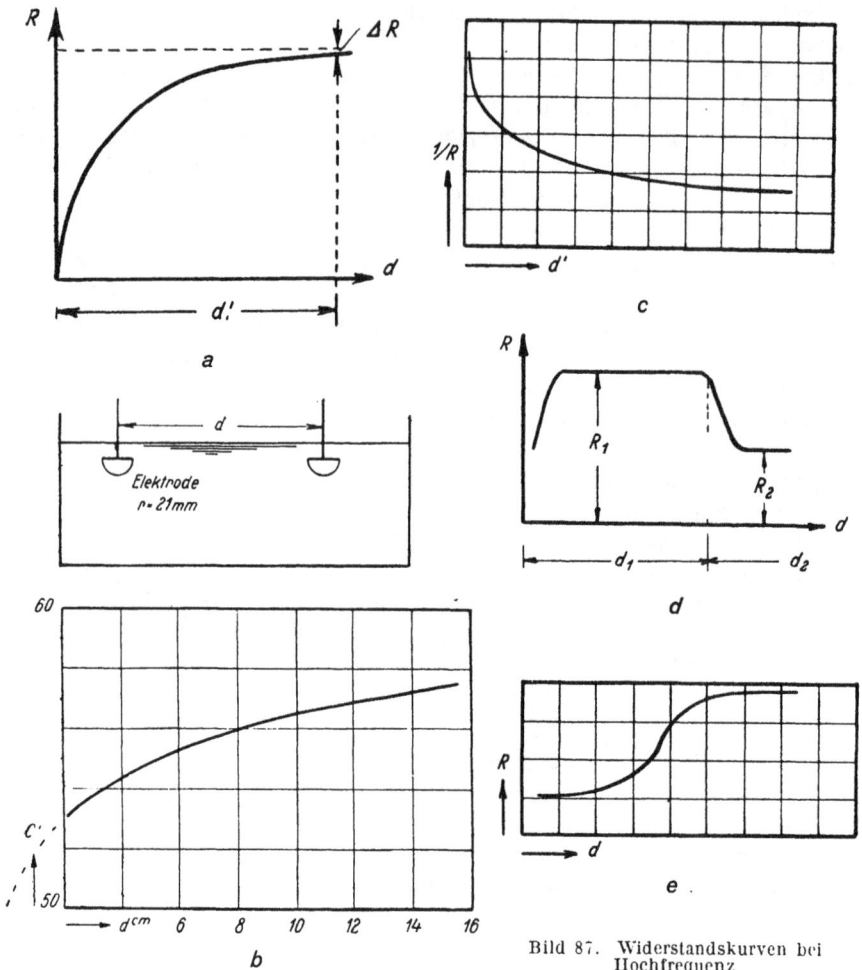

Bild 87. Widerstandskurven bei Hochfrequenz

stand aufgetragen. Wir erhalten eine Kurve, die zunächst steil ansteigt, und sich dann asymptotisch einem Grenzwerte nähert. Der Spannungstrichter sei durch den Radius $r' = d'$ begrenzt. d' ist hiebei die Entfernung, in der der Widerstand R 90% des Grenzwertes erreicht. Praktische Messungen haben gezeigt, daß dieser Spannungstrichter einen Radius von 5 bis 10 m hat. Er ist natürlich von der Form der Elektrode, der Beschaffenheit der in ihrer Umgebung liegenden geologischen Leiter, und auch in mancher Hinsicht durch die Beschaffenheit der Oberfläche zwischen den beiden Elektroden bedingt. In Bild 87b sehen wir die Bestimmung des Spannungstrichters in unmittelbarer Nähe der Elektrode. Wir sehen, daß auch hier wieder der steilste Abfall nur in der unmittelbaren Nähe der Elektrode zu beobachten ist, dann nimmt die Steilheit der Kurve rasch ab. Praktisch bedeutet dies, daß wir in manchen Fällen auch noch etwas unter 5 m Elektrodenabstand gehen können, ohne einen allzu großen Fehler in Kauf zu nehmen. Bei c sehen wir schließlich noch den experimentell bestimmten Verlauf des Spannungstrichters in einem Abstand bis zu 10 m. Infolge der Unterteilung der Ordinate scheint in Kurve in ihrem Verlauf umgekehrt. Man sieht ganz deutlich, daß in einem Abstande von mehr als 5 m kein nennenswerter Abfall mehr stattfindet.

Der Widerstand R' ist nur mehr durch die elektrische Beschaffenheit des untersuchten Raumes, aber nicht mehr vom Elektrodenabstand abhängig. Ähnlich wie bei den niederfrequenten Verfahren deutet auch bei den hochfrequenten eine Diskontinuität der Widerstandskurve auf eine Veränderung im Untergrunde hin. Wenn z. B. der Untergrund aus zwei planparallelen Schichten besteht, von denen die obere schlechter leitet als die untere, so wird man den bei d eingezeichneten schematischen Kurvenverlauf erhalten. Der Abstand d_1 ist dann eine Funktion der Dicke der oberen Schichte. Die Widerstände R_1 und R_2 sind durch die spezifischen Widerstände der beiden in Betracht kommenden Schichten bestimmt. Mit Rücksicht auf die durch die Hochfrequenz bedingte ungleiche Stromlinienverteilung wird man allerdings auch diese Widerstände nicht in gleicher Weise berechnen dürfen wie bei Niederfrequenz. Bei f sehen wir ein Meßbeispiel. Der Widerstand verläuft zunächst, wenn man von dem Bereich des Spannungstrichters absieht, ziemlich konstant, bis bei ungefähr 20 m ein allmählicher und bei 40 m ein recht steiler Anstieg zu beobachten ist. Dies deutet darauf hin, daß entweder in einer bestimmten Teufe eine waagerechte Diskontinuitätsfläche verläuft, oder aber, daß in ungefähr 40 m Entfernung von der ersten Elektrode eine scharf ausgeprägte und ungefähr senkrecht zur Standlinie stehende Diskontinuitätsfläche liegt. Auch in diesem Fall wird man daher, besonders in komplizierten Fällen, den Modellversuch zu Hilfe nehmen. Freilich ist bei allen Modellversuchen eine gewisse Vorsicht geboten. Eigentlich müßten wir die Meßwellenlänge ebenfalls maßstäblich herabsetzen. Dadurch können aber Änderungen auftreten, da schließlich weder die Leitfähigkeit noch die Dielektrizitätskonstante geologischer Leiter von der Frequenz unabhängig sind. Die Vornahme von Modellversuchen erfordert daher immer eine gewisse Erfahrung.

B. Geräte

Für Durchführung der Messung sind erforderlich:

1. Die Meßantennen,
2. das Meßgerät,
3. die Zuleitungen vom Gerät zur Antenne.

Als Meßantenne dient entweder ein über dem Untergrund ausgespannter Draht oder ein Metallzylinder. Dieser wird in der Regel aus Aluminium hergestellt. Die Antenne muß vertikal leicht verschiebbar sein. Auch dann, wenn mit konstanter Antennenhöhe gearbeitet wird, ist es notwendig, diese leicht nachstellen zu können. Drahtantennen haben in der Regel eine ziemlich große Länge, oft 10 und noch mehr Meter. Es ist vor allem schwer, die Antennenhöhe richtig einzustellen. Da die Ersatzkapazität mit der Antennenhöhe nicht linear anwächst, so ist es kaum möglich, bei einer Antenne, die an verschiedenen Stellen, etwa infolge der Unebenheit des Bodens, auch verschiedene Antennenhöhen aufweist, einen brauchbaren Mittelwert zu erhalten. Man muß daher solche Antennen oft an mehreren Stellen abspannen, um ihren Verlauf der Form der Erdoberfläche anzupassen. Zylinderantennen sind stets bedeutend kürzer. In der Regel haben sie Längen von 1 bis 2 m. Sie sind leicht verstellbar und auch meßtechnisch günstiger, da ja natürlich eine lange Antenne immer nur einen über ihre ganze Länge erstreckten Integralwert messen kann, die kurze Zylinderantanne der Forderung nach punktförmiger Ausmessung aber viel näher kommt. In Bild 88 sehen wir zunächst das Photo der ganzen Meßanordnung. Wir erkennen in der Mitte einen auf einem Stativ befestigten Tisch, von dem dann die Leitungen zu den Zylinderantennen gehen, die auf weiteren Stäben verschiebbar angeordnet sind. Bild 89 zeigt weitere Anordnungen, und zwar bei *a* eine lange Antenne und bei *b* eine Zylinderantenne. Von großem Wert ist es stets, die Zuleitungen abzuschirmen. In der Praxis ist dies aber oft sehr schwer möglich. Es werden ja bei diesen Anordnungen schon recht geringfügige Kapazitätsänderungen gemessen. Wenn wir nun Abschirmkabel auslegen, so werden infolge der mechanischen Veränderungen fast stets auch kleine Kapazitätsschwankungen auftreten. Diese können das Meßergebnis schon stören. Günstiger als Abschirmkabel ist jedenfalls die Parallelleitung, wobei einer der beiden Drähte mit dem Nullpunkt des Meßgeräts verbunden wird. Im übrigen soll die Meßleitung stets möglichst hoch über der Erdoberfläche verspannt werden und aus recht dünnem Draht bestehen. An Stelle eines Antennenastes kann man oft eine Erdung verwenden. Es muß allerdings darauf aufmerksam gemacht werden, daß besonders im stark inhomogenen Untergrund dadurch Störungen möglich werden. Dem Antennendipol ist daher oft gegenüber der einpoligen Erdung der

Bild 88. Meßantenne

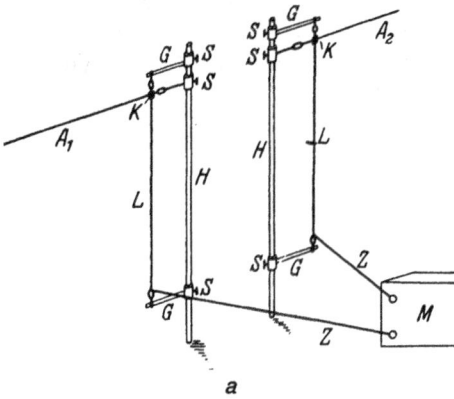

a

Bild 89.

a Langantenne
b Zylinderantenne in Modellanordnung

l mm	ϕ mm	h_a mm	Steilheit $=\frac{\Delta C}{\Delta h_a}$
140	6	50	$\Delta C/\Delta h_a = 1\cdot0$
80	55	50	$1\cdot2$
115	80	50	$1\cdot2$
			$C_{h_a=100mm} - C_{h_a=50mm}$
140	6	-	$-\Delta C = 2\cdot1$
80	55	-	$3\cdot4$
115	80	-	$4\cdot6$

b

Vorzug zu geben. In Bild 89a sehen wir die Abspannung einer Draht-
antenne. A_1 und A_2 sind die beiden Antennenäste, die mit Hilfe der
Stellklemme S vertikal verschoben werden können. Vom Meßgerät M
gehen die Zuleitungen Z zu den Antennenstangen H. Parallel zu diesen
Stäben wird an den Auslegern G eine Leitung L verlegt und diese dann

durch die Klemme K mit der Antenne verbunden. Auf diese Weise bleiben die Zuleitungen Z stets in gleicher Höhe. Wenn der Abstand des Meßinstrumentes von den Antennen groß ist, so werden natürlich die Zuleitungen an den oberen Auslegern befestigt und eventuell an weiteren Stangen in möglichst großer Höhe über dem Erdboden zum Gerät geführt.

In Bild 90 ist die Anordnung einer Zylinderantenne gezeichnet. M ist das Meßgerät. An die beiden Meßklemmen wird einerseits eine Erde, andererseits die Zuleitung L angeschlossen. Am Ende der Leitung liegt der Schalter S_2, der die Verbindung zu den Klemmen A herstellt. Parallel zu L ist dann eventuell noch die schon besprochene Parallelleitung L' verspannt. Parallel zu den Meßklemmen ist über dem Schalter S_1 noch eine Festkapazität von bekannter Größe C' angeschlossen. Bei b ist das Ersatzschema zu sehen. C_L ist die Leitungsersatzkapazität und C_A die Antennenersatzkapazität. Wir messen nun jedesmal die drei Werte $C_1 \ldots C_2 \ldots C_3$

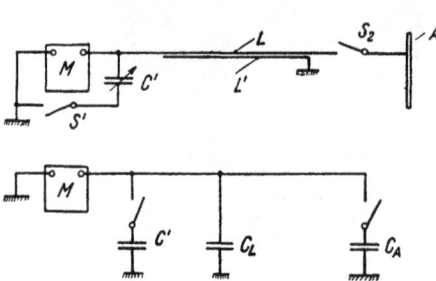

Bild 90. Anschluß der Zylinderantenne

$$C_1 = C_L$$
$$C_2 = C_L + C'$$
$$C_3 = C_L + C_A.$$

Daraus erhalten wir dann

$$C_A = C' \frac{C_3 - C_1}{C_2 - C_1}.$$

Dieser Meßvorgang ist deshalb notwendig, weil einerseits die Leitungsersatzkapazität bei jeder Neuverlegung der Leitung gewisse Schwankungen erfährt, andererseits auch noch durch andere Einflüsse Nullpunktwanderungen nicht zu vermeiden sind. Die drei Messungen werden unmittelbar hintereinander durchgeführt und, wie wir noch sehen werden, mehrmals wiederholt, worauf die entsprechenden Mittelwerte gebildet werden.

Als Meßgeräte kommen Anordnungen in Betracht, die die Kapazität oder den Ohmschen Widerstand bestimmen. Es sind dies insbesondere:

1. Brückenschaltungen,
2. Überlagerungsgeräte,
3. Reißgeräte.

Außerdem werden dann noch verschiedene andere Meßanordnungen diesem Zweck dienstbar gemacht.

1. Brückenschaltungen. Es gibt bereits eine ganze Reihe verschiedener Anwendungen der Meßbrücke in der Funkmutung. Ich möchte darauf verzichten, die Entwicklung dieser Methoden zu besprechen, sondern an dessen Stelle nur einige Verfahren herausgreifen, die heute zu diesem Zweck verwendet werden. In Bild 91 sehen wir zunächst oben im Bild die eigentliche Brücke. Sie besteht aus den Kapazitäten C_b, die entweder einander gleichen oder zueinander in einem bestimmten Verhältnis stehen. Die zu messende Kapazität C_x wird zwischen den Punkten 2 und 3 eingeschaltet. Zwischen den Punkten 2 und 4 liegt dann eine entweder veränderliche oder feste Vergleichskapazität C'. Die Hochfrequenzspannung wird nun von dem Hochfrequenzgenerator HF über die beiden Transformatoren Tr_4 und Tr_2 an die Punkte 1 und 2 angelegt. Von den Punkten 3 und 4 wird wieder über die Transformatoren Tr_1 und Tr_3 die Meßspannung abgenommen. Diese wird dann in der eingezeichneten Weise verstärkt und an einem Meßgerät abgelesen. Die vier Transformatoren sind

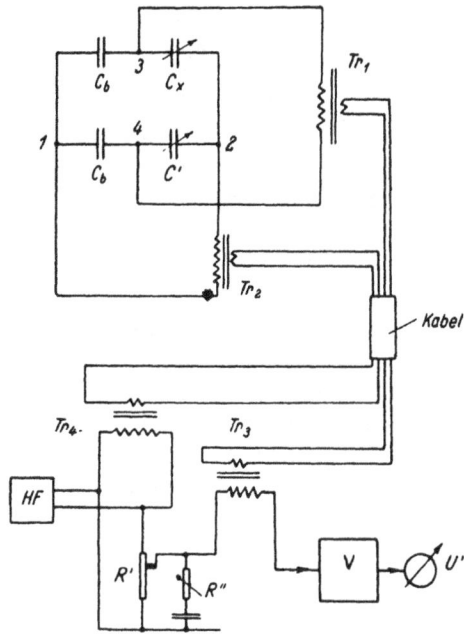

Bild 91. Meßbrücke mit Zwischentransformatoren

deshalb nötig, um eine Anpassung an das Kabel zu erzielen. Zwischen den Transformatoren wird nämlich ein Spezialkabel eingeschaltet, das es gestattet, das eigentliche Meßgerät weit außerhalb des Antennenbereiches aufzustellen. In Bild 92 sehen wir die Meßkurve dargestellt. Auf der Abszisse ist der zu messende Kapazitätswert C_x und auf der Ordinate die am Meßgerät abgelesene Spannung U' aufgetragen. Die Kurve ist charakterisiert durch einen scharfen Knick bei K. Man kann nun entweder auf dem rechten oder auf dem linken Ast arbeiten. Natürlich darf nur im steilen Teil des Astes gemessen werden. Der günstigste Arbeitspunkt liegt also bei A. In der Abbildung ist der diesem Arbeitspunkt zugeteilte größtmögliche Arbeitsbereich eingetragen. Im allgemeinen wird man im rechten Aste arbeiten, weil man dort den Kapazitätsänderungen ungefähr lineare Spannungsänderungen erhält.

Wenn bei einem großen Meßbereich der Arbeitspunkt von einem auf den anderen Ast verlagert wird, so kann man irreführende Meßergebnisse erhalten. In Bild 93 ist dies schematisch dargestellt. Der Arbeitspunkt ist einmal in *I*, das andere Mal in *II* angenommen. In

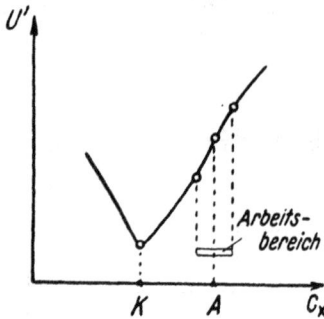

Bild 92. Meßkurve

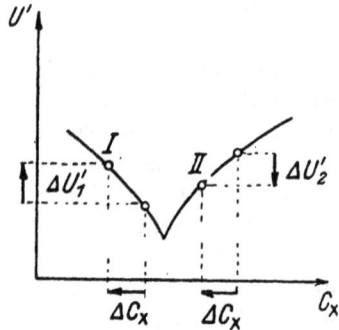

Bild 93. Arbeiten auf beiden Seiten

beiden Fällen soll eine Kapazitätsänderung um den Betrag ΔC stattfinden. Man sieht, daß in einem Fall ein Spannungsrückgang, im anderen Fall aber ein Spannungsanstieg erfolgt. Mitunter will man nun zwei Arbeitspunkte wählen, um gleichzeitig zwei miteinander verkettete Meßvorgänge zu beobachten. Dies ist möglich, wenn an Stelle des Meßgerätes eine Braunsche Röhre verwendet wird. In diesem Fall darf man aber die Arbeitspunkte nicht so wählen, wie dies in Bild 61 c

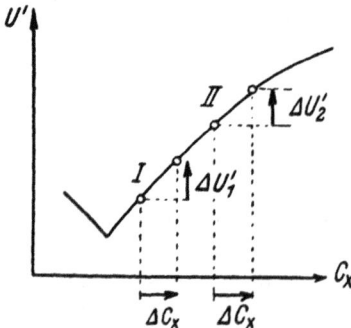

Bild 94. Zwei Arbeitspunkte in richtiger Anordnung

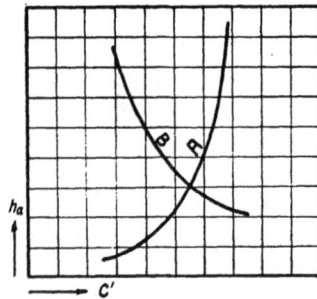

Bild 95. Verlagerung des Arbeitspunktes auf den anderen Ast

dargestellt ist, sondern nur so wie dies Bild 94 zeigt. Es können da in beiden Fällen die gleichen Änderungen hervorgerufen werden. Der Arbeitspunkt wird in diesem Fall möglichst tief gewählt. Wenn z. B. durch Veränderung der Empfindlichkeit der Arbeitspunkt von einem

Ast auf den anderen verlagert wird, so kann man Kurven erhalten, die den entgegengesetzten Verlauf zeigen. Ein durchgemessenes Beispiel zeigt Bild 95.

Bild 96. Druckindikator von Philips

Für die Messungen dieser Art wird die Braunsche Röhre deshalb herangezogen, da diese vor allem eine rasche und, was besonders wertvoll ist, photographische Aufnahme der Kurve gestattet. Der Verfasser

Bild 97. Messung mit dem Oszillographen

bediente sich bei seinen Versuchen des Druckindikators von Philips. In Bild 96 ist die Frontplatte des Gerätes dargestellt. Wir sehen oben in der Mitte die Braunsche Röhre, die mit einem Koordinatenschirm überdeckt ist, um die Kurven rasch auswerten zu können. Mit den beiden obersten Knöpfen wird der Lichtpunkt horizontal und vertikal verschoben. Darunter sind die Knöpfe für die Bildschärfe und Helligkeit angeordnet. In der dritten Reihe sehen wir ganz rechts die Einstellung der Kippfrequenz. Darunter befinden sich die Amplitudenregler und unter diesen wieder die Knöpfe für die vertikale Nulleinstellung. Ganz links ist ein Knopfpaar für die horizontale Nulleinstellung vorhanden und darüber die entsprechende Amplitudenregelung. Mit dem untersten mittleren Knopf wird die Vertikalverstärkung geregelt. Die Bedienung dieses Gerätes ist eine ziemlich einfache. Es ist natürlich notwendig, daß an den Meßstellen Netzanschluß vorhanden ist. Ist ein solcher unmöglich, so muß ein kleines Benzinaggregat mitgeführt werden, das den für den Betrieb erforderlichen Strom liefert. In Bild 97 sehen wir die Anordnung des Gerätes und der Antenne bei einer Geländemessung. Besonders günstig ist es, daß dieses Gerät über langes Spezialkabel aus dem Meßgebiet herausverlegt werden kann. Bei 98 sehen

Bild 98. Antennenanschluß

wir das Ende dieses Kabels mit dem eingeschalteten »Druckaufnehmer«, der ein Transformatorenpaar enthält. An der Elektrodenplatte ist der Anschluß für die Antenne angebracht.

Eine weitere Brückenschaltung, die oft mit Vorteil verwendet wird, zeigt Bild 99. Wir sehen im Bilde einen Hochfrequenzgenerator, der im allgemeinen eine verhältnismäßig hohe Spannung erzeugt. Mit diesem wird in der Regel induktiv der kapazitive Spannungsteiler gekoppelt, der aus den Kapazitäten C_1 und C_2 besteht. Ihr gegenseitiges Verhältnis bestimmt die Spannungsunterteilung. Im oberen Kreis ist nun die zu bestimmende Kapazität C_x eingeschaltet, zu der parallel ein geeichter Meßkondensator C_p liegt. Im unteren Kreise liegt eine bekannte Vergleichskapazität C'. Im Punkte B, wo die beiden Kreise sich miteinander vereinigen, liegt dann ein abstimmbarer Kreis K, an dessen Spule das Meßgerät M angelegt wird. Die Funktion dieser Anordnung

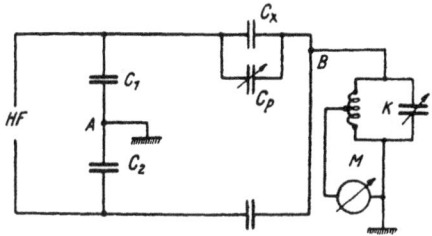

Bild 99. Kapazitive Brücke

ist leicht verständlich. Wenn sich $C_x : C'$ so verhält wie $C_1 : C_2$, so wird das Meßgerät M keine Spannung anzeigen. Wird dagegen eine Veränderung von C_x dieses Verhältnis stören, so erhalten wir eine Spannungsanzeige am Meßinstrument. Durch Parallelschalten von C_p können wir dann wieder auf Null abgleichen und der Betrag, um den C_p verstellt wurde, ist dann jenem gleich, um den sich C_x verändert hat. In modifizierter Anordnung hat R o h d e und L e o n h a r d t diese Meßmethode zur Bestimmung kleinster Kapazitätsänderungen verwendet.

An Stelle der Kapazitäten kann man mit der Brücke natürlich auch Widerstände messen. Wir werden darüber noch näher sprechen. Bei der eben beschriebenen Anordnung können Widerstände auf zweierlei Weise bestimmt werden. Entweder baut man in die Brücke an Stelle der Kapazitäten Widerstände ein, oder aber man legt den zu bestimmenden Widerstand entweder parallel oder in Reihe zu einer eingeschalteten Kapazität C_x. In diesem Falle muß man aber natürlich die auftretenden Phasenverschiebungen berücksichtigen.

Mit Rücksicht auf die hohe Empfindlichkeit der Anordnung sind Nullpunktwanderungen nicht zu vermeiden. Aus diesem Grunde werden, wie schon erwähnt, immer drei Messungen durchgeführt und mehrmals wiederholt, um brauchbare Ergebnisse zu gewinnen. Gemäß den früher angegebenen Gleichungen bestimmt man:

$$U_1 = f(C_1),\ U_2 = f(C_2),\ U_3 = f(C_3)$$
$$\Delta U_1 = f(C_2 - C_1) \qquad \Delta U_3 = f(C_3 - C_1)$$

Das Protokoll für die Messungen wird in folgender Weise angelegt:

Meßprotokoll

Datum............
Zeit ....
Witterung.........
Bodenbeschaffenheit..........

Lage ① Höhe 150 cm

U_1:	71		71	71		73,5	
U_2:	40	40	40	39	39	40	40
U_3:	72			74			

$\Delta U_1{}^1)$:	31	32	32	33,5	$\phi_1 = 32,1$
$\Delta U_3{}^2)$:	32	—	35	—	$\phi_3 = 33,5$

$$\phi_1/\phi_3 = 0,97$$

Lage ① Höhe 80 cm

U_1:	80		81	82		84	
U_2:	42,5	42,5	43	44	45	46	47
U_3:	77			79			

ΔU_1:	37,5	37,5	37,5	37,5	$\phi_1 = 37,5$
ΔU_3:	34,3	—	33.5	—	$\phi_3 = 33,9$

$$\phi_1/\phi_3 = 1,12$$

Lage ① Höhe 60 cm

U_1:	88		89	90		90	
U_2:	47	48	49	49	50	50	50
U_3:	82			83			

ΔU_1:	41,5	40,0	40,5	40,0	$\phi_1 = 40,5$
U_3:	33,5	—	33,0	—	$\phi_3 = 33,25$

$$\phi_1/\phi_3 = 1,22$$

Lage ① Höhe 36 cm

U_1:	97		97	97		97,5	
U_2:	50	50	50	50	50	50,5	50,5
U_3:	83			84			

ΔU_1:	47,0	47,0	47,0	47,0	$\phi_1 = 47,0$
ΔU_3:	33,0	—	33,75	—	$\phi_3 = 33,3$

$$\phi_1/\phi_3 = 1,41.$$

Bemerkungen über beobachtete Fehlerquellen usw. ....

---

1) $\Delta U_1 = U_1 - U_2$

2) $\Delta U_3 = U_3 - U_2$

Hat man auf diese Weise die Durchschnittswerte ϕ_1 und ϕ_3 berechnet, so erhält man die Ersatzkapazität nach der Gleichung $C_a = C' \dfrac{\phi_1}{\phi_3}$. Um nun die Messung zu vereinfachen und vor allem zeitlich zu verkürzen, kann man, wenn man mit Braunscher Röhre arbeitet, sich einer Anordnung bedienen, die die nach dem Höhenverfahren aufzunehmenden Kurven auf dem Schirm so zeichnet, daß sie direkt abphotographiert werden können. Ein mechanischer Antrieb bewegt ziemlich rasch die Antenne in vertikaler Richtung. Gleichzeitig wird ein Potentiometer verstellt und dadurch eine Spannung geändert, die eine horizontale Verschiebung des Bildpunktes auf dem Röhrenschirm bedingt. Die Kapazitätsschwankung wird dagegen als vertikale Verschiebung des Punktes zum Ausdruck kommen. Infolge der gleichzeitigen Ablenkung in zwei aufeinander senkrecht stehenden Achsen, erhalten wir auf dem Schirm eine Kurve, deren Ordinate die Ersatzkapazität und deren Abszisse die Antennenhöhe angibt. Da nun die Verschiebung der Antenne sehr rasch erfolgen kann, so kann man bei dieser Art der Messung dann auch die Nullpunktwanderungen vernachlässigen. Man ist daher imstande, das Bild auf dem Röhrenschirm photographisch aufzunehmen und kann dadurch die Meßdauer auf einen Bruchteil der sonst notwendigen Zeit herabsetzen.

Der Vollständigkeit halber sei noch erwähnt, daß auch bei den Antennenverfahren mit veränderlichem horizontalen Antennenabstand gearbeitet werden kann. In Bild 100 sehen wir zwei Antennen A im

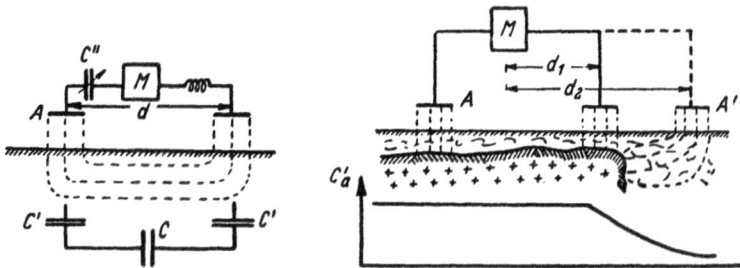

Bild 100. Verfahren mit veränderlichem horizontalem Antennenabstand

horizontalen Abstand d über dem Untergrund verspannt. Wenn der Untergrund homogen ist, so wird sich die Ersatzkapazität mit dem Abstande d nicht verändern. Ist aber, so wie dies bei b zu sehen ist, der Untergrund inhomogen, so treten Veränderungen auf. Bei b ist angenommen, daß im dielektrisch leitenden Untergrund ein guter Ohmscher Leiter G_2 eingelagert ist. Bleibt die Antenne A_1 an der gleichen Stelle und wird A_2 horizontal verschoben, so erhalten wir den eingezeichneten Verlauf der Ersatzkapazität. Die Ersatzkapazität wird z. B. im Abstande d_2 kleiner sein als im Abstande d_1. Das Verfahren gleicht im Prinzip den bereits besprochenen Widerstandsverfahren, bei denen ebenfalls die Veränderung des scheinbaren Widerstandes mit dem Elektrodenabstand bestimmt wird. An die Stelle der dort gemessenen Leitungsströme treten eben die Verschiebungsströme.

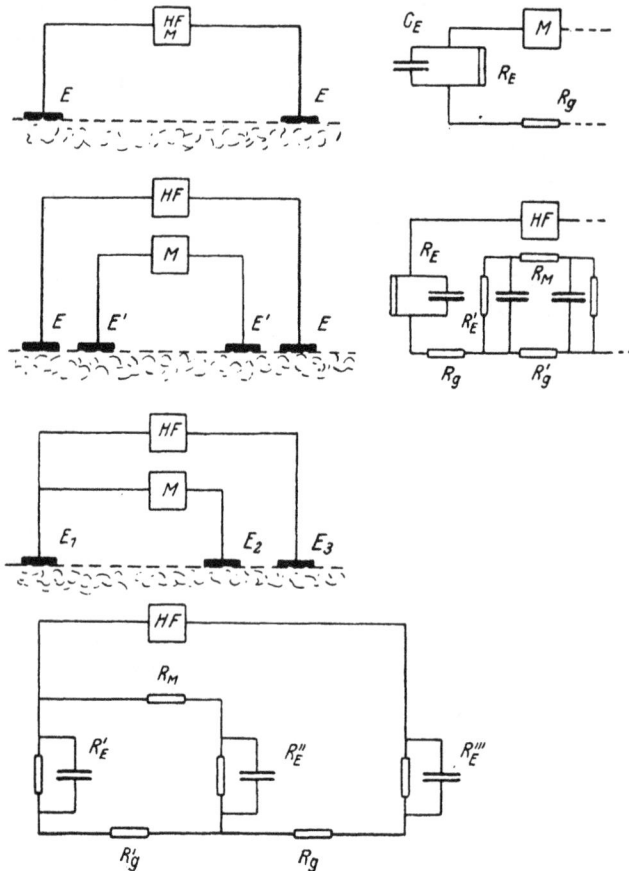

Bild 101. Widerstandsverfahren

Wie schon erwähnt, können wir nun aber auch zu jenen Verfahren übergehen, deren Meßkreis mit dem Untergrund in galvanischer Verbindung steht. In Bild 101 sehen wir die wichtigsten Grundlagen dargestellt. Die einfachste Anordnung ist bei a zu sehen. Der von einem Hochfrequenzgenerator HF erzeugte Strom wird über die Elektroden dem Untergrunde zugeführt. Aus Spannungs- und Strommessung kann dann der zwischen den Elektroden liegende Raumwiderstand ermittelt werden. Die Stromzuführung und die Abnahme der Meßspannung geschieht durch die gleichen Elektroden. Daneben ist das Ersatzschema dargestellt. An den Elektroden tritt ein gewisser Übergangswiderstand auf, dem, wie schon früher erwähnt, eine Kapazität C_E parallelgeschaltet erscheint. Der Widerstand des Untergrundes ist mit R_g bezeichnet. Der zwischen den Elektroden liegende Widerstand setzt sich somit aus drei Teilen zusammen, nämlich den uns interessierenden Widerstand R_g, dann den Widerstand an der linken und schließlich an der rechten Elektrode. Mit Rücksicht auf die stets zum Übergangswiderstand parallel liegende Kapazität, wird der Übergangswiderstand bedeutend kleiner ausfallen als bei niedrigen Frequenzen. In Ausnahmefällen kann er allerdings doch so hoch sein, daß er das Ergebnis verfälscht. Es wäre daher die bei b dargestellte Anordnung anzustreben. Hier erscheint die Stromquelle und das Meßgerät getrennt. Der vom Hochfrequenzgenerator HF erzeugte Strom wird über die Elektroden E dem Boden zugeleitet. Die Abnahme der Meßspannung erfolgt aber jetzt über eigene Elektroden E'. Wie wir aus dem Ersatzschema ersehen, ist der Übergangswiderstand der beiden mittleren Elektroden von geringer Bedeutung, da er ja mit dem Eingangswiderstand des Meßgerätes R_M in Serie liegt. Dieser Widerstand ist größer als der an den Elektroden mögliche. Aus diesem Grunde spielt der Elektrodenwiderstand überhaupt keine Rolle. Der Widerstand der Stromzuführungselektroden scheidet aus der Rechnung überhaupt aus. Wir können also mit diesem Verfahren Messungen durchführen, die von Elektrodenwiderständen unabhängig sind. Eine praktisch oft angewandte Anordnung ist bei c dargestellt. Die Elektrode E_1 wird sowohl zur Stromzuführung als auch zur Abnahme der Meßspannung verwendet. Die beiden anderen Elektroden sind dagegen getrennt. Es ist ohne weiteres möglich, durch einigermaßen sorgfältige Verlegung den Widerstand der Elektrode E_1 so herabzusetzen, daß er bei Hochfrequenz vernachlässigt werden kann. Die Meßelektrode E_2, die dagegen rasch von einem Punkt zum anderen verlegt werden muß, wird natürlich einen weit größeren Übergangswiderstand haben. Er spielt bei dieser Anordnung aber keine Rolle. Wenn man z. B. ein Polardiagramm um die Elektrode E_1 aufnehmen will, so kann man sich mit Vorteil dieses Verfahren bedienen. Die Meßelektrode kann dann rasch von einem Punkt zum anderen verlegt werden, ohne daß das Meßergebnis durch die jeweils verschieden hohen Übergangswiderstände beeinflußt würde. Der Vollständigkeit halber ist auch bei dieser Teilzeichnung wieder das entsprechende Ersatzschema eingezeichnet.

Ein Verfahren, das sich in vielen Fällen als brauchbar erwiesen hat, ist schematisch in Bild 102 dargestellt. Wir sehen einen Hochfrequenzgenerator HF, an den zwei Stromkreise angeschlossen sind. Der eine besteht aus den Widerständen $R_1 \ldots R \ldots R'$, der andere aus den Widerstanden R_2 und den Widerständen der zu vermessenden geologischen Leiter. Die Widerstände R_1 und R_2 sind entweder einander gleich, oder aber sie werden in ein bestimmtes ganzzahliges Verhältnis gebracht. Durch einen Umschalter kann mit dem Meßgerät A die Spannung zwischen den Punkten *1* und *2*, oder den Punkten *3* und *4* gemessen werden. Zunächst wird der Um-

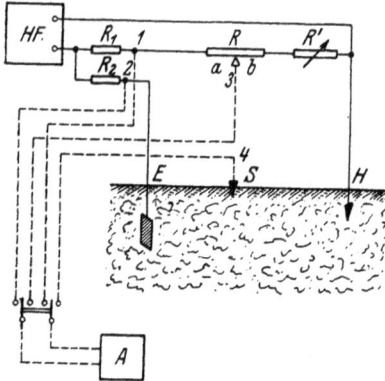

Bild 102. Widerstandsmeßverfahren

schalter nach links gelegt und durch Verstellen des Widerstandes R' erreicht, daß der Spannungsabfall an R_1 und R_2 einander gleich wird. Diesen Zustand erkennt man daran, daß das Meßgerät A keinen Ausschlag zeigt. Ist er erreicht, so sind die im Untergrunde und im Widerstand R fließenden Ströme entweder einander gleich, oder aber sie stehen zueinander in einem ganz bestimmten Verhältnis, das durch das Verhältnis der Widerstände $\frac{R_1}{R_2}$ bestimmt ist. Nun wird der Umschalter nach rechts umgelegt und der Abgriff am Widerstande R so lange verschoben, bis wieder Spannungslosigkeit eintritt. Ist dieser Zustand erreicht, so wissen wir, daß am linken Teil des Widerstandes R der gleiche Spannungsabfall auftritt wie zwischen der Erdelektrode E und der Meßelektrode S. Wir können daraus auch gleich den zwischen der Elektrode E und der Elektrode S eingeschalteten Widerstand ermitteln. Er ist

$$R_g = R \frac{a}{a + b} \frac{R_2}{R_1}.$$

Die Elektrode kann rasch von einem Punkt zum anderen verschoben werden. Ihr Übergangswiderstand kann wohl die Empfindlichkeit und Genauigkeit, nicht aber die Richtigkeit des Ergebnisses beeinflussen. Die Elektrode E soll möglichst sorgfältig verlegt werden. Am besten eignen sich Plattenelektroden von nicht zu kleinem Durchmesser, die auf dem Untergrund aufgesetzt werden. Um einen guten Kontakt sicherzustellen, bedient man sich eines plastischen Lehmbreies als Zwischenlage.

In den beiden folgenden Abbildungen sind die Details der Apparatur zu sehen. Bei Bild 103 sehen wir den Hochfrequenzgenerator. Der Schwingkreis besteht aus der Spule $L_1 \ldots L_2$ und dem Kondensator C_1. Die Abnahme des Hochfrequenzstromes erfolgt über die Spule L_3. Rechts ist die Modulation eingezeichnet. Wir sehen einen Niederfrequenzröhrengenerator, der über dem Kondensator C_4 mit der Anode der Schwingröhre gekoppelt ist. Durch Zuschalten der Kapazitäten C_8

und C_9 kann man die Tonhöhe regeln. Den Modulationsgrad kann man mit Hilfe des Potentiometers R_4 einstellen. Am Transformator ist noch eine Wicklung vorgesehen, um direkt Niederfrequenz entnehmen zu können und auf diese Weise die noch zu bestehende Apparatur mit Niederfrequenz zu betreiben. In Bild 104 die eigentliche Meßanordnung skizziert. Wir sehen hier zunächst einmal wieder die Widerstände R_1 und R_2, die entweder einander gleich sind, oder zueinander ein bestimmtes Verhältnis einhalten. Daran schließen die Meßwiderstände und der Abgleichwiderstand. Unten sind die Klemmen E, S und H eingezeichnet. An E wird die Erdelektrode, an S die Meßelektrode und an H die Hilfselektrode angelegt. In der Abbildung sind eine größere Anzahl von Schaltern eingezeichnet. Ihre Betätigung erfolgt in der Weise wie es das unten eingezeichnete Diagramm angibt. Es sind insgesamt fünf verschiedene Stellungen möglich, und zwar 1. Abgleichen mit Niederfrequenz, 2. Messen mit Niederfrequenz, 3. Abgleichen mit Hochfrequenz und 4. Messen mit Hochfrequenz. Außerdem besteht noch die Möglichkeit, das Meßgerät selbst an die Klemmen K zu legen. Die Anschlüsse HF, NF und »Anzeige« stimmen mit den gleichen Be-

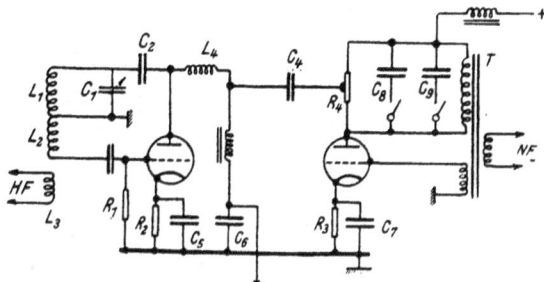

Bild 103

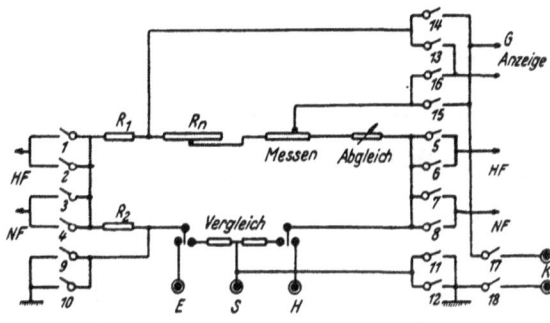

	Schaltung	1	2	3	4	5	6	7	8	9	10	11	12	13	14	15	16	17	18
NF	Abgleichen		●			●		●				●		●		●			
NF	Messen		●				●	●				●		●		●			
NF	Abgleichen	●			●				●	●		●			●		●		
HF	Messen	●			●				●			●			●		●		
Anzeiger an Klemmen K gelegt																		●	●

Bild 104

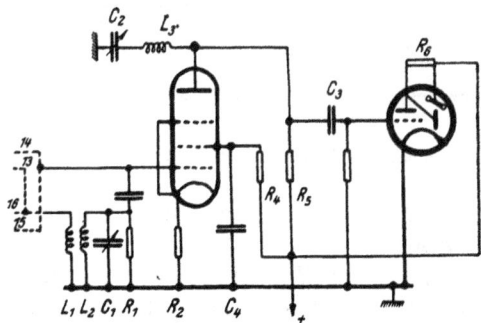

Bild 105

zeichnungen der Bilder 103 und 105 überein. An Stelle eines Zeigermeß-
gerätes wird bei dieser Anordnung mit Vorteil das sogenannte magische
Auge verwendet, dessen Schaltung in Bild 105 gezeigt wird. Wir sehen
die Verstärkerröhre und an diese anschließend das magische Auge. Im
Gitter der Verstärker-
röhre liegt der Abstimm-
kreis L_2 und C_1. In der
Anode ergibt die Rück-
koppelung L_3 und C_2. Die
übrige Schaltung ist aus
der Figur ohne weiteres
zu ersehen. Ein Gerät
dieser Art kann leicht in
einen Meßkoffer einge-
baut werden und rasch
transportiert werden. Mit
Rücksicht auf die für das
magische Auge notwen-
dige Anodenspannung von
ungefähr 200 V sind
größere Anodenbatterien
oder besser Netzanschluß
vorgesehen, insoferne hie-
zu die Möglichkeit gege-
ben ist.

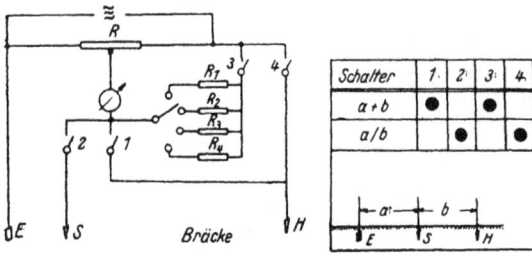

Bild 106. Brückenverfahren

An Stelle dieses Ver-
fahrens ist noch ein wei-
teres möglich, das in Bild
106 dargestellt ist. Die
Bedeutung von E, S und
H ist dieselbe wie früher.
Wenn der Schalter 1 und
3 geschlossen ist, so kann
man durch Abgleichen an
R und Wahl eines der
Widerstände $R_1 \ldots R_4$ den
zwischen E und H liegenden Widerstand ermitteln.
Schließt man dann die

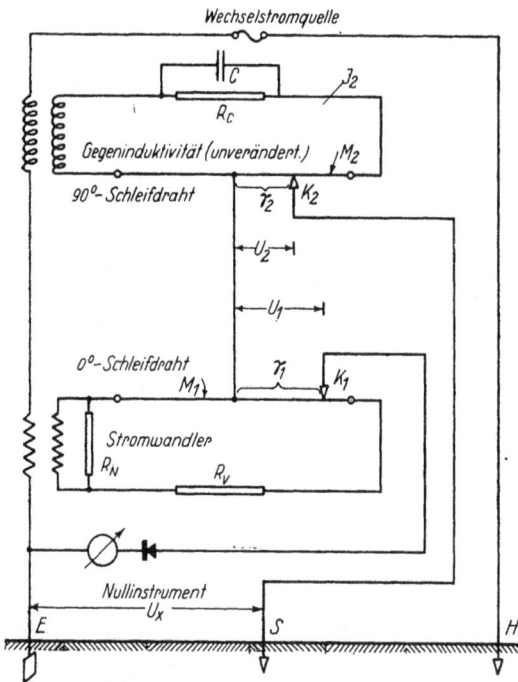

Bild 107. Meßanordnung nach Geyger

Schalter 2 und 4, so kann man das Verhältnis a zu b, also das Verhältnis
des zwischen E und S liegenden Widerstandes zu dem bestimmen, der
zwischen S und H liegt. Es ist also in diesem Fall wieder durch eine
einfache Berechnung möglich, die Widerstandsverteilung zu untersuchen,
ohne daß der Widerstand an S das Ergebnis störend beeinflussen könnte.

Eine Anordnung, mit der man nicht nur den Widerstand zwischen den beiden Elektroden E und S, sondern gleichzeitig auch die Phasenlage zwischen Strom und Spannung ermitteln kann, hat Geyger angegeben. Sie ist in Bild 107 dargestellt. Wir sehen im Bilde eine Wechselstromquelle, an die über eine Gegeninduktivität der Meßdraht M_2 und über einen Stromwandler der Meßdraht M_1 angeschlossen ist. Die in diesen beiden Meßdrähten fließenden Ströme werden daher gegeneinander um 90^0 verschoben sein. Die Mittelpunkte der beiden Drähte sind durch einen Draht miteinander verbunden. Zwischen dem Abnehmer am zweiten Meßdraht und der Elektrode ist über einen Hochfrequenzgleichrichter das Nullinstrument eingeschaltet. Der Abnehmer am oberen Meßdraht K_2 ist mit der Meßelektrode S verbunden. Wenn wir nun die beiden Abnehmer K_1 und K_2 solange verschieben, bis das Nullinstrument keinen Ausschlag zeigt, so haben wir auf diese Weise die beiden Komponenten der zwischen E und S auftretenden Spannung erhalten. Wenn wir die beiden Komponenten U_1 und U_2 auf zwei aufeinander senkrecht stehende Achsen auftragen und die Endpunkte miteinander verbinden, so erhalten wir bereits die Lage und damit den Phasenwinkel des in Betracht kommenden Vektors. Mit diesem Instrument kann man wieder sehr rasch ein größeres Gebiet abtasten. Es ist darauf zu achten, daß die Elektroden E und H einen möglichst geringen Übergangswiderstand aufweisen. Der Übergangswiderstand an S ist von geringer Bedeutung. Um aber genaue Werte zu erhalten, empfiehlt es sich auch diesen nach Möglichkeit herabzusetzen.

Weit mehr als die eben besprochenen Verfahren wird die sogenannte Reißmethode verwendet. Sie wurde im Laufe der letzten Jahre überdies so verfeinert, daß sie heute sicher allen Ansprüchen, die man vom Standpunkte der Meßgenauigkeit und auch der einfachen Bedienung der Apparaturen aus stellen kann, durchaus entspricht. Das Prinzip dieser Methode ist verhältnismäßig einfach. In Bild 108 sehen

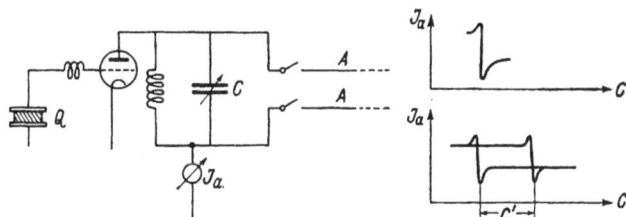

Bild 108. Grundprinzip der Reißmethode

wir einen Schwingungserzeuger, dessen Gitter durch den Quarz Q gesteuert wird. In der Anode liegt ein Schwingungskreis, der die veränderliche Kapazität C enthält. Der Anodengleichstrom wird an dem Instrument abgelesen und beträgt J_0. Wenn wir nun den Kondensator durchdrehen, so wird an einem bestimmten Punkt die Schwingung einsetzen und an einem anderen Punkt wieder abreißen. Die beiden Stellen nennen wir den Springpunkt und Reißpunkt. Für uns ist nun von größter Wichtigkeit, daß die Lage dieser beiden Punkte sehr weitgehend reproduzierbar ist, d. h. wir können diesem Spring- oder Reißpunkt eine ganz bestimmte Kapazität zuteilen. Nur können wir parallel zur Kapazität C wieder ein Meßantennensystem A legen. Wenn wir nun das eine Mal mit angeschlossener, das andere Mal mit abgeschalteter Antenne die Anodenstromkurve aufnehmen, so erhalten wir eine Verschiebung des Abreißrichtung. Der Unterschied der zueinander gehörigen charakteristischen Punkte ist dann ein Maß für die Ersatzkapazität. An Stelle der Antennen können wir nun auch irgend einen Ohmschen Widerstand vermessen. Wir legen diesen dann z. B. parallel zur Meßkapazität, wie dies in Bild

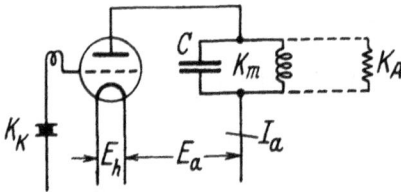

Bild 109. Messung eines Widerstandes

109 dargestellt wird. Wir messen auch da wieder einmal mit abgeschalteten, das andere Mal mit zugeschaltetem Widerstand und erhalten wieder eine Verlagerung des Spring- oder Reißpunktes. Diese Verlagerung ist dann ein Maß für die Größe des zugeschalteten Widerstandes. Anstatt den Widerstand parallel zur Spule zu legen, können wir diesen auch mit der Spule in Reihe schalten.

Wenn wir nun ein Gerät bauen wollen, das für unsere besonderen praktischen Aufgaben berechnet ist, so müssen wir uns zunächst einmal die Unterteilung der im Schwingungskreis liegenden Kapazitäten ermitteln. In Bild 110 ist dies schematisch dargestellt. Wir sehen in diesem Bilde zunächst einmal den gesamten C-Bereich dargestellt, der erreicht werden muß, um das Einsetzen oder Aussetzen der Schwingungen hervorzurufen. Beträgt nun die zu messende Kapazität den

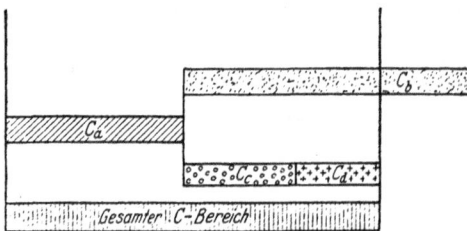

Bild 110. Kapazitäten im Meßkreis

Wert C_a, so muß eine weitere Kapazität zugeschaltet werden, um diesen kritischen Punkt zu erreichen. Es ist zunächst einmal eine veränderliche Kapazität C_b vorgesehen, mit der man rasch die ungefähre Lage des Reißpunktes oder Springpunktes suchen kann. Man nennt diesen Kapazitätsbereich daher auch den Suchbereich. Ist dieser ungefähr festgelegt, so kann man dann die genaue Abstimmung vornehmen. Es wird zunächst einmal die grobveränderliche Kapazität C_c solange verstellt, bis man in der Nähe des ungefähr ermittelten kritischen Punktes angelangt ist. Dann wird mit der feinveränderlichen Kapazität C_d dieser Punkt genau bestimmt. Neben diesem Schema sehen wir eine ungefähre Anordnung der betreffenden Kapazitäten. Sie sind in der Abbildung entsprechend bezeichnet.

Bei all diesen Anordnungen muß man daher Rücksicht darauf nehmen, daß infolge der hohen Meßempfindlichkeit bereits geringfügige Schwankungen der Betriebsspannungen bedeutende Fehler hervorrufen können. Besonders empfindlich ist die Anordnung gegenüber Schwankungen der Heizspannung. Aus diesem Grunde ist es immer notwendig, eine Feinregulierung für den Heizstrom vorzusehen und parallel zum Heizfaden ein genaues Voltmeter zu legen. In Bild 111 sehen wir die Veränderung der Ersatzkapazität bei veränderlicher Heizspannung. Man sieht, daß der Abfall ein ziemlich steiler ist. Um Schwankungen dieser Art zu vermeiden, muß man überdimensionierte Heizbatterien verwenden, und diese sollen immer auch einige Zeit vor der Messung eingeschaltet werden. Während der ganzen Messung soll man, wenn diese längere Zeit dauert, die Batterien nicht abschalten. Auch Schwankungen der Anodenbatterie können Fehler hervorrufen. Im allgemeinen ist aber die Anodenspannung ziemlich konstant, wenn man nicht etwa mit schwachen oder alten Batterien arbeitet. Es empfiehlt sich aus diesem Grunde aber schon womöglich den Anspringpunkt für die Messung auszunützen, da dann der Anodengleichstrom zurückgeht und die Belastung somit abnimmt. Auch die Anodenbatterien sollen zu mindestens zu Beginn jeder Meßreihe nachgemessen werden. Da man im übrigen bei längeren Meßreihen nie mit absoluter Betriebskonstanz rechnen kann, so empfiehlt es sich, stets Verfahren anzuwenden, die Nullpunktwanderungen berücksichtigen und ständig korrigieren.

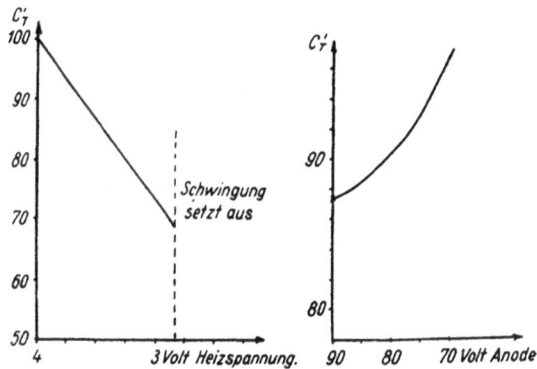

Bild 111. Einfluß der Batterieschwankungen

In Bild 112 sehen wir die Schaltung eines Reißgerätes wie es für geophysikalische Messungen verwendet wird. Zur Erhaltung der Frequenzkonstanz dient ein Steuerquarz, der im allgemeinen auf einer Wellenlänge von ungefähr 1000 m arbeitet. Parallel zu diesem liegt eine Drossel oder ein Widerstand, deren Größe am besten praktisch ausprobiert wird. Der Aufbau des Abstimmkreises ist der gleiche wie im folgenden Schema. Es seien die betreffenden Kondensatoren daher hier nicht besonders besprochen. In Bild 113 sehen wir das gleiche Gerät. Die Steuerung erfolgt jetzt nicht durch einen Quarz sondern einen

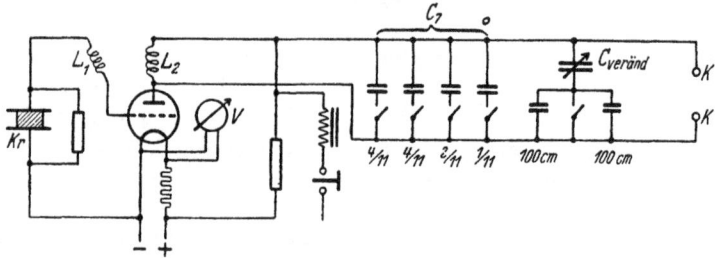

Bild 112. Reißgerät mit Quarzsteuerung

eigenen Schwingungskreis. Diese Art der Schaltung bewährt sich praktisch durchaus, wenn man dafür sorgt, daß der Schwingungskreis am Gitter größtmögliche Konstanz beibehält. Um dies zu erreichen, muß

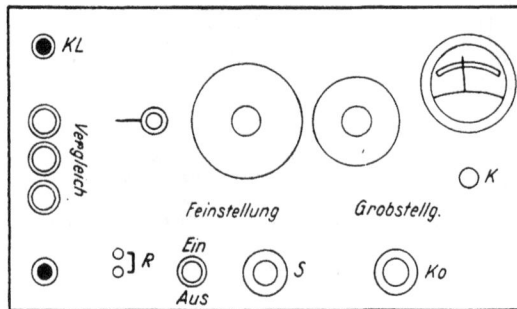

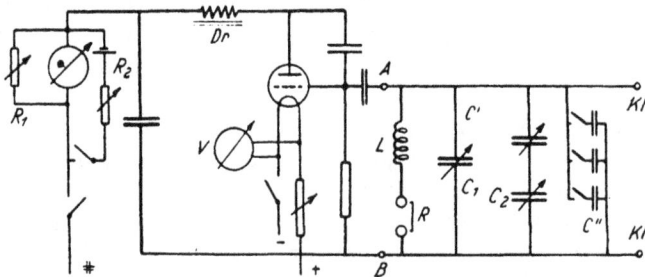

Bild 113. Reißgerät

man ihn natürlich auch vor mechanischen Erschütterungen und Wärmeeinflüssen schützen. Der Schwingungskreis ist in der gleichen Weise ausgebildet wie beim eben besprochenen Gerät. Die Zuleitung zur

Spule L kann unterbrochen werden, um an dieser Stelle Widerstände einschalten zu können. Parallel zur Spule liegt die Grobabstimmung C_1. Parallel zu dieser liegt ein zweiter Kondensator C_2, dem aber durch einen Umschalter Kapazitäten C' in der Größe von 10 bis 500 cm vorgeschaltet werden können. Auf diese Weise wird sein Meßbereich innerhalb weiter Grenzen, nämlich praktisch zwischen ungefähr 10 und 250 cm verändert. Der Kondensator C_2 erhält überdies Feinabstimmung und womöglich Lupenablesung. An den Klemmen Kl werden die Meßantennen angeschlossen. Parallel zu den Klemmen liegen Vergleichskapazitäten von 10, 140 und 150 cm. Jede von diesen kann durch den Schalter an- und abgeschaltet werden. Parallel zum Heizfaden liegt ein genaues Voltmeter und in der Heizleitung ein womöglich fein abstimmbarer Heizregler. In der Anode liegt ein Mikroamperemeter M. Dieses kann über den Widerstand R_1 geshuntet werden. Außerdem ist noch eine Kompensationsstufe mit dem Widerstand R_2 eingeschaltet, um den Nullpunkt beliebig wählen zu können. Über dem Schema ist eine Ansicht der Vorderplatte des Gerätes zu sehen. Links sind die beiden Anschlußklemmen anmontiert; dazwischen die Schalter für die Vergleichskapazitäten. In der untersten Reihe sehen wir zunächst die Klemmen zur Einschaltung des Widerstandes, den Heizregler, den Hauptausschalter, den Shunt und die Kompensationsregelung des Meßbereiches der Feinabstimmung; daneben den Feinabstimmkondensator, dann den Grobabstimmkondensator und schließlich das Mikroamperemeter, unter dem der Schalter für die Kompensationsstufe angebracht ist. Bei dieser Anordnung kann das Instrument am einfachsten bedient werden. Die rechte Hand verstellt die Kapazitäten und die linke betätigt die Schalter für die Vergleichskapazitäten. Das Instrument wird in einen Koffer eingebaut, in dem unter allen Umständen auch die Batterien Platz finden sollen. Auf diese Weise werden alle Leitungen vermieden, die irgendwelche Kapazitätsschwankungen bedingen könnten. In der folgenden Zahlentafel sehen wir die Angaben für den Springpunkt zusammengestellt. In der ersten Kolonne sehen wir die Stellung des Feinkondensators, in der zweiten die zugehörige Einstellung des Grobkondensators, und zwar für alle drei Vergleichskapazitäten. Bei der Beurteilung der Ergebnisse ist zu berücksichtigen, daß die Kondensatoren nicht Kreisplattenform haben, sondern nach einer logarithmischen Spirale geschnitten sind. Eine solche Eichtafel ist für jedes Instrument anzulegen. Weiter ist, wie schon erwähnt, der Einfluß der Spannungsschwankungen zu untersuchen und ebenfalls in die Korrekturtafel zu verzeichnen.

In Bild 114 ist das Schema eines praktisch angewendeten Zweirohrreißgeräts dargestellt. Links sehen wir die Schwingröhre, rechts die Verstärkerröhre. Mit diesem Gerät sind sehr empfindliche Messungen möglich. Es wird vorteilhaft in einen Koffer eingebaut, der auch die

Zahlentafel

| Feinkondensator | | Grobkondensator bei Vergleichskap. von | | |
Meßbereich[1] cm	Ablesung T	10 cm T	40 cm T	150 cm T
0	0	81,3	79,2	56,5
0	100	81,1	78,8	56,2
10	0	81,0	78,8	56,2
10	50	80,5	75,8	54,7
10	80	80,1	77,9	54,1
10	100	80,0	77,9	55,6
50	50	76,2	73,5	48,9
50	80	75,0	72,8	47,2
50	100	74,6	71,9	45,3
100	50	73,2	69,9	45,4
100	80	70,0	68,0	42,0
100	100	68,2	75,3	37,8
300	50	64,8	61,0	22,8
300	80	53,2	48,7	—
300	100	—	—	—
500	50	60,8	56,2	9,5
500	80	42,3	35,5	—
500	100	—	—	—
∞	50	52,2	47,9	—
∞	80	—	—	—
∞	100	—	—	—

[1] In der Reihe ist die Größe des vorgeschalteten Kondensators angegeben. Der Meßbereich C selbst ist, wenn C' die in der Reihe angegebene Kapazität ist,

$$C = 500 \frac{C'}{C' + 500}.$$

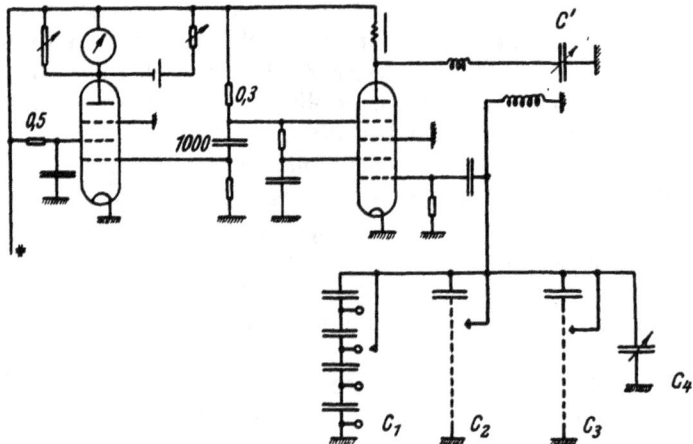

Bild 114. Zweirohrreißgerät

Batterien enthält, so daß Störungen durch kapazitive Beeinflussung irgendwelcher Zuleitungen nicht möglich sind.

Solche Reißgeräte können vorteilhaft auch zur hochfrequenten Widerstandsbestimmung benützt werden. Das Prinzip sehen wir in

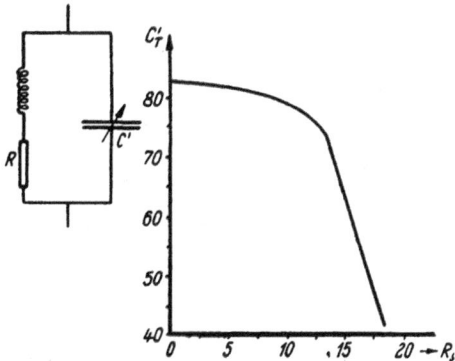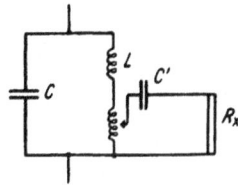

Bild 115   Bild 116

Bild 115 und 116. Widerstandsmessung mit dem Reißgerät

Bild 115 und 116 dargestellt. In 115 ist der Widerstand mit der Spule in Reihe geschaltet. Wir können dann seine Größe durch die Ersatzkapazität bestimmen. In dem neben der Schaltung gezeichneten Diagramm sehen wir die entsprechende Kurve. Auf der Abszisse ist der Widerstandswert des eingeschalteten Widerstandes und auf der Ordinate die zugehörige Ersatzkapazität aufgetragen. Auf diese Weise kann man Widerstände bis zu ungefähr 200 Ohm bestimmen. Bei größeren Widerständen empfiehlt sich das in 116 dargestellte Verfahren. Der Widerstand wird hier parallel zu einem Teil der Spule gelegt. Am günstigsten ist es, mehrere Anzapfungen anzubringen und über einen Stufenschalter dann die günstigste Anzapfung zu wählen. Nach diesem Verfahren kann man dann auch noch Widerstände bis zu mehreren tausend Ohm mit ausreichender Genauigkeit bestimmen. Gerade für diesen Zweck werden entweder das Substitutionsverfahren oder das Brückenverfahren·eingerichtet. Das erste Verfahren sehen wir in Bild 117 dargestellt. Wir sehen wieder eine Röhre, an deren Gitter ein Abstimmkreis liegt. Parallel zur Spule wird der aus vier Widerständen bestehende Meßkreis gelegt. Wir sehen zunächst zwei Abgleichwiderstände von 500 und 40 Ohm sowie eine Reihe geeichter Widerstände R_n. Der zu bestimmende Widerstand wird an die Klemmen R_x gelegt. Die Widerstände R_n werden dann auf Null gestellt, und mit den beiden Abgleichwiderständen wird solange nachgeregelt, bis der Spring- oder Reißpunkt erreicht wird. Dann wird der Schalter S geschlossen und an den Widerständen R_n solange abgeglichen, bis wieder der Spring- oder Reiß-

punkt erreicht wird. Der an den Widerständen R_n eingestellte Betrag
entspricht dann dem Widerstande des zu bestimmenden Leiters R_x.
Auf diese Weise kann man Widerstände bis ungefähr 200 Ohm bestimmen; bei größeren wird der Widerstandsmeßkreis an einen Teil der

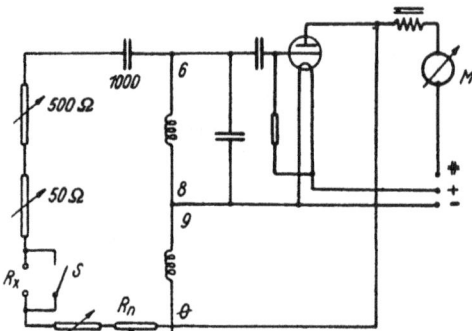

Bild 117. Reißgerät für Widerstandsmessungen nach
dem Substitutionsverfahren

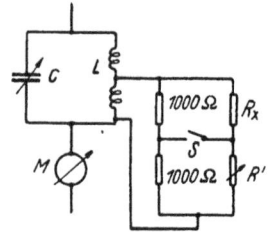

Bild 118. Widerstandsmes-
sung durch Vergleich in
Brückenschaltung

Gitterspule angelegt. Ein weiteres Verfahren sehen wir in Bild 118.
Wir sehen hier wieder den Abstimmkreis, und an einem Teil der Spule
wird das Widerstandssystem angelegt. Wir erkennen deutlich die Brük-
kenschaltung. Ein Zweig der Brücke wird aus zwei Widerständen von
bekannter Größe gebildet, die entweder einander gleichen oder zueinander in einem bestimmten Verhältnis stehen. In dem anderen Zweig
liegt der zu bestimmende Widerstand R_x sowie ein zweiter bekannter
Widerstand R'. Es ist eine Querverbindung vorhanden, die durch den
Schalter S geschlossen werden kann. Wenn R_x zu R' sich so verhält
wie die beiden im oberen Zweig eingeschalteten Widerstände (in dem gezeichneten Falle sind diese einander gleich, so daß auch $R_x = R'$ sein
muß), so wird der Gesamtwiderstand bei offenem und geschlossenem
Schalter S der gleiche sein. Wir regeln dann den Schwingungskreis so,
daß wir gerade in der Nähe des Reiß- oder Springpunktes arbeiten.
In diesem Arbeitsgebiet genügen auch ganz geringe Veränderungen des
Widerstandes, um große Ausschläge am Meßgerät hervorzurufen. Wir
verstellen dann den Widerstand R' solange, bis beim Tasten des Schalters S das Instrument keinen Ausschlag mehr zeigt. In der folgenden
Zahlentafel ist die Eichung eines solchen Gerätes verzeichnet. In der
ersten Zahlentafel finden wir die Angaben bis ungefähr 350 Ohm, in der
zweiten die Angaben bis ungefähr 10000 Ohm. Man sieht, daß die Methode mit ausreichender Genauigkeit innerhalb sehr weiter Meßbereiche
verwendbar ist. Bei geophysikalischen Messungen tritt an Stelle des
Widerstandes R_x und R' im allgemeinen der geologische Widerstand des
Untergrundes. Die Querverbindung endet dann an einer Sonde. Wenn

Zahlentafel

R_x	R'	R'	Fehler	
gemessen	gemessen	berechnet	Wert	%
252 Ω	228 Ω	240 Ω	—12	— 5
264 Ω	256 Ω	260 Ω	— 4	— 2
288 Ω	272 Ω	280 Ω	— 8	— 3
332 Ω	308 Ω	320 Ω	—12	— 4
356 Ω	364 Ω	360 Ω	+ 4	+ 1

Zahlentafel

R_x	Messung		R_1/R_2		Fehler	Fehler
	R_1	R_2	gemessen	berechnet	an R_2	in %
1 000 Ω	400 Ω	400 Ω	1,0	1,0	—	—
2 000 Ω	530 Ω	270 Ω	1,96	2,0	5	1
3 000 Ω	600 Ω	200 Ω	3,0	3,0	—	—
4 000 Ω	640 Ω	160 Ω	4,0	4,0	—	—
5 000 Ω	660 Ω	140 Ω	4,7	5,0	7	2
10 000 Ω	720 Ω	80 Ω	9,0	10,0	7	2

man die Anordnung so einstellt, daß der obere und der untere Zweig der Brücke von dem gleichen Strom durchflossen wird, so kann man dann aus der Abgleichung des oberen Zweiges direkt den Widerstand der im Untergrund enthaltenen geologischen Leiter ermitteln. Wichtig ist in diesem Fall, daß der Übergangswiderstand der Sonde nicht in die Rechnung eingeht. Man kann also die schon früher besprochenen Widerstandsverfahren auch mit dieser Anordnung durchführen.

Genaue Kapazitätsmessungen sind mit Hilfe der Überlagerungsmethode möglich. Diese wurde früher nahezu ausschließlich für solche Untersuchungen herangezogen. Heute ist ihre Bedeutung etwas zurückgegangen, wenngleich sie auch noch immer reichlich Anwendung finden kann. Das Prinzip des Überlagerungsverfahrens ist einfach. Wir sehen

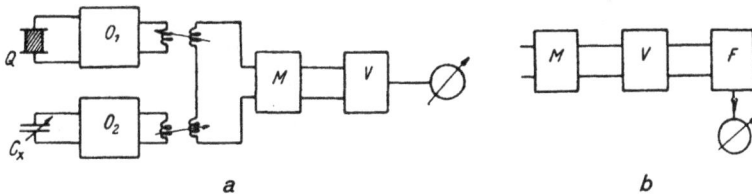

Bild 119. Überlagerungsprinzip

es in Bild 119 dargestellt. Zwei Hochfrequenzgeneratoren O_1 und O_2 erzeugen zwei verschiedene Frequenzen. Die eine Frequenz wird durch das Quarznormal Q konstant gehalten, während die andere von der Größe des im Schwingungskreis liegenden Kondensators C_x abhängig ist. Die

beiden sind mit einem Mischgerät gekoppelt, in dem die Schwebungs-
frequenz erzeugt wird. Diese wird dann im Verstärker V verstärkt und an
einem Meßgerät abgelesen. Unter Umständen kann man, wie dies bei b
gezeigt wird, noch einen Filterkreis einbauen, um deutlichere Maxima
zu erhalten. Ein einfaches Ge-
rät, das nach dieser Schaltung
gebaut ist, sehen wir in Bild 120.
Anstatt der beiden getrennten
Oszillatoren haben wir eine
einzige Röhre mit zwei Gittern
eingebaut. An diesen liegen
dann die Kreise $C_1 \ldots L_1$ und
$C_2 \ldots L_2$. Die Rückkoppelung
erfolgt über den Kondensator
C'. Parallel zur Spule L_1 liegen
die Klemmen Kl zum Anschluß
der Meßantennen. Die Abschirmung und die Messung er-
folgt in der gleichen Weise
wie bei den früheren Verfahren.
In Bild 121 sehen wir ein
Meßgerät, das einen Gegentaktschwingungserzeuger mit
Fremderregung verwendet. Der
Indikationskreis ist mit der
Antennenspule induktiv gekoppelt. Dieses und das näch-
ste Gerät wurde von Stern zu
seinen Messungen auf Gletschern verwendet. In Bild 122
sehen wir ein Schwebungsmeßgerät mit zwei Röhren. Am
Gitter der linken Röhre sieht
man die Meßantenne A. Die

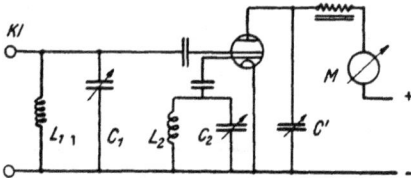

Bild 120. Überlagerungsmeßgerät mit Doppelgitterröhre

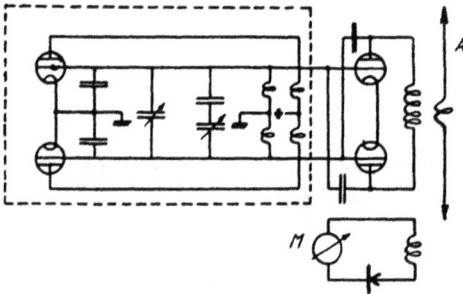

Bild 121. Gegentaktschwingungserzeuger mit Fremderregung

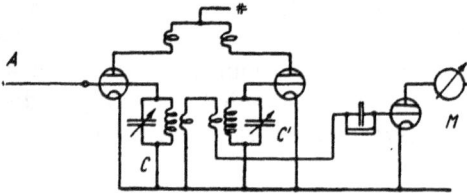

Bild 122. Schwebungsmeßgerät

rechte Röhre erzeugt eine bestimmte konstante Frequenz, die durch den
Kondensator C' verstellt werden kann. In der Mitte sind die Spulen des
Mischkreises, rechts das Meßgerät M (eventuell auch ein Telephonhörer),
das über einen Verstärker und Gleichrichter angeschlossen ist. In
Bild 123 sehen wir ein modernes Gerät nach dem Überlagerungsprinzip.
Anstatt zweier getrennter Röhrenkreise ist eine Achtpolmischröhre
verwendet. An ihren Gittern liegen zwei Schwingungskreise, von denen
der eine eventuell durch einen Quarz von konstanter Frequenz ge-
steuert wird, während der andere die Meßantennen enthält. In der
Anode liegt dann ein entsprechend empfindliches Meßgerät mit Shunt

und einer Kompensationsstufe. Parallel zur Meßantenne liegen wieder verschiedene Kapazitäten, deren Schaltung jener ähnlich ist, die schon früher besprochen wurde. In Bild 124 sehen wir einen Meßkoffer, mit

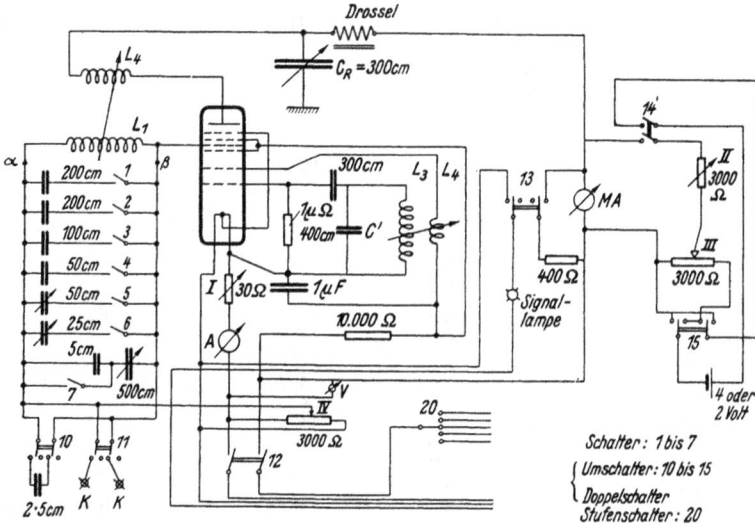

Bild 123. Überlagerungsgerät mit Achtpolröhre

dem Messungen der Ersatzkapazität einfach durchgeführt werden können. Wir erkennen rechts unten das Mikroamperemeter, auf dem die Meßausschläge abgelesen werden können. Darüber ist ein Volt-meter zur Kontrolle der Heizspannung und Anoden-spannung angebracht. Ne-ben den Geräten sind die beiden Abschirmknöpfe für den Grob- und Feinkonden-sator und links neben diesen ein Stufenkondensator ein-gebaut. Datunter sind die Regler für die Heizung und die Instrumentenkompen-sation zu sehen. Links sind die beiden Isolierklemmen für den Ausschluß der An-tenne angebracht. Unter dem Meßgerät sehen wir

Bild 124. Ansicht des Meßkoffers

in einem besonderen Fach (Vorderplatte abgeschraubt) die Heiz- und Anodenbatterie. Schließlich ist links noch die für die Wider-standsmessung bestimmte Frontplatte zu erkennen. Der Koffer ist leicht transportabel und wird in der Regel auf ein Stativ aufgeschraubt, so daß er leicht in gleicher Bodenhöhe aufgestellt werden kann. Der Zusammenbau von Batterie und Meßinstrument erwies sich als vorteilhaft, da dadurch kapazitive Schwankungen durch Zuleitungen nicht stattfinden. Das Gerät ist selbstverständlich abgeschirmt.

Ein für Zwecke der Funkmutung geeigneter Überlagerer ist in Bild 125 dargestellt. Das Gerät enthält, wie das Schema zeigt, zwei Schwingkreise, den Mischkreis und die Gleichrichtung. Das Mikroamperemeter im Ausgang ist entsprechend kompensiert. Die Empfindlichkeit dieses Gerätes ist größer als jene, die zu Zwecken der Funkmutung noch ausgenützt werden kann. Wichtig ist beim Bau dieser Geräte die gute Abschirmung nach außen. Weiter müssen alle Leitungen unbedingt fest verlegt werden. Es empfiehlt sich daher, den Raum zwischen diesen Leitungen mit Isoliermasse auszugießen, damit auch geringfügige Änderungen sicher vermieden werden. Die Verbindung zwischen Meßantenne und Gerät wird vorteilhaft durch Kabel durchgeführt, wie sie z. B. für den Anschluß von Photozellen verwendet werden. Trotzdem muß die Veränderung der Kabelkapazität stets, wie schon erwähnt, berücksichtigt und korrigiert werden.

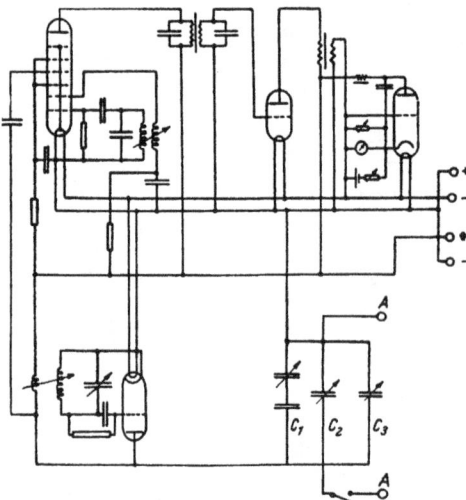

Bild 125. Überlagerer
$C_1...C_2...C_3...$ Meßkapazitäten
$A...$ Antennenanschluß

C. Auswertung der Ergebnisse

Das Meßprotokoll ist in ähnlicher Weise anzulegen, wie dies schon eingangs bei den Brückenverfahren besprochen wurde. Es sind also insbesondere Angaben über die Bodenverhältnisse, die Witterung am Versuchstage und in der vorausgegangenen Zeit, beobachtete Störungseinflüsse und alles andere zu notieren, was für das Meßergebnis irgendwie von Bedeutung sein könnte. Hierauf sind die Messungen bei verschiedenen Antennenlagen und -höhen einzutragen. Jede Messung ist womöglich ein- oder zweimal zu wiederholen, um die Reproduzierbarkeit zu überprüfen. Ein Muster für ein solches Protokoll sei angeführt.

Zahlentafel
Meßprotokoll

Ort: ....
Lage der Antenne: ....
Witterung: ....
Beschaffenheit des Untergrundes: ....
Zeit: ....

Antennenhöhe cm	Abgelesener und ermittelter Wert für			Daraus berechneter Wert für	
	$C_L + C_A$	C_L	C'''	C_A	C_A korr.
40	123	184	9,2	61	66
60	126	184	9,9	58	59
100	131	184	9,9	53	54
150	136	178	8,6	42	49

Hat man auf diese Weise für eine größere Anzahl von Versuchs-stellen die entsprechenden Meßdaten gesammelt, so muß man diese übersichtlich darstellen. Man kann, wie schon erwähnt, die Ersatz-kapazität entweder als Funktion der Höhe, oder bei gleichbleibender Antennenhöhe als Funktion des Meß-ortes darstellen. Für ein größeres Ge-lände erhält man eine übersichtliche Darstellung durch die sogenannten

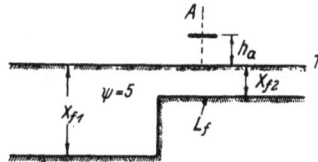

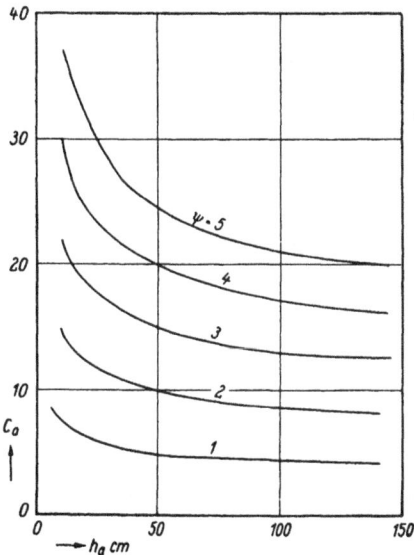

Bild 126. Änderung der Ersatzkapazität mit der Antennenhöhe

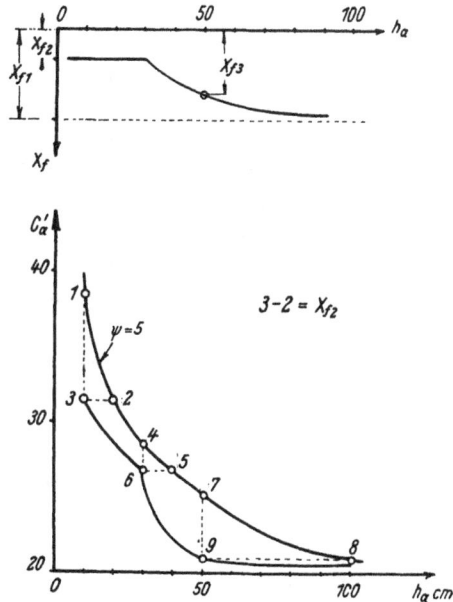

Bild 127. Meßort neben Diskontinuitätsfläche

C-Gleichen. Zunächst wird man daher aus den Protokollen die Ersatz-kapazitäten berechnen. Der Vorgang wurde bereits früher besprochen. Dann wird das Ergebnis für jede einzelne Antennenlage in Form einer Kurve dargestellt, die die Ersatzkapazität als Funktion der Antennen-höhe ober Tags darstellt. Der Verlauf dieser Kurven für verschiedene ψ-Werte ist in Bild 126 dargestellt. Sind auf diese Weise alle Kurven gezeichnet, so beginnt nunmehr der eigentlich schwierigste Teil, nämlich die Diskussion der Ergebnisse. Es wurde schon eingangs gezeigt, wie die Ersatzkapazität von der fiktiven Teufe und dem Faktor ψ abhängig ist. Es wurden auch die Ergebnisse von Berechnungen und Modellver-suchen mitgeteilt und auf diese Weise gezeigt, wie man aus der Kurve bestimmte Eigenschaften des Untergrundes ablesen kann. Es soll nun-mehr noch eine Reihe charakteristischer Kurven dargestellt werden, um diese früheren Angaben noch zu ergänzen. In Bild 127 sehen wir die Antenne A knapp an einer elektrischen Diskontinuitätsfläche. Die fiktive Teufe x_f nimmt plötzlich auf das Dreifache zu. Wenn wir die An-tenne heben und senken, so wird sich der Aufschlußraum und damit auch die für diesen maßgebende durchschnittliche fiktive Teufe verändern. Dies ist in einem Diagramm unter der Situationsskizze dargestellt. Wenn wir nun dem Diagramm 126 die Kurve für den Faktor $\psi = 5$ entnehmen, so können wir nunmehr auch die in diesem Falle maßgebende Kurve ermitteln. Für die Antennenhöhe bis zu 30 cm gilt die fiktive Teufe x_{f2}. Wir müssen diese zur obertägigen Antennenhöhe dazurechnen. Wir er-halten also z. B. für eine Antennenhöhe von 10 cm eine gesamte Anten-nenhöhe von 20 cm, weil die fiktive Teufe von 10 cm noch dazugerech-net werden mus. Anstatt des Punktes *1* erhalten wir dann nach der eingezeichneten Konstruktion den Punkt *3*. Bei obertägigen Antennen-höhen über 30 cm steigt nun die fiktive Teufe auf den dreifachen Be-trag an. Bei einer Höhe von 50 cm müssen wir also wieder den Betrag der fiktiven Teufe, der in diesem Falle x_{f3} beträgt, zur obertägigen An-tennenhöhe hinzuziehen. Wir erhalten dann an Stelle des Punktes *7* den Punkt *9*. Im Punkte *6* wird also die neue Ersatzkapazitätskurve eine Diskontinuitätsstelle aufweisen. Erhalten wir nun eine Kurve von der Form *3—6—9—8*, so können wir auf eine plötzliche Veränderung der fiktiven Teufe rechnen. Die genaue Ausrechnung erfolgt dann nach dem in der Einleitung angegebenen Verfahren. In Bild 128 sehen wir die Antenne wieder in der Nähe einer Diskontinuitätsfläche. In diesem Falle ändert sich aber der Faktor ψ, und zwar von *1* auf *6*. Unter Berücksich-tigung des Aufschlußraumes erhalten wir dann z. B. eine Kurve, wie sie unter dem Querschnitt eingezeichnet ist. Die zugehörige Ersatzkapazitäts-kurve verläuft bis zum Punkte *1* auf der Kurve ($\psi = 1$), zweigt dann aber diskontinuierlich ab, um über *2* bei *3* sich der Kurve ($\psi = 3$) anzuschmiegen. In Bild 129 sehen wir, wie mitunter durch Witterungs-einflüsse die Ersatzkapazitätskurve recht weitgehend verformt werden kann. Wir wollen annehmen, daß die Antenne in der Nähe einer Spalte verspannt wird, deren Füllung sich vom festen Gestein je nach der Witterung elektrisch verschieden unterscheidet. Es sind drei Fälle kurvenmäßig dargestellt. Zunächst ist angenommen, daß der Boden

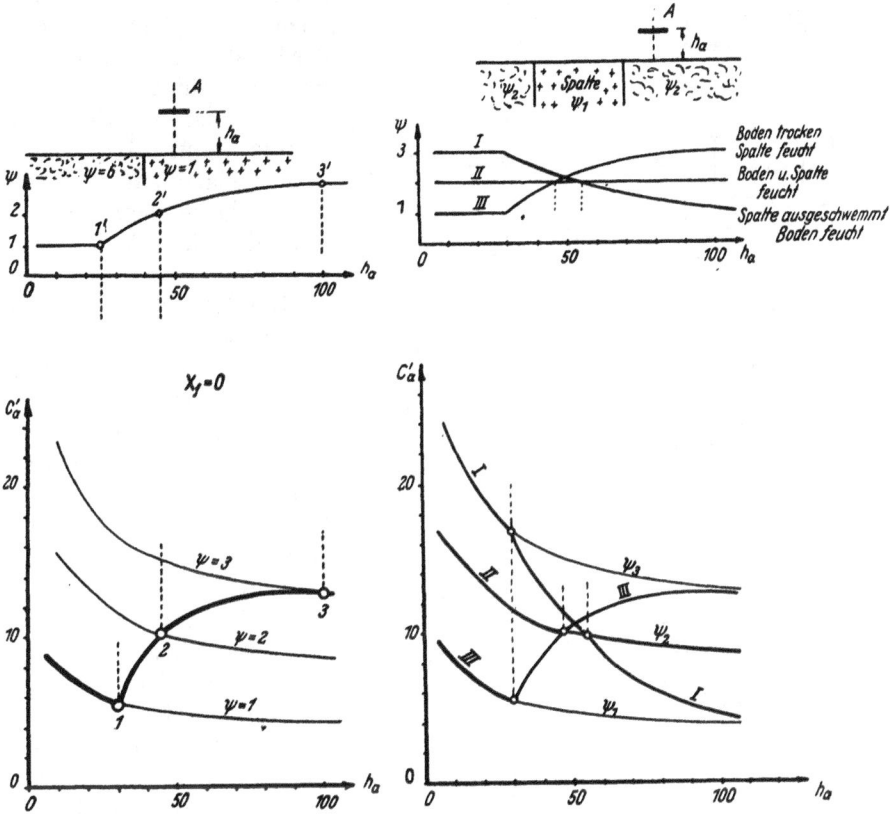

Bild 128. Veränderung der Ersatzkapazität mit dem Faktor ψ

Bild 129. Verlauf der Ersatzkapazität über verschiedenen Spalten

ausgetrocknet, die Spalte jedoch durchfeuchtet ist. Dies wird der Fall sein, wenn nach einer längeren Trockenperiode plötzlich Regen einsetzt. Das Regenwasser wird die lockere Spaltenfüllung durchtränken, während es in das feste Gestein erst nach längerer Zeit eindringen wird. Der zweite Fall wird nach einem längeren Regen zu beobachten sein. Sowohl die Spaltenfüllung als auch der Boden sind stark durchfeuchtet und können daher, zum mindesten bei hohen Frequenzen, als elektrisch gleichwertige Volumen betrachtet werden. Es ist nun aber auch möglich, daß durch einen plötzlichen starken Regen die Spalte ausgeschwemmt wird, d. h. daß die in ihr enthaltenen gutleitenden Lösungen durch das eindringende Regenwasser, dessen Leitfähigkeit gering ist,

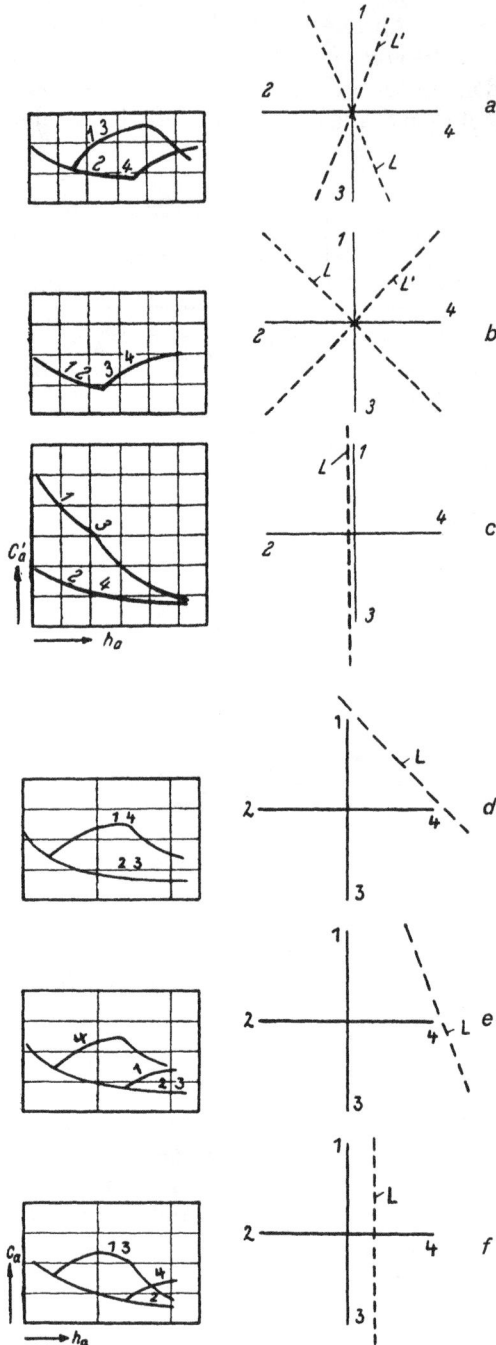

Bild 130. Stationsweise Bestimmung der Ersatzkapazität

verdrängt werden, so daß die Leitfähigkeit der Spaltenfüllung gegenüber dem festen Gestein sogar zurückgehen kann. Wir sehen, daß in allen drei Fällen der Verlauf der Ersatzkapazitätskurve ein ganz verschiedener ist. Die Kurve *I* ist das Charakteristikum dafür, daß wir uns in der Nähe einer Diskontinuitätsfläche befinden, jenseits der der Faktor ψ abnimmt.

Die Meßorte können wir nun entweder längs einer gewählten Standlinie verteilen, oder aber wir gehen zur stationsweisen Messung über. Bei stationsweisen Messungen werden die Meßantennen als Strahlen oder Endpunkte solcher Strahlen angeordnet, die von einem zentral gelegenen Meßgerät ausgehen. In Bild 130 sehen wir, wie man auf diese Weise den ungefähren Verlauf von Diskontinuitätsflächen erfassen kann. Es sind jedesmal vier Antennen *1...2...3* und *4* in den Eckpunkten des Quadrates angeordnet. Das Meßgerät liegt im Kreuzungspunkt der Diagonalen. Für jede Antenne wird die Höhenkurve bestimmt. Bei *a* sehen wir den Verlauf dieser Kurven, wenn der Apparat über einer gutleitenden Spalte *L* steht. Wir sehen, daß in diesem Fall das Meßergebnis doppeldeutig ist. Bei *b* erhalten wir für alle vier Kurven den gleichen Verlauf, einerlei ob die angenommene gutleitende Spalte in der Richtung L oder L' verläuft. Bei c ist das Ergebnis eindeutig. Die Spalte L kann nur in der Richtung $1\ldots3$ verlaufen. Bei d ist angenommen, daß die Spalte seitwärts der Punkte 1 und 4 verläuft, und zwar so, daß der Abstand von 1 und 4 gleich ist. Bei e ist angenommen, daß die Spalte in ähnlicher Weise verläuft, der Abstand von 1 jedoch viel größer ist als von 4. Bei f schließlich verläuft die Spalte parallel zur Achse $1\ldots3$, jedoch nicht durch den Schnittpunkt der Diagonalen, sondern etwas gegen den Punkt 4 hin verschoben.

In der folgenden Abbildung, Bild 131 ist ein praktisch gemessenes Beispiel für den Verlauf der Ersatzkapazität in bzw. an einer elektrischen Störungszone wiedergegeben. Die Messungen wurden an Formationsgrenzen durchgeführt. Zwischen den beiden Formationen liegt eine Übergangszone mit dem Faktor ψ_M. Die Diskussion dieser Kurven ist oft nicht leicht, da natürlich häufig auch Vieldeutigkeiten zu beobachten sind. In solchen Fällen muß man durch ergänzende Messungen das Ergebnis entsprechend eingrenzen.

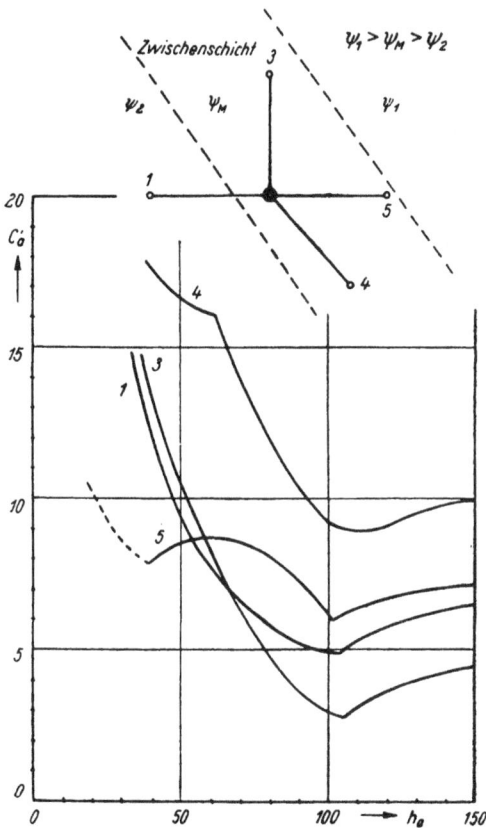

Bild 131. Verlauf der Ersatzkapazität in der Umgebung einer Störungszone

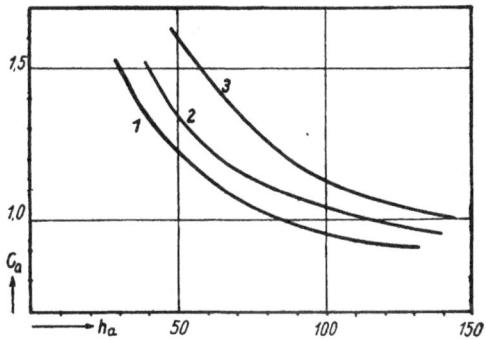

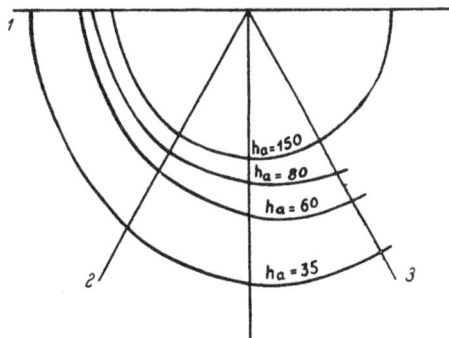

Bild 132. Polardiagramm

Über die Darstellung der sogenannten C-Gleichen wurde bereits gesprochen und wir werden auch später noch einige Anwendungsbeispiele sehen. An dieser Stelle sei ein Verfahren angegeben, das bei der stationsweisen Vermessung oft eine rasche und gute Übersicht bietet. Ein entsprechendes Diagramm ist in Bild 132 dargestellt. Auf Polarkoordinaten wird die Ersatzkapazität für verschiedene Antennenhöhen dargestellt. In Bild 132 sehen wir die Darstellung für einen im allgemeinen homogenen Untergrund. Aus der Deutung der Kurven geht hervor, daß wahrscheinlich in südwestlicher Richtung von der Antenne 2 eine Spalte in der Richtung NW nach SE streicht. Oft nimmt allerdings das Polardiagramm eine andere Form an. So sehen wir in Bild 133

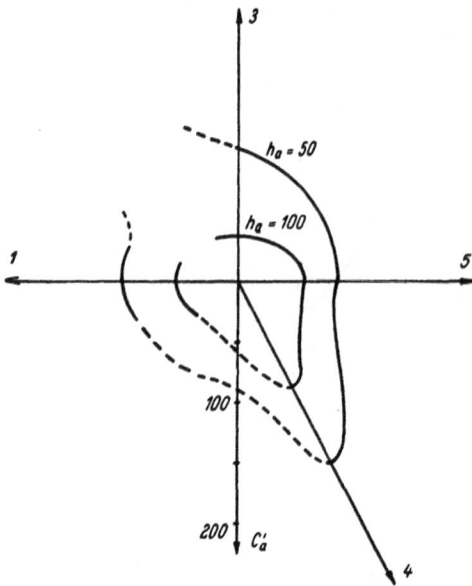

Bild 133. Polardiagramm einer an einer Formationsgrenze gelegenen Station

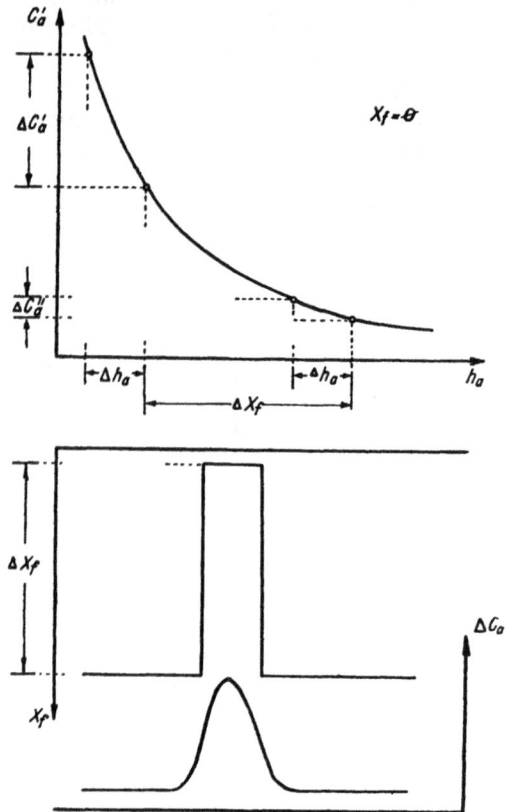

Bild 134a. Differenzenmethode

das Polardiagramm für eine Station, die auf der Formationsgrenze liegt. Die Verzerrung in Richtung 4 ist in diesem Fall sehr deutlich ausgeprägt. Sie stimmt mit der Richtung der Formationsgrenze überein.

Das dritte Verfahren stellt den Verlauf der Ersatzkapazität entlang einer Standlinie dar. Wir können hier entweder die Ersatzkapazität entlang der Standlinie bei konstanter Antennenhöhe darstellen, oder aber

wir können auch die Veränderung der Ersatzkapazität zeichnen, die
auftritt, wenn wir die Antennen um einen bestimmten Betrag verschieben. In Bild 134a sehen wir den Verlauf der Ersatzkapazität in Abhängigkeit von der Antennenhöhe für einen bestimmten Faktor ψ.
Ändern wir die Antennenhöhe um den Betrag Δh_a, so erhalten wir die

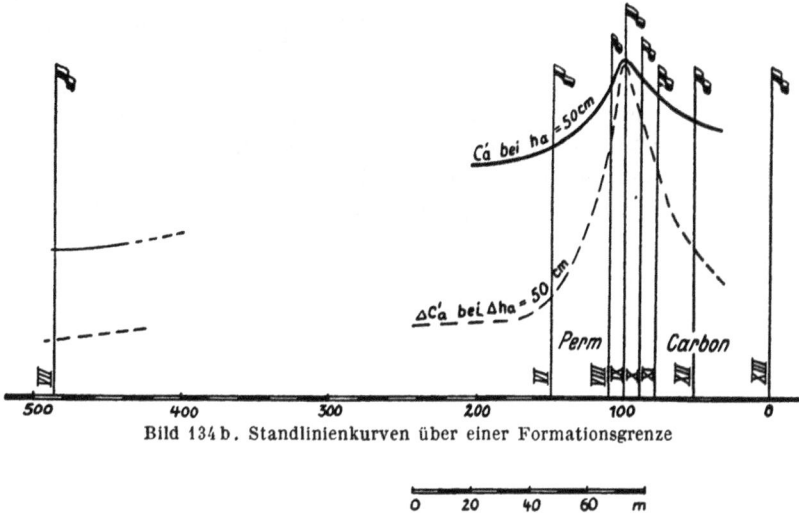

Bild 134b. Standlinienkurven über einer Formationsgrenze

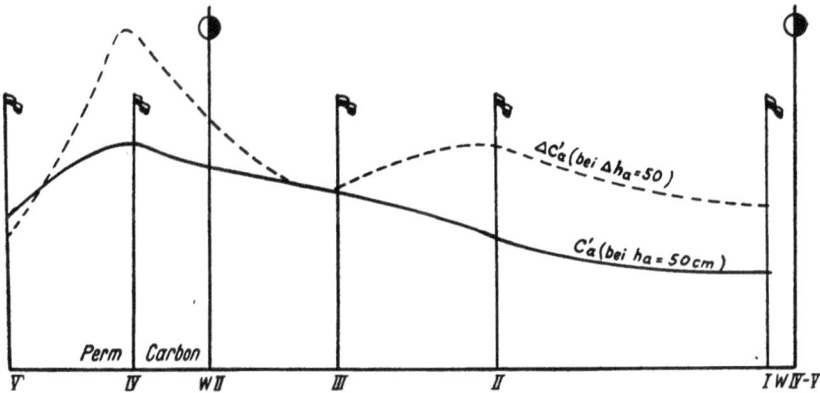

Bild 134c. Standlinienkurven über Formationsgrenze

dazugehörige Ersatzkapazitätsänderung $\Delta C_{a'}$. Wenn wir nun die fiktive
Teufe um den Betrag Δx_f verändern, so werden die beiden Punkte auf
der Kurve aus dem steilen Teil in den flachen verschoben und daher wird
jetzt auch die dazugehörige Ersatzkapazitätsänderung $\Delta C_{a''}$ bedeutend
kleiner werden. In Bild 134a ist der Verlauf dieser Kurve ΔC_a als Funktion für eine eingetragene fiktive Teufe dargestellt. Wenn wir nun z. B.

annehmen, daß eine stark durchfeuchtete Spalte durch eine Verkleinerung der fiktiven Teufe darzustellen ist, so sehen wir, daß die angegebene Differenz der beiden Ersatzkapazitäten über der Spalte größer werden wird. Man kann also auch aus dieser Differenzenkurve gewisse Schlüsse auf die Beschaffenheit des Untergrundes ziehen. In Bild 134 b sehen wir die Kurven entlang einer Standlinie, die eine Formationsgrenze quert. Sowohl Karbon als auch Perm bestehen in diesem Falle aus Sandstein. Der karbonische Sandstein besitzt aber im durchfeuchteten Zustande eine höhere Leitfähigkeit als der permische. In Bild 134 c schließlich ist der Verlauf der Kurven über der gleichen Formationsgrenze dargestellt. In diesem Fall ist allerdings Perm und Karbon mit Alluvium überdeckt. Aus diesem Grunde sind die Kurven an der Formationsgrenze flacher und die Extreme nicht so stark ausgebildet wie in den Kurven in Bild 134 b.

VI. Fehlerquellen

Bei der Beurteilung der Meßergebnisse müssen wir selbstverständlich jedesmal auf die zahlreichen Fehlermöglichkeiten Bedacht nehmen, durch die das Ergebnis entstellt werden kann. Fehler sind bei jedem geophysikalischen Aufschließungsverfahren moglich. Im allgemeinen wird ein Verfahren um so sicherer arbeiten, je mehr Erfahrungen vorliegen. Da nun gerade auf dem Gebiete der Funkmutung heute noch wenig Erfahrungsmaterial zu Gebote steht, so muß man bei der Deutung der Ergebnisse besonders vorsichtig verfahren. Manche Fehlermöglichkeiten sind ja heute noch keineswegs ausreichend bekannt. Es besteht somit immer die Gefahr, daß durch ihre Nichtbeachtung eine falsche Vorhersage unterstützt wird. Wenn wir die sicher sehr zahlreich gegebenen Fehlermöglichkeiten übersehen wollen, so müssen wir uns zunächst einmal den prinzipiellen Vorgang vor Augen halten, der bei jeder geophysikalischen Untersuchung einzuhalten ist. Ein entsprechendes Schema ist in Bild 135 zu sehen. Zunächst einmal ist hier eine Reihe von Ursachen $A \dots B \dots C$ eingetragen, die irgendwelche meßbare Veränderungen bedingen. Unsere Aufgabe besteht darin, diese

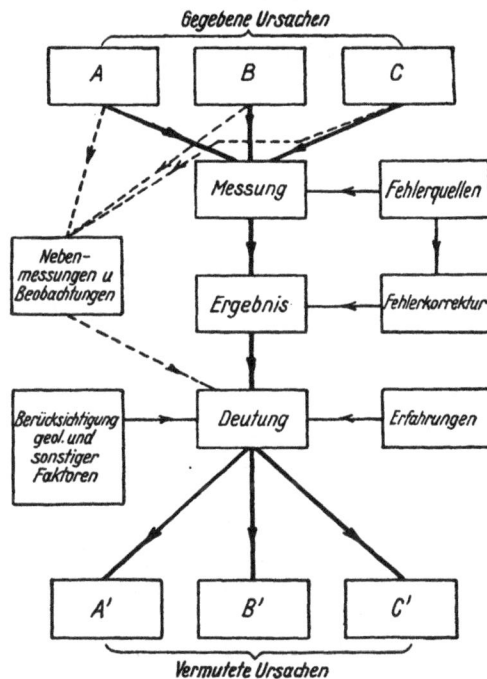

Bild 135. Schema einer geophysikalischen Vorherbestimmung

Ursachen aus anderen heraus zu isolieren und qualitativ und quantitativ zu bestimmen. Außer diesen drei Ursachen, die uns interessieren, gibt es natürlich noch zahlreiche andere, die für uns bedeutungslos sind, die aber selbstverständlich das geophysikalische Meßinstrument genau so beeinflussen können wie jene Ursachen, an deren Bestimmung uns gelegen ist. Wir werden also bei jeder Messung solche Nebenumstände mit zu untersuchen haben. Dies bedeutet praktisch, daß wir das Programm der Messung wesentlich erweitern müssen. Wenn wir z. B. den Ausbiß irgendeines Erzganges geoelektrisch ermitteln wollen, so ist z. B. die Witterung zunächst für uns vollkommen uninteressant. Da nun aber durch Witterungseinflüsse die Leitfähigkeit des Untergrundes beeinflußt werden kann, so müssen wir auch Beobachtungen über den Verlauf der Witterung anstellen und daher in unser Programm Messungen aufnehmen, die zunächst mit den primären Aufgaben in keinem Zusammenhang zu stehen scheinen. Bei der Messung selbst treten natürlich wieder verschiedene Fehlermöglichkeiten auf. Diese müssen, wenn man sie nicht vernachlässigen kann, durch zusätzliche Messungen ermittelt werden. Ein Verfahren ist im allgemeinen erst dann brauchbar, wenn man wenigstens die wichtigsten dieser Fehlermöglichkeiten erkennt und gleichzeitig auch imstande ist, die erforderliche Fehlerkorrektur richtig anzubringen. Erst dann erhält man ein reproduzierbares Meßergebnis. Die Reproduzierbarkeit des Meßergebnisses ist die wichtigste Voraussetzung für seine Deutung. Wenn die gleichen Ursachen wirksam sind, so muß das Ergebnis gleichbleiben. Erweist sich ein Ergebnis bei bekannten geophysikalischen Voraussetzungen als nicht reproduzierbar, so ist dies ein Beweis dafür, daß Nebenursachen wirksam sind, die uns noch nicht bekannt sind und daß die Fehlerkorrektur falsch ist. Gerade dieser Punkt wird nun leider sehr häufig übersehen. Sehr oft werden Ergebnisse publiziert, ohne daß ihre Reproduzierbarkeit überprüft worden wäre. Es werden dann mitunter Ergebnisse der Öffentlichkeit übergeben, die den Anschein erwecken, daß dieser Zweig der angewandten Geophysik eigentlich schon so vollendet sei, daß weitere Forschungen kaum mehr nötig sind. Das, was bisher an reproduzierbaren Ergebnissen gefunden wurde, ist jedenfalls weit bescheidener. Es ist aber allein imstande, die weitere Entwicklung zu unterstützen. Liegt das reproduzierbare und korrigierte Ergebnis vor, so kann man es deuten. Die Deutung kann in verschiedener Weise erfolgen. Der Idealfall ist dann gegeben, wenn aus dem Meßergebnis die Ursachen mathematisch errechnet werden können. Diese Möglichkeit ist aber fast nie gegeben. Wenn wir z. B. durch Funkmutung irgendein Ergebnis erhalten haben, so können wir im besten Falle irgendwelche Leiter berechnen, die jene Eigenschaften haben, die die gemessenen Veränderungen bedingen können. Praktisch sind nun diese Leiter für uns nicht interessant. Wir müssen an deren Stelle geologische Gebilde ermitteln. Nun wissen wir aber, daß geologisch ganz verschiedenartige Vorkommen mitunter gleiche elektrische Eigenschaften besitzen können und daß auch der umgekehrte Fall häufig gegeben ist. Wenn wir daher vom elektrisch definierten Leiter auf den geologischen schließen wollen, so können wir dies nicht mehr mit mathematischer Genauigkeit tun. Wir müssen da die Erfahrung zu Hilfe nehmen und mit

Ergebnissen vergleichen, die unter völlig bekannten Voraussetzungen gewonnen wurden. Gerade hier sind aber oft die schwersten Fehlermöglichkeiten gegeben. Es wird oft die Konstruktion von Geräten als erstrebenswert hingestellt, die durch eine einfache Vermessung z. B. Wasser, Eisenerz, Kohle usw. bestimmen sollen. Solche Geräte könnten überhaupt nur dann gebaut werden, wenn z. B. Wasser, Kohle oder Erz ganz bestimmte elektrische Eigenschaften besitzen würden, die sich von denen anderer geologischer Leiter klar unterscheiden. Da es aber nun durchaus möglich ist, daß z. B. ein bestimmtes Erz- und Kohlevorkommen genau den gleichen spezifischen Widerstand aufweist, und daß Wasser wieder z. B. spezifische Widerstände innerhalb sehr weitgesteckter Grenzen haben kann, so ist es einfach unmöglich, solche Geräte zu konstruieren, und es wird auch in Zukunft die Funkmutung, ebenso wie jeder andere Zweig der angewandten Geophysik, eine Wissenschaft bleiben, die viel Erfahrung erfordert.

Eine hundertprozentige Sicherheit kann die Funkmutung nie erlangen. Eine solche ist natürlich auch bei einem anderen geophysikalischen Verfahren nie zu erzielen. In vielen Fällen wird es besser sein, in die Vorhersage weniger und dafür gut fundiertes Material aufzunehmen, als zu weitgehende Angaben zu machen, die sich dann als unrichtig erweisen. Dem Geologen ist oft mit einer begrenzten Vorhersage, die unbedingt zuverlässig ist, reichlich gedient, und auch vom wirtschaftlichen Standpunkt ist eine solche stets zu vertreten. Wenn man bedenkt, welch bedeutende Summen in der Regel mechanische Schürfarbeiten erfordern, so ist es klar, daß irgendwelche Anhaltspunkte, die diese Arbeiten einschränken, oder zumindest in bestimmte Richtung weisen können, bereits ungemein wertvoll sind und zu namhaften Ersparnissen führen.

Die wichtigsten Fehlermöglichkeiten kann man in drei Gruppen einteilen. In die erste Gruppe gehören die Apparatefehler. Wir arbeiten in der Funkmutung durchwegs mit sehr empfindlichen Geräten. Häufig müssen Apparate, die schon im Laboratorium eine sehr sorgfältige Behandlung erfordern, in der Grube oder im Gelände unter den denkbar rauhesten und ungünstigsten Bedingungen eingesetzt werden. Es ist verständlich, daß da die Apparatefehler höher sein müssen als im Laboratorium. Aus diesem Grunde wird man nie jene Empfindlichkeit ausnützen dürfen, die die Geräte unter den günstigen Voraussetzungen im Laboratorium gewährleisten. Auch hier muß wieder auf unbedingte Reproduzierbarkeit aller Angaben geachtet werden. Besondere Beachtung wird stets den Nullpunktwanderungen zu schenken sein. Man wird diese oft überhaupt kaum vermeiden können, besonders wenn die Apparate transportiert werden müssen. Aus diesem Grunde empfiehlt es sich, ständig Vergleichsmessungen unter bekannten Voraussetzungen durchzuführen, um auf diese Weise Anschlußmöglichkeiten zu schaffen. Weitere Fehler sind dadurch möglich, daß die Ergebnisse vieldeutig sind.

Wenn wir z. B. irgendeinen geologischen Leiter vermessen, so werden wir bei vielen Verfahren ausschließlich den aus einem realen und einem imaginären Teil zusammengesetzten komplexen Widerstand ermitteln. Ein solcher Widerstand kann dann natürlich in ganz verschiedener Weise in reale und imaginäre Komponenten aufgeteilt werden. Es können also Leiter mit ganz verschiedenem Ersatzschema in gleicher Weise das Ergebnis beeinflussen. Weiter ist die elektrische Messung an und für sich wieder vieldeutig, weil geologisch ganz verschiedene Gebilde gleiche elektrische Eigenschaften haben können. Auf die Bedeutung unbekannter Nebenursachen wurde bereits hingewiesen. Um sie zu erfassen ist es nötig, unter möglichst verschiedenartigen Voraussetzungen ein reichhaltiges Versuchsmaterial zu schaffen. Bisher fehlt es noch oft an einem solchen und es wird daher nötig sein, fallweise Untersuchungen dieser Art durchzuführen. Eine leider nicht zu unterschätzende Fehlermöglichkeit bilden oft gewisse Vorurteile und die unrichtige Anwendung mancher Erfahrung. So kann man besonders auf dem Gebiete der Funkmutung beobachten, daß nur zu oft Gesichtspunkte der allgemeinen Geoelektrik übernommen werden, die an und für sich ganz richtig sind, die aber falsch werden, wenn die Frequenz eine bestimmte Höhe überschreitet. So wird es immer übersehen, daß die elektrischen Eigenschaften eines geologischen Leiters bei hoher Frequenz ganz andere sein können als bei niedriger Frequenz. Leider fehlt es uns heute noch an den erforderlichen Tabellen, die diese übersichtlich darstellen. Es wird sicher jahrelanger Versuche bedürfen, um solche zu schaffen. Wenn man daher heute bestimmte Untersuchungen durchführt, so wird es immer gut sein, die gerade fallweise in Betracht kommenden geologischen Leiter mit Hochfrequenz zu untersuchen, um für die weitere Messung richtige Unterlagen zu gewinnen.

A. Apparate- und Elektrodenfehler

Durch den Transport wird jede Apparatur mehr oder weniger stark erschüttert. Dadurch können Leitungen verbogen und einzelne Teile verschoben werden. Dadurch verändern sich wieder die inneren Leitungskapazitäten und insbesondere bei den Kapazitätsmeßgeräten tritt eine Nullpunktwanderung ein. Aus diesem Grunde muß man darauf achten, daß alle Leitungen und Bestandteile sehr fest verlegt werden. Weitere Schwankungen entstehen dadurch, daß die Apparaturen oft bei direkter Sonnenbestrahlung stark erwärmt werden. Es ergeben sich auch da wieder Veränderungen durch Ausdehnung stark erwärmter Metallteile. Aus diesem Grunde sollen die Apparaturen auf möglichst konstanter Temperatur gehalten werden. Es empfiehlt sich stets für eine Beschattung des Gerätes zu sorgen. Noch störender macht sich Regen bemerkbar. Es kommt da fast stets zu zusätzlichen Ableitungen durch feuchte

Überzüge. Aus diesem Grunde sollen alle Klemmen, die für äußere Zuleitungen bestimmt sind, auf möglichst hohe Isolatoren gesetzt werden, so daß auch bei Beregnung noch ein genügend hoher Isolationswiderstand gewährleistet wird. Bei Kapazitätsmessungen, aber auch beim Betrieb von Sendern, macht sich die Hand- und Körperkapazität immer bemerkbar. Die Schutzerdung, die sonst stets zum Ziele führt, ist gerade bei funkgeologischen Messungen nicht immer anwendbar. Aus diesem Grunde soll der Apparat so gebaut werden, daß handkapazitive Einflüsse möglichst unterdrückt werden. Insbesondere sollen alle Verbindungsstangen zu den Abstimmknöpfen durch Isolatoren unterteilt werden. Die Apparatur selbst soll jedesmal vollkommen abgeschirmt sein, so daß sie gegenüber der Erde immer die gleiche Kapazität aufweist. Aus dem gleichen Grunde ist es überhaupt nötig, die Apparatur immer in der gleichen Höhe über dem Erdboden aufzustellen. Bei empfindlichen Messungen spielen Spannungsschwankungen der verwendeten Batterien immer eine große Rolle. In Bild 111 sehen wir die Veränderung der Ersatzkapazität bei schwankender Heiz- und Anodenspannung. Besonders die Heizspannung ist bei Kapazitätsmessungen sehr kritisch. Es empfiehlt sich daher stets die Verwendung größerer Akkumulatoren. Die Apparatur soll stets einige Zeit vor der Messung eingeschaltet werden und während der Messung sollen die Röhren, auch in den kurzen Meßpausen, nicht abgeschaltet werden. Aus dem gleichen Grunde ist es oft vorteilhafter, am Anspringpunkt als am Abreißpunkt zu arbeiten, da in jedem Falle der Anodenstrom von größeren auf kleinere Werte geht und die Anordnung dabei stabiler bleibt. Bei der Aufstellung der Antennen sind stets verschiedene Faktoren zu beachten. Die Antennen von Meßsendern sollen immer möglichst frei verlegt werden. Es ist notwendig, auch die Umgebung zu beachten, sonst kann es geschehen, daß z. B. die Leiter, die in der Umgebung der Sendeantenne eingemauert sind, mitschwingen und dadurch das Strahldiagramm verformen. Auch bei den Empfangsantennen sind ähnliche Gesichtspunkte zu beachten. Bei Meßantennen muß stets auf die Kapazität der Zuleitungen geachtet werden. Da es ausgeschlossen ist, diese konstant zu erhalten, so ist sie jedesmal besonders zu berechnen. Dies geschieht in einfacher Weise, so wie

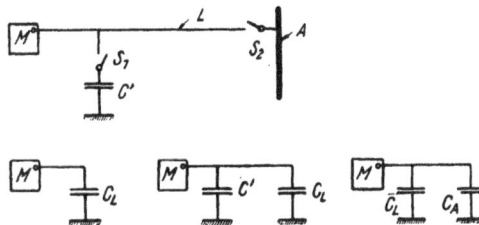

Bild 136. Anschaltung der Meßantennen

dies Bild 136 zeigt. M ist das Meßgerät; L die Zuleitung zur Antenne und A die Antenne selbst. Am Ende der Leitung gestattet der Schalter S_2 die An- und Abschaltung der Antenne. Unmittelbar beim Meßgerät kann durch den Schalter S_1 eine Festkapazität von bekanntem

Wert C' eingeschaltet werden. Durch Betätigung der beiden Schalter kann man der Reihe nach die Kapazität der Zuleitung C_L, die Summe $C_L + C_A$ und schließlich $C' + C_L$ messen. Daraus erhält man dann einen Ersatzkapazitätswert für C_A und einen zweiten Ersatzkapazitätswert für C'. Da nun der absolute Wert von C' bekannt ist, so kann man daraus den Wert C_A, also die Antennenersatzkapazität, berechnen, ohne daß es notwendig wäre, den Apparat zu eichen. Voraussetzung ist natürlich, daß die Meßkondensatoren eine bekannte, womöglich lineare Kennlinie zeigen.

Die Elektrodenfehler, die bei den niederfrequenten Verfahren stets von sehr großem Einfluß sind, sind bei den Verfahren der Funkmutung im allgemeinen nicht besonders störend. Neben dem Übergangswiderstand kommt, wie Bild 137 zeigt, auch die Übergangskapazität C'' in

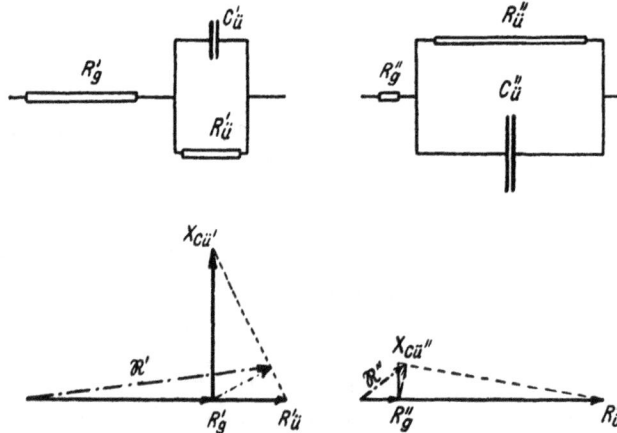

Bild 137. Ersatzschema für eine Elektrode

Betracht. Diese sind parallel geschaltet, so daß das in Bild 74 links eingezeichnete Diagramm gilt. Da nun die Übergangskapazität stets sehr groß ist, so ist der kapazitive Widerstand im allgemeinen nur gering und der weit höhere Ohmsche Widerstand spielt ihm gegenüber eine sekundäre Rolle. Wie die Abbildung zeigt, ist der resultierende Widerstand bei großem $C_{\ddot u}$ verhältnismäßig gering, so daß bei genügend großer Elektrodenoberfläche die Elektrodenfehler oft sogar völlig ausscheiden. In der folgenden Zahlentafel wird gezeigt, wie ein dünner, schlechtleitender Überzug, der natürlich den Gleichstromwiderstand um mehrere hunderte Prozent hinaufsetzt, bei hochfrequentem Wechselstrom ohne Bedeutung ist. Während bei einer Frequenz von 50 Hertz der Widerstand der überzogenen Platte fast das Dreifache jenes der blanken Platte beträgt, besteht bei einer Frequenz von 300 000 Hertz überhaupt kein Unterschied mehr. Im Gegenteil, der hochfrequente Widerstand

Zahlentafel (nach Lang)

Erder	Resultierender Übergangswiderstand bei einer Frequenz von			
	50 Hz	500 Hz	5 000 Hz	300 000 Hz
Blanke Platte	4,5 Ω	3,9 Ω	3,9 Ω	3,6 Ω
Platte mit dünnem, schlechtleitendem Überzug	11,4 Ω	8,0 Ω	7,0 Ω	3,2 Ω

der überzogenen Platte ist aus irgendwelchen Gründen sogar etwas kleiner als der der blanken Platte. Natürlich wird durch die Frequenz nur der Übergangswiderstand beeinflußt. Der Gebirgswiderstand kann ebenfalls gewisse Änderungen aufweisen; diese sind aber, wenn man es nicht mit geschütteten Leitern zu tun hat, im allgemeinen gering. Zu beachten ist natürlich, daß bei Hochfrequenz die Stromverteilung im Gebirge eine andere ist als bei Niederfrequenz und daß dadurch z. B. schlechtleitende Oberflächenschichten unter Umständen das Ergebnis stärker beeinflussen können als bei Niederfrequenz.

B. Elektrische Veränderungen des geologischen Leiters

Der geologische Leiter ist für uns, wie schon erwähnt, ein Gemisch aus Bestandteilen verschiedener Aggregatzustände. Je nach dem mengenmäßigen Anteil und der Verteilung der Bestandteile werden sich auch die elektrischen Eigenschaften innerhalb weiter Grenzen verändern. Die Gesichtspunkte, die da zu beachten sind, wurden bereits in einem anderen Abschnitt zusammengestellt. An dieser Stelle sei nur kurz auf die Bedeutung des sogenannten funkgeologischen Volumens hingewiesen. In Bild 138 sehen wir zunächst einmal bei *a* einen geologischen Leiter, der aus zwei Bestandteilen besteht. Die gutleitenden sind

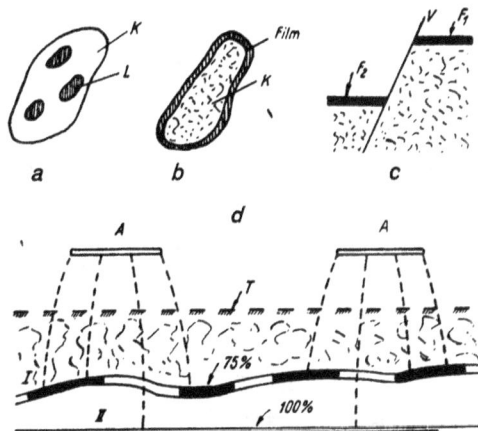

Bild 138. Funkgeologisches Volumen

schwarz eingezeichnet. Wenn die gutleitenden Teile nicht zusammenhängen, so wird ihr Anteil an der Gesamtleitfähigkeit durch die schon besprochenen, aus der Theorie der Mischkörper abgeleiteten Gleichungen bestimmt. Wenn nun aber, wie dies *b* zeigt, der schlechtleitende Kern von einer gutleitenden Oberflächenschichte überzogen ist, so erscheint praktisch der ganze umschlossene Raum als gutleitendes Volumen. Wir sprechen in diesem Fall von funkgeologischen Volumen. Bei *c* sehen wir einen Verwerfer *V*, entlang dessen die gutleitende Fläche *F* verschoben sein soll. Wenn der Verwerfer selbst ebenfalls gut leitet, so kann sich das funkgeologische Volumen über den ganzen, von der Fläche *F* und dem Verwerfer *V* begrenzten Raum erstrecken. Ist die überdeckende Schichte durchbrochen, so wie dies in der Natur fast stets der Fall sein wird (*d*), so wird das funkgeologische Volumen zwischen den Schichten *I* und *II* eine Funktion des Übergriffs der Schichte *I* werden.

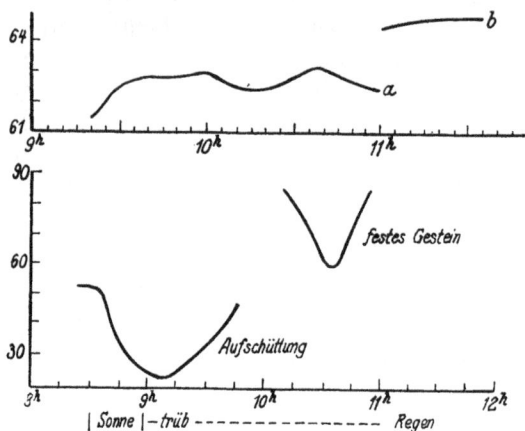

Bild 139

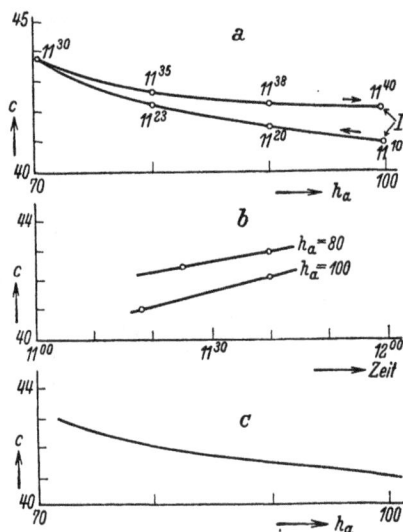

Bild 140. *a* Meßkurve, *b* Vergleichskurve im Festpunkt, *c* korrigierte Kurve

Bild 139 und 140. Einfluß der Witterung

C. Einfluß der Jahreszeit und der Witterung

Aus früheren Abschnitten ist der große Einfluß der Durchfeuchtung auf die elektrischen Eigenschaften des geologischen Leiters her bekannt. Da nun die Durchfeuchtung mit der Witterung schwankt, so ist es durchaus verständlich, daß Jahreszeit und Witterung das Meßergebnis in mehrfacher Hinsicht beeinflussen. In Bild 139 sehen wir die Schwankung der Ersatzkapazität über einer Aufschüttung über festem Untergrund und schließlich in der Grube. Man sieht, daß zunächst einmal ober Tags bedeutende Schwankungen auftreten, die durch die wechselnde Bestrahlung bedingt sind, während die Ersatzkapazität in der Grube nahezu konstant bleibt. Die Extreme über der Aufschüttung und dem festen Gebirge sind überdies zeitlich verschoben. In

Bild 140 wird gezeigt, wie in einem solchen Fall eine solche Korrektur anzubringen ist. Es wird über einen festen Punkt dauernd die Ersatzkapazität bestimmt und danach die Meßkurve entsprechend korrigiert. Wichtig ist natürlich, daß sie die Durchfeuchtung an allen Punkten des Versuchsgeländes in vertikaler Richtung gleichzeitig verändert. Wenn daher die Vergleichsstelle über einer Spalte angeordnet wird, in der sich die Durchfeuchtungsänderung bekanntlich anders auswirkt als im festen Gebirge, so können unrichtige Ergebnisse erhalten werden.

An dieser Stelle konnten natürlich nur einige wenige Punkte herausgegriffen werden. Bei den einzelnen Verfahren sind weitere Fehlermöglichkeiten angeführt und kurz besprochen. Bei einiger Erfahrung ist es durchaus möglich, die heute schon sehr weit entwickelte Meßtechnik so einzusetzen, daß reproduzierbare Ergebnisse erzielt werden. Dort, wo aber durch irgendwelche Einflüsse die Reproduzierbarkeit der Angaben gestört wird, hat eine Deutung keinen Sinn, solange es nicht gelungen ist, die in Betracht kommenden Fehlerquellen nachzuweisen und einzugrenzen.

VII. Anwendungsbeispiele

Die Voraussetzungen, unter denen die Verfahren der Funkmutung angewendet werden können, dürften nunmehr klargestellt sein. Der Leser wird sich auch ein ungefähres Bild darüber machen können, in welchen Fällen diese Verfahren einzusetzen sind. Ich möchte nunmehr noch eine Reihe besonderer Beispiele anführen. Wenn ich da durchwegs eigene Untersuchungen heranziehe, so geschieht dies nur deshalb, weil ich deren Voraussetzungen natürlich genauer kenne als die von Messungen, die mir nur aus der Literatur oder Korrespondenz her bekannt sind. Ich möchte dies ausdrücklich betonen, damit der Umstand, daß ich an dieser Stelle nicht auf die Arbeit anderer Geophysiker hinweise, nicht mißverstanden wird. Die einzelnen Untersuchungen wurden durchwegs mit den erforderlichen Details in der Fachpresse veröffentlicht. Auf die entsprechenden Publikationen ist in jedem Fall hingewiesen. Außer diesen Anwendungsbeispielen gibt es natürlich noch andere, die ja teilweise auch schon früher berücksichtigt wurden.

A. Nachweis einer Karsthöhle nach dem Absorptionsverfahren[1])

Im Gebiete des Mährischen Karstes, nördlich von Brünn, sollte ein größeres Höhlengebiet nach dem Absorptionsverfahren untersucht werden. Die in Betracht kommenden und bereits bekannten Höhlen liegen in einer ungefähren Tiefe von 130 m. Das Gebirge besteht aus Devonkalk und ist mit Wald bedeckt. Stellenweise tritt das Kalkgestein unmittelbar zutage. Die Täler fallen ungemein schroff ab und tragen an den steilen Wänden in der Regel überhaupt keine, oder sehr spärliche Vegetation. Einen Schnitt durch das Versuchsgelände zeigt Bild 141. Wir sehen hier einen Teil des Höhlenzuges, der sich zwischen der sogenannten Macocha und dem Öden Tal erstreckt. Die Macocha war ursprünglich eine mächtige Höhle, deren Decke aber dann einstürzte. Auf diese Weise entstand einer der tiefsten europäischen Abgründe. Das Höhlengebiet wird von einem unterirdischen Fluß, der Punkwa, durchflossen. Diese bildet bei ihrem Durchfluß am Grunde der Macocha zwei kleine, aber sehr tiefe Seen. Die in Bild 141 dargestellten Höhlen bilden einen älteren Zug, der heute bereits trocken ist. Vom funkgeologischen Standpunkt aus ist zunächst wichtig, daß dieser

---

[1]) Beiträge zur angewandten Geophysik 4 (1934) Seite 416.

Höhlenzug sowohl nach der Seite des Tales als auch jener der Macocha
gut abgeschirmt ist. An beiden Stellen besteht nur eine Verbindung
durch Gänge von ganz kleinem Profil. An den Ausgängen sind überdies
Eisentore vorgesehen, die während der Versuche geschlossen waren.

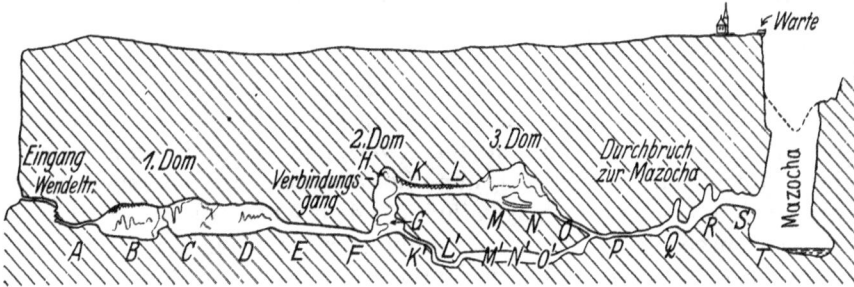

Bild 141. Schnitt durch die Punkwahöhlen bei Brünn

Das Auftreten umlaufender Wellen ist daher in diesem Falle kaum zu
befürchten. Die hohen Dome bieten die Möglichkeit, entsprechend
lange Antennen frei zu verspannen. Ein Teil der Höhlen trägt elektrische
Installation. Die Leitungen sind im allgemeinen verkabelt und nur
an einigen Stellen führen zu hochgelegenen Beleuchtungskörpern kurze
freie Leitungen. Eine Fortleitung entlang dieser während der Versuche

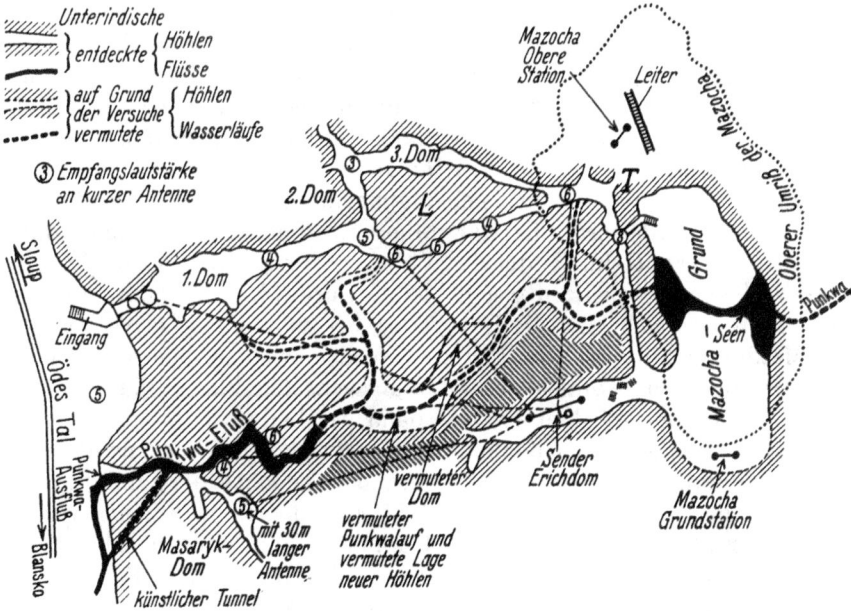

Bild 142. Grundriß der Punkwahöhlen

abgeschalteten Kabel konnte, wie besondere Beobachtungen zeigten, nicht konstatiert werden. Im übrigen decken sich die Versuchsergebnisse in den mit elektrischen Leitungen ausgestatteten Höhlen durchwegs mit jenen, in denen solche fehlen. In Bild 142 sehen wir den Grundriß des ganzen Gebietes. Im oberen Teil der Abbildung erkennen wir den im Längsschnitt dargestellten Höhlenzug. Zur Zeit der Versuche waren überdies noch die Masarykhöhlen (links unten) sowie der Erichdom zugänglich, der mit der Macocha in Verbindung steht. Außerdem bestand die Möglichkeit, vom Punkwaausfluß auf Booten bis in die Gegend des Punktes 6 vorzudringen. Ein Siphon verhinderte von dort aus ein weiteres Vordringen. Es bestand nun die Aufgabe, zu untersuchen, ob zwischen dem bekannten Punkwafluß und dem schon erwähnten Höhlenzug noch ausgedehnte Höhlen zu vermuten wären. Wie schon erwähnt, wurde nach dem Absorptionsverfahren gearbeitet. Die Feldstärke am Empfänger $\mathfrak{E}_E$ ist bekanntlich

$$\mathfrak{E}_E = \mathfrak{E}_s\, e^{-\gamma s},$$

wenn $\mathfrak{E}_s$ die Feldstärke in der Umgebung des Senders ist, s die Länge des Verschnitts angibt, γ die Extinktion und λ_0 die Wellenlänge in Luft darstellt. Die Extinktion ist dann durch die Dielektrizitätskonstante ε und die Leitfähigkeit R des Gebirges in folgender Weise bestimmt:

$$\gamma = \frac{4\,\pi}{\lambda^m}\sqrt{\sqrt{\varepsilon^2 + \frac{4\,\sigma^2}{v^2}} - \varepsilon}.$$

Die Feldstärke im Empfangsorte ist daher, wie wir ja auch schon an anderer Stelle besprochen haben, einerseits durch die Länge des Quellweges und andererseits durch die Extinktion bedingt. Neben dem in der Gleichung dargestellten Zusammenhang zwischen Extinktion einerseits, Dielektrizitätskonstante und Leitfähigkeit andererseits, ist aber noch jener zu beachten, der durch die ebenfalls schon erwähnte funkgeologische Kurve dargestellt wird. Es war daher notwendig, diese Kurve durch Versuche zu ermitteln. Unter der Voraussetzung, daß der Quellweg bei verschiedenen Frequenzen gleich bleibt, wurde diese Aufgabe auch gelöst. Es zeigte sich, daß die Extinktion bei ungefähr 90 m Wellenlänge ein Maximum aufwies. Bei kürzeren Wellen war sie dagegen geringer. Versuche im Gebiete von 90 m zeigten übrigens kein klares Bild. Es wurde daher durchwegs auf dem 40-Meterband gearbeitet.

Nach meinen eigenen Messungen beträgt der Trockenwiderstand des Devonkalks 1,2 Megohm pro cm^3, der Feuchtwiderstand liegt bei 0,3 Megohm pro cm^3. Haalck erhält für trocknen Kalk einen wesentlich höheren Wert, nämlich 10^{10} Ohm cm; Reich einen solchen von $1,3 \cdot 10^{10}$ Ohm cm, für angefeuchteten erhält Reich $4,2 \cdot 10^7$ Ohm cm; den höchsten Widerstand erhält Löwy für trockenen Kalk mit 10^{11} Ohm cm. Bei den praktisch in Betracht kommenden Durchfeuchtungen liegt der Widerstandswert bei ungefähr 10^6 Ohm cm. Der Widerstand der Überdeckung lag zwischen 30000 und 100000 Ohm cm, also ungefähr eine Zehnerpotenz niedriger. Da in diesem Falle aber stets Sender und Empfänger unter Tags waren, so kam die Deckschichte höchstens als Abschirmung in Betracht. Sie ist allerdings, wie schon erwähnt, reichlich schwach. Es wurden an den Empfangsorten die Lautstärke nach der Parallelohmmethode bestimmt, und zwar unter Zugrundelegung der zehnteiligen Skala des Bureau of Standard. Die Eichung des Widerstandes erfolgt subjektiv, jedoch durch Personen, die aus ihrer Beschäftigung auf dem Kurzwellensendewesen gewohnt waren, Lautstärken genau zu bestimmen. Ist I_s die Stromstärke in der Sendeantenne und I_E die Stromstärke in der Empfangsantenne, so ist

$$I_E = I_s\, e^{-\gamma s},$$

wenn die Antennenbedingungen stets gleich bleiben. Bezeichnen wir mit I_T die Stromstärke im Telephon und mit »r« die Lautstärke nach der zehnteiligen Skala, so ergibt bekanntlich

$$I_T = \xi I_E \sim \xi\, 10^{\frac{\,»r«\,-15}{2}},$$

wenn ξ eine durch die Verstärkung und andere Faktoren bedingte Apparatkonstante ist. Durch Umwandlung erhalten wir dann

$$»r« = \frac{\ln I_s - \gamma s + 1{,}73}{1{,}15} = \vartheta - \gamma' s.$$

Daraus können wir für zwei verschiedene Lautstärken und die dazugehörigen verschieden langen Quellwege folgendes ermitteln:

$$\Delta r = \gamma'\, \Delta s = \gamma'\, (s'' - s).$$

Ist also s bekannt und wird das Verhältnis der beiden Lautstärken bestimmt, so erhält man für den gesamten Quellweg s''

$$s'' = \frac{1}{\gamma}\, \Delta r + s.$$

Wir können somit ein Diagramm zeichnen, dessen Ordinate die Länge des Quellwegs und auf dessen Abszisse die Lautstärke aufgetragen wird. Ein solches Diagramm ist in Bild 143 eingezeichnet. An drei verschiedenen Stellen wurden zu bestimmten Quell-

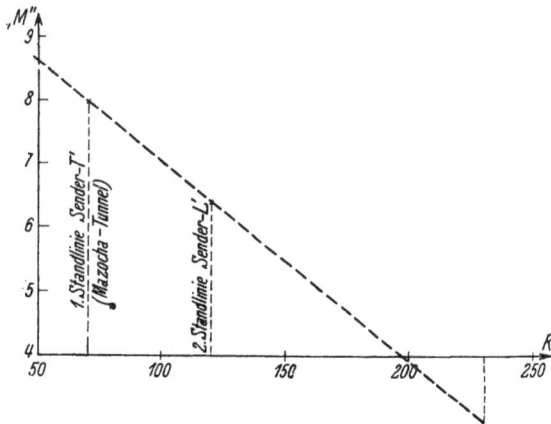

Bild 143. Absorptionsdiagramm

wegen die zugehörigen Lautstärken ermittelt und danach die Gerade eingezeichnet. Man erhält somit ein Diagramm, aus dem man zu einem jeden bekannten Quellweg die entsprechende Lautstärke ablesen kann. Wenn nun die gemessene Lautstärke größer ist als die aus dem Diagramm ermittelte, so weiß man, daß der Quellweg zum Teil nicht im Gestein, sondern in Luft verläuft. Man kann dann die ungefähre Größe dieses Luftraumes ermitteln. Bei den Versuchen wurde der Sender an verschiedenen Stellen aufgestellt. In Bild 142 sehen wir diesen im Erichdom. An einer größeren Anzahl von Meßpunkten wurde dann die Lautstärke ermittelt. Sie ist in Bild 142 eingetragen. Dadurch, daß nun der Sender seine Aufstellung wechselte und die einzelnen Angaben entsprechend ausgewertet wurden,

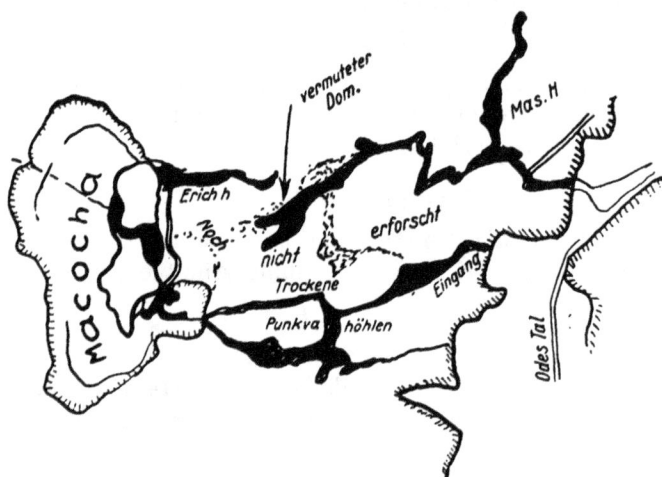

Bild 144. Prognostikon

gelang es, die Lage bestimmter Hohlräume zu ermitteln. In Bild 144 sehen wir einerseits die nach dem Ergebnis der Funkmutung prognostizierten Höhlen, andererseits das Ergebnis der Erforschung durch Absolon. Man kann eine brauchbare Übereinstimmung konstatieren. Es ist klar, daß durch Anwendung empfindlicherer Meßverfahren eine höhere Genauigkeit erzielt werden könnte. Freilich darf man wieder nicht übersehen, daß es in den oft sehr engen Räumen leider recht schwer wird, genauere Instrumente aufzustellen und zu bedienen.

B. Nachweis einer Höhle nach der Kapazitätsmethode

Im Gebiete der Ortschaft Bretteršchlag (Ostrov u Macochy) wurden Versuche gemacht, um in der Umgebung schon bekannter Höhlenzüge neue nachzuweisen[1]). In Bild 148 ist die Lage dieser Höhle zu sehen

---

[1]) Beitr. z. angewandten Geophys. **6** (1936) 109ff.

(B, südlich von Ostrov eingezeichnet). Es handelt sich um die Balcar-höhlen, die am Zusammenfluß des Ostrover und Rogendorfer Tales entstanden. Der größte Raum dieses Systems führte zur Zeit dieser Versuche die Bezeichnung Fochdom. Er liegt nur wenige Meter unter der Erdoberfläche im Korallenkalk. Über diesem Dom liegen Felder, die während der ersten Versuchsreihe noch bewachsen waren, während der zweiten im Herbst dagegen bereits abgeerntet waren. Die Oberfläche fällt von Osten nach Westen ab, so daß das Wasser einen guten Abfluß hat und daher die Oberfläche nie allzu stark durchfeuchtet. Die Ackerkrume selbst ist, wie im ganzen Karstgebiet, nur wenig mächtig. In einigen Zentimetern trifft man bereits auf das Kalkgestein. Um im steilen Teil den Wasserabfluß etwas zu verhindern, wurden einige Felder terrassenförmig angelegt, so daß man an diesen Stellen mit einer etwas größeren Durchfeuchtung und damit auch höheren Bodenleitfähigkeit zu rechnen hat. Es war nun zu untersuchen, ob östlich des Fochdomes noch weitere Hohlräume zu finden wären. Das Versuchsgelände war rein geologisch schon stark eingegrenzt, denn, wie man aus Bild 148 ersieht, liegt es in unmittelbarer Nähe der Kulmgrenze. Es war also nur ein Streifen von ungefähr 200 m Breite näher zu untersuchen. Um zunächst einmal ein entsprechendes Verfahren zu entwickeln, wurde über dem bereits erschlossenen Fochdom gearbeitet. Die Versuchsergebnisse wurden in die Katastralmappe eingetragen, in die dann auch der Höhlenplan hineinprojiziert wurde. Nach längeren Vorversuchen entschied ich mich für die Kapazitätsmethode. An einer großen Anzahl von Versuchspunkten wurden die Ersatzkapazitätswerte ermittelt, und zwar in Abhängigkeit von der Antennenhöhe. Da nun insbesondere während der ersten Versuchsreihe, die während des Sommers stattfand, die Witterung wechselte, so war es stets notwendig, alles von einem bestimmten Normalpunkt zu bestimmen. Die Auswahl dieses Bezugspunktes im Gelände ist nun, besonders im Karst, nicht leicht. Es wurde bereits früher darauf hingewiesen, daß ein solcher Punkt über einem möglichst homogenen Untergrund liegen muß. Über einer wasserführenden Spalte erhält man in Abhängigkeit von der Witterung natürlich ganz andere Werte als über festem Gebirge. Da nun das Gebiet gerade dort vielfach stark gestört ist, so mußte die Auswahl der Bezugspunkte im Einvernehmen mit Geologen und nach Durchführung entsprechender geoelektrischer Vermessungen vorgenommen werden. Sie lagen durchwegs über dem Fochdom selbst, dessen Decke an den betreffenden Stellen keine Störungen zeigte.

Will man nun eine Höhle durch Funkmutung nachweisen, so muß man zunächst einmal untersuchen, wie diese geoelektrisch zu bewerten ist. Am einfachsten wird der Fall dann, wenn wir in einem verhältnismäßig gutleitenden Gestein eine trockene Höhle nachzuweisen haben. In diesem Falle wird natürlich die Höhle als eine nichtleitende Einlagerung in einem mehr oder weniger guten Leiter aufzufassen sein. Dieser einfache Fall ist nun aber leider im Ostrover Gebiet nur selten zu finden. In den weitaus meisten Fällen ist der Boden der Höhle mit oft recht feuchtem Höhlenlehm bedeckt und auch die Decke ist mit feuchten Schichten überzogen, deren Leitfähigkeit weit über jener des trockenen Kalkes liegt. Man muß daher in manchen Fällen die Höhle als einen Hohlleiter betrachten, der in schlechter leitendes Gestein eingebettet ist. Zwischen diesen beiden Extremen gibt es natürlich auch noch Zwischenstadien. Die Verhältnisse sind hier funkgeologisch andere als bloß vom Standpunkt der allgemeinen Geoelektrik aus betrachtet. Wenn z. B. eine Höhle mit den erwähnten gutleitenden Schichten von ausreichender Stärke überkleidet ist, so wird das schon besprochene funkgeologische oder elektrodynamische Volumen die Größe nahezu des ganzen Hohlraumes annehmen, und die in Rechnung zu stellenden Eigenschaften dieses funkgeologischen Volumens sind dann fast ausschließlich durch die Eigenschaften dieser leitenden Überzüge bestimmt. Vom rein geoelektrischen Standpunkt aus betrachtet würden diese verhältnismäßig dünnen Schichten keine besondere Rolle spielen, denn ihr Volumanteil an dem des ganzen Hohlraumes ist ja natürlich ganz gering. Eine niederfrequente Methode wird daher in diesem Fall unter allen Umständen ein ganz anderes Ergebnis liefern als eine hochfrequente. Aus diesem Grunde muß man auch stets auf die späleologischen und hydrologischen Voraussetzungen Bedacht nehmen. Oft reichen aber nun von der Höhle Spalten oder Kamine bis in die Nähe der Erdoberfläche. In Bild 145 ist dies dargestellt. Es besteht daher mitunter die Möglichkeit

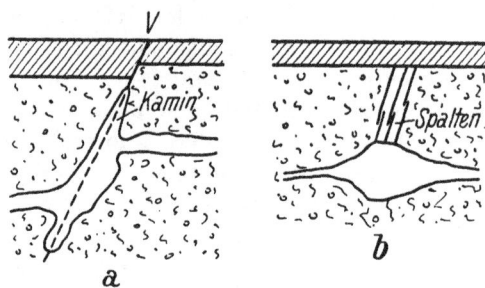
Bild 145. Schnitt durch Höhlen

des indirekten Nachweises. Wenn z. B. eine Höhle so tief liegt, daß sie durch ein funkgeologisches Verfahren nicht mehr nachgewiesen werden kann, so wird oft ein indirekter Nachweis möglich sein, indem man den kaminförmigen Fortsatz oder aber die Spalten, in derem Zuge die Höhle vermutet wird, nachweist. Dem Späleologen werden sehr oft solche Angaben genügen, um für seine Forschung entsprechende Anhaltspunkte zu gewinnen. Bei a sehen wir eine Höhle an einem leitenden Verwerfer V und bei b von der Höhle ausgehende Spalten. Man wird natürlich über der Spalte S im allgemeinen einen anderen Wert erhalten als über dem Verwerfer.

In Bild 146 sehen wir nun das Meßergebnis. Es wurden die schon besprochenen C-Gleichen gezeichnet. Ihren Verlauf sehen wir im oberen

Teil der Abbildung, und zwar für den Herbst eingetragen. In Bild 147 ist der Verlauf der C-Gleichen zu sehen, die bei einer Parallelmessung im Sommer erhalten wurden. Man sieht, daß das Gesamtbild in beiden Fällen ein gleiches ist. Die beste Übersicht bietet wohl eine Kurve ent-

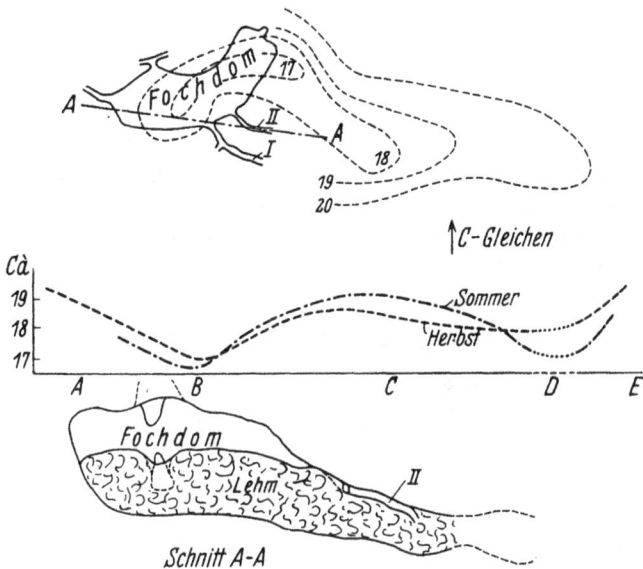

Bild 146. Meßergebnis über dem Fochdom im Herbst

lang der Standlinie $A \ldots A$. Sie ist in Bild 146 mit eingetragen. Wir sehen zunächst bei B ein ausgesprochenes Minimum, das ohne weiters durch die Existenz des schon bekannten Fochdomes erklärt werden kann. Interessant ist aber das zweite Minimum im Raume D. Dieses deutet auf die Existenz eines weiteren Hohlraumes hin. Es wurden nun für das ganze Gelände noch weitere Profile gezeichnet und schließlich im Schlußprotokoll folgende Prognose gestellt: »Neben der Balcarhöhle und östlich vom Fochdom ist ein neuer größerer Hohlraum zu erwarten. Dieser dürfte teilweise verschüttet sein.« Um nun das Ergebnis zu überprüfen, wurden im anschlie-

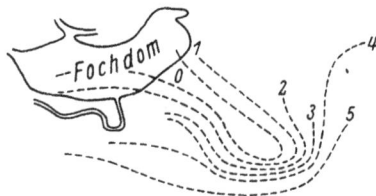

Bild 147. Verlauf der C-Gleichen im Sommer

ßenden Winter Schürfarbeiten durchgeführt, und zwar wurde zunächst der Stollen II vorgebracht. Gleichzeitig wurden über einem anderen Zugang das Gebiet östlich des Fochdomes von Šamalik und Locker untersucht. Es zeigte sich nun, daß der Boden des Fochdomes eine ungemein mächtige Lehmschichte trug, die gleichzeitig daneben gelegene Hohlräume so vollkommen erfüllte, daß ihre Lage nicht bekannt war. In Bild 146 ist das ungefähre Profil eingetragen. Gleichzeitig wurde aber noch östlich des Fochdomes ein umfangreiches Höhlensystem neu entdeckt. Es zeigt sich also in diesem Falle, daß tatsächlich zwischen Fochdom und Kulmgrenze die vermuteten Höhlen liegen. Ihre Lage stimmt brauchbar mit der Prognose überein. Die Kurve, insbesondere in Bild 146, zeigt besonders deutlich einen integralen Typ. Es fehlt die scharfe Begrenzung, etwa durch die Seitenwand des Domes, und an dessen Stelle sehen wir ein allmähliches Abgleiten zu einen Minimumwert. Es bestätigt somit auch diese Kurve wieder das, was schon an anderer Stelle betont wurde, daß nämlich die Verfahren der Funkmutung weniger für eine Detailvermessung, als vielmehr dafür in Betracht kommen, größere Gebiete aufzuschließen. Die Detailvermessung bleibt dann weiteren Untersuchungen vorbehalten.

C. Untersuchung eines größeren Karstgeländes[1])

Neben den Untersuchungen im Gebiete der Punkwahöhlen und des Fochdomes sollte auch die Umgebung von Ostrov untersucht werden, um auf diese Weise Anhaltspunkte für die Hydrologie dieses Karstgebietes zu erhalten. Die Verhältnisse werden am ehesten klar, wenn man Bild 148 betrachtet. Wir sehen hier einen Ausschnitt aus dem Gebiete des Mährischen Karstes, und zwar jenen Teil, der von der Punkwa entwässert wird. Im Gebiete von Sloup einerseits und Holstein (Holštyn) andererseits versickern größere Bäche in den Erdboden, und zwar in Sloup nahe dem sogenannten Hřebenač und in Holstein bei der Rasovna. Diese beiden Bäche durchfließen dann das Karstgebiet unterirdisch und sind erst wieder am Grunde der Macocha sichtbar. Der Lauf zwischen Macocha und Ödem Tal wurde bereits früher besprochen. Der genaue Verlauf dieser Bäche unter Tags ist bis jetzt lediglich zwischen Macocha und Ödem Tal genau bekannt. Im übrigen Gebiet ist er nur an wenigen Stellen, insbesondere im Zuge der Slouper Höhlen erschlossen. Diesen Hauptsammeladern fließen dann noch kleinere Bäche zu, und zwar im Gebiete von Sošuvka, von Ostrov und schließlich aus dem Rogendorfer Tal. Das zu untersuchende Gebiet lag westlich von Ostrov. In diesem Gebiet waren Höhlenzüge zu vermuten, die nicht mehr aktiv sind, sowie die Abflüsse der Rogendorfer Wasser im Gebiete der Vintoky. Das Gebiet ist genauer in Bild 149 dargestellt. Rechts sind wieder die schon besprochenen Balcarhöhlen eingezeichnet, unweit davon findet man die Vintoky. Zu untersuchen war nun das Plateau, das einerseits gegen das Dürre Tal, andererseits gegen die Ostrover Talweitung steil abfällt. Wie die Abbildung zeigt, wurde das Gebiet mit Standlinien überzogen,

---

[1]) Das Versuchsprotokoll, das hier teilweise im Wortlaut gebracht wird, erschien vollständig in Beiträge ang. Geoph. 5 (1936) 375 und **6**, (1936), 100.

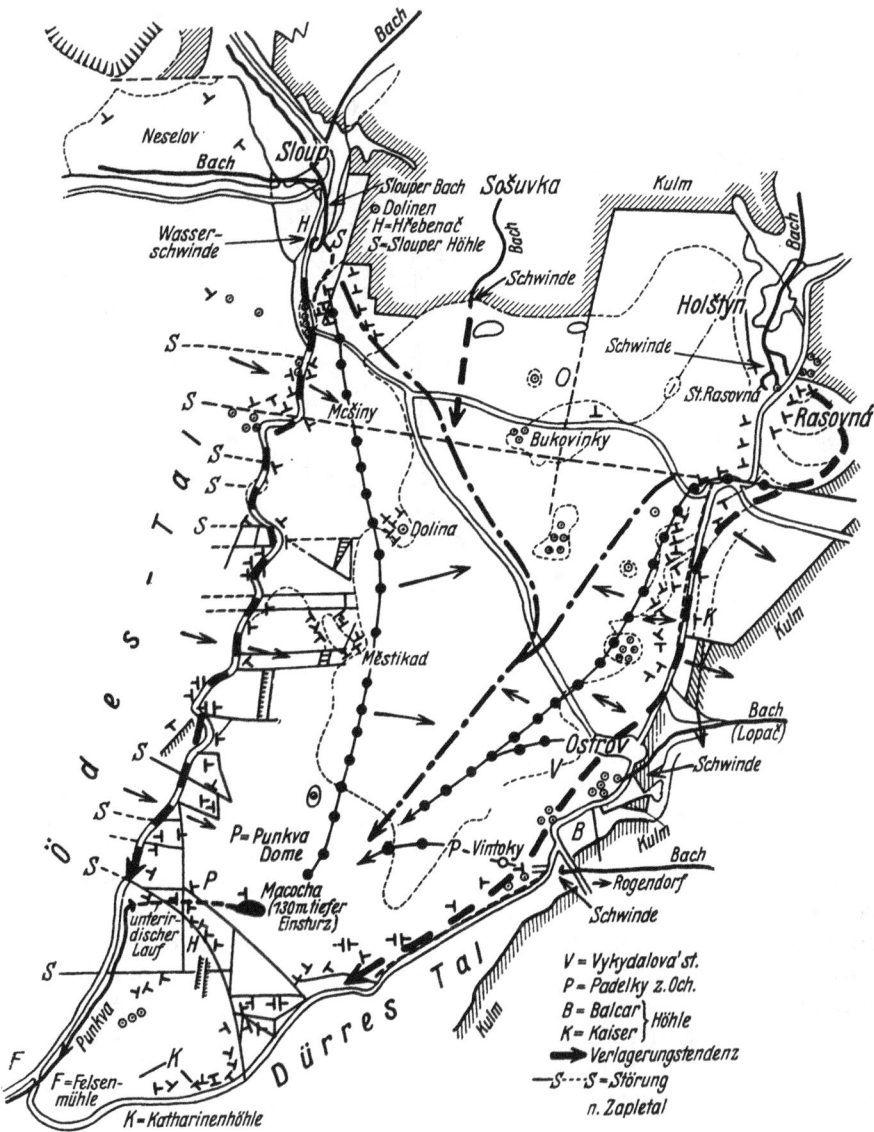

Bild 148. Karte des Mährischen Karstes (Punkwagebiet)

die dann im Gelände entsprechend verpflockt wurden. Auf diese Weise war es möglich, die Messungen, die mehrere Wochen beanspruchten, genau zu fixieren. Über den Verlauf und die Ergebnisse dieser Untersuchungen führt das Protokoll ungefähr folgendes aus: »Das Plateau der »vykydalova stráň« ist steinig und unfruchtbar. Die Ackerkrume

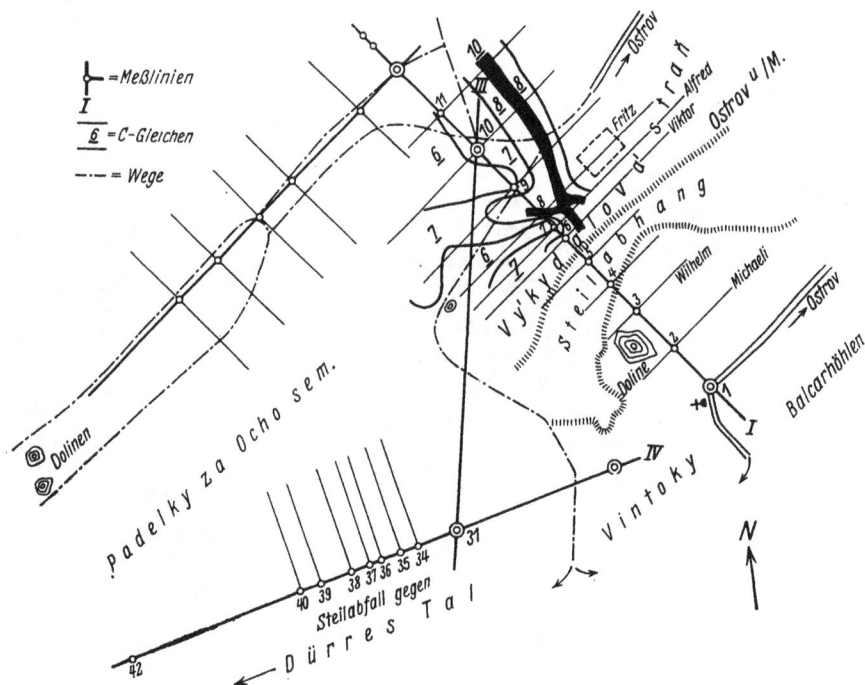

Bild 149. Versuchsgelände bei Ostrov

ist durchwegs nur sehr wenig mächtig. An einigen Stellen, besonders am Abhang gegen das Dürre Tal ist es bewaldet, meist trägt es an diesen Stellen aber nur kümmerlichen Graswuchs. Es war nun interessant, daß man auf Grund verschiedener Untersuchungen vermutete, daß unter diesem Plateau ein Höhlenzug von ganz bedeutenden Ausmaßen vermutet wurde. Offenbar dachte man, daß entweder die Rogendorfer, oder aber die Holsteiner Gewässer dieses Plateau nahe dem Dürren Tal durchfließen und somit am Vereinigungspunkt besonders große Höhlen entstanden sind. Es sollte nun versucht werden, durch Einsetzen der Funkmutung in dieser Richtung Aufschlüsse zu erhalten. Zu diesem Zweck wurden auf den in der Abbildung angeführten Standlinien eine größere Anzahl von Meßorten bestimmt, und an jedem dieser Meßorte wurde dann nach der Ersatzkapazitätsmethode gearbeitet. Es wurde immer die Ersatzkapazität als Funktion der Antennenhöhe ermittelt und dargestellt. Den so erhaltenen Kurven wurden dann die Ersatzkapazitätswerte für Antennenhöhen von 35, 50 und 100 cm entnommen. Sie sind in den folgenden Zahlentafeln zum Teil enthalten. (Diese Tafeln sollen gleichzeitig auch zeigen, wie ein Schlußprotokoll vorteilhaft angelegt wird.) Der Übergriff der oberen Deckschichte konnte im allgemeinen, mit Rücksicht auf die schon besprochenen Voraussetzungen, als gering

Zahlentafel A

Nr.	Standlinie	Ort liegt			Antennenersatzkapazität in Teilstrichen des Meßkondensators bei $h_a =$		
		von Punkt	Meter gegen SE	Meter gegen SW	35 cm	50 cm	100 cm
5	Karl	9	61	—	25	23	19
6	Karl	9	34	—	25	22	18
7	Karl	9	15	—	24	21	18
8	Karl	9	—	—	24	22	17
9	Karl	9	—	48	23	21	18
10	Karl	9	—	80	22	20	17
11	Karl	9	—	115	19	18	17
12	Karl	9	—	150	24	20	17

Zahlentafel B

Nr.	Standlinie	Ort liegt			Antennenersatzkapazität in Teilstrichen des Meßkondensators bei $h_a =$		
		von Punkt	Meter	gegen	35 cm	50 cm	100 cm
13	Ernst	nordwestlich von 11			21	20	18
14[1])	Ernst	11	68	NE	26	23	20
15[1])	Johanni	10	—	—	23	20	17
16	I	10	40	Punkt 9	20	19	16
17	Karl	9	—	—	19	18	17
18	I	8	7	Punkt 9	24	21	16
19	I	7	5	Punkt 8	19	17	16
20	I	5	7	Punkt 6	23	21	17

Zahlentafel C

Nr.	Standlinie	Ort liegt			Antennenersatzkapazität in Teilstrichen des Meßkondensators bei $h_a =$		
		von Punkt	Meter	gegen	35 cm	50 cm	100 cm
23	Karl	in 9	—	—	19	17	16
24	Fritz	8	40	NE	24	22	18
25	Alfred	7	48	NE	28	23	19
26	Alfred	7	25	NE	—	27	21
27	Fritz	8	12	NE	24	21	20
28	Fritz	in 8	—	—	23	21	19
29	Alfred	in 7	—	—	25	20	18
30	Alfred	7	25	SW	24	20	18
31	Fritz	8	20	SW	22	19	17
32	Fritz	8	88	SW	20	19	17
33	Alfred	7	71	SW	23	19	17

[1]) Kurven am 14. und 15. Ort aus Mittelwerten.

Zahlentafel D

Nr.	Standlinie	Meßort liegt			Antennenersatzkapazität in Teilstrichen bei $h_a =$		
		von Punkt	Meter	gegen	35 cm	50 cm	100 cm
34	—	30	3	W	—	26	21
35	Josefi	36	27	N	—	26	19
36	Josefi	36	65	N	—	23	17
37	Cyrill	Schnitt mit Waldgrenze (nördlich von 36)			24	21	17
38	Cyrill	von Ort 37	115	SW	23	20	17
39	Benno	39	65	N	—	30	17
40	Benno	39	120	N	21	19	16
41	Wenzel	40	58	NW	—	23	18
42	IV	40	84	Punkt 48	—	26	17

angenommen werden. Soweit die Untersuchungen an trockenen Tagen stattfanden, zeigten sich frühmorgens und am späten Abend gewisse Veränderungen, die offenbar durch sehr starke Taubildung zu erklären waren. Ergebnisse von Tagen, die besonders ungünstige Witterung zeigten, sowie von solchen, die kräftigen Regengüssen folgten, wurden bei der Auswertung nicht berücksichtigt, um Fehlergebnisse zu vermeiden.

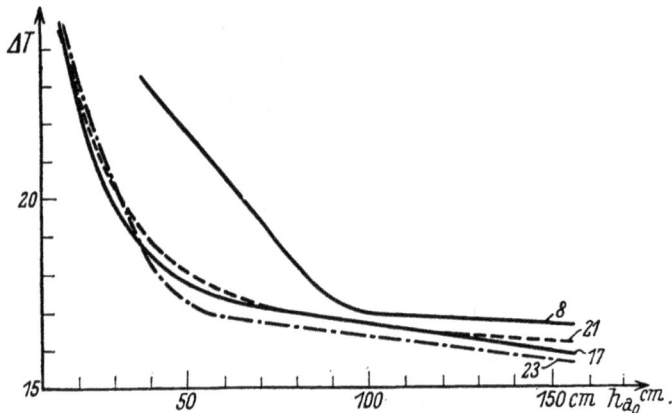

Bild 150. Ersatzkapazitätskurven am gleichen Versuchsort

Da nun die Untersuchungen sich über einen längeren Zeitraum erstreckten, und es überdies notwendig war, auch noch später, also nach einigen Wochen, Vergleichsmessungen durchzuführen, so war es unbedingt notwendig zu überprüfen, inwieweit die einzelnen Ergebnisse aneinander angeschlossen werden könnten. Es ist nun interessant, Kurven miteinander zu vergleichen, die an der gleichen Stelle, aber unter verschiedenen Witterungseinflüssen, aufgenommen wurden. Bild 150 sehen wir vier verschiedene Kurven dargestellt, die über der gleichen Stelle zu verschiedenen Zeiten aufgenommen wurden. Die Kurve *8* wurde bei sehr feuchter Oberfläche (starkem Morgentau) aufgenommen. Die Kurven *17*, *21* und *23* wurden bei ungefähr gleich trockenem Boden, aber an verschiedenen Tagen bestimmt. Wir können also annehmen, daß zur Zeit, da die Kurve *8* aufgenommen wurde, der Übergriff der obersten Deckschichte viel größer war als zur Zeit der übrigen drei Messungen. Die Kurven *21*, *17* und *23* stimmen miteinander gut überein. Es ergibt sich eine Abweichung von 0,5 Meßeinheiten. Da nun aber stets für die Auswertung nur jener Teil der Kurve herangezogen wurde, der zwischen 50 und 150 cm Antennenhöhe lag, so ist die Übereinstimmung noch etwas besser. Eine dieser Kurven wurde bei schwachem Morgentau, die zweite bei voller Sonnenbestrahlung zu Mittag und die dritte schließlich am Abend aufgenommen. Das Beispiel zeigt, daß an Tagen gleichförmiger Witterung die Ergebnisse ruhig aneinander angeschlossen werden können, ohne daß Abweichungen über jenes Maß hinaus eintreten würden, das das Ergebnis beeinflussen könnte. Man darf natürlich bei allen diesen Messungen niemals die Genauigkeit zu hoch treiben. Es hätte also in diesem Fall natürlich gar keinen Sinn, etwa Unterschiede von einer halben Meßeinheit bei der Auswertung zu berücksichtigen. Die bei der Auswertung zu beachtenden Unterschiede müssen stets viel größer sein als jene, die durch verändernde Faktoren entstehen können. Wenn wir daher z. B. in diesem Fall verlangen, daß zu berücksichtigende Unterschiede den Störspiegel um das fünffache überragen, so dürften wir nur Schwankungen beachten, die mindestens zwei Teilstriche betragen. Man kann allerdings diese Meßgenauigkeit noch etwas höher treiben, wenn man, wie schon früher erwähnt wurde, im Gelände einen Bezugspunkt wählt und an diesem nun laufend Vergleichsmessungen durchführt. Dies geschah auch bei diesen Untersuchungen. Man kann dann die Meßgenauigkeit auf einen, und selbst noch auf einen halben Teilstrich erhöhen. Allerdings wird man Kurven mit gestörtem Verlauf am besten überhaupt nicht zur Auswertung heranziehen, sondern zunächst die Gründe für diese Kurvenform zu ermitteln suchen. Ergibt eine Kontrollmessung gleichen Kurvenverlauf, dagegen durchwegs höhere Ordinatenlage, so wird man dies berücksichtigen müssen, wenn man die Resultatgruppen, denen die betreffenden Kontrollmessungen angehören, miteinander vergleicht. Im übrigen muß man sich natürlich vor Augen halten, daß gerade beim Anbringen der Korrekturen rein schematische Gesichtspunkte nicht gegeben werden können. Man muß das Gelände zunächst studieren und dann bei der Auswahl der Kontrollpunkte möglichst sorgfältig zu Werke gehen.

Das Ergebnis der gesamten Untersuchungen für das Gebiet der vykydalová straň wurde in Form von *C*-Gleichen dargestellt. Das Studium dieser *C*-Gleichen und der Vergleich der für jeden Meßort aufge-

nommenen Ersatzkapazitätskurven gestattete dann, insbesondere durch
Vergleich mit den an anderen Stellen unter bekannten Voraussetzungen
gewonnenen Kurvenmaterial, Schlüsse auf die Beschaffenheit des Untergrundes. In dem Schlußprotokoll wurde darüber folgendes angeführt:
»Die C-Gleichen streichen ungefähr parallel zur Hauptstandlinie I.
Zwischen den Standlinien ‚Alfred‘ und ‚Fritz‘ ist eine deutliche Deformation zu bemerken. Berücksichtigt man alle Meßergebnisse, so kommt
man zu der Annahme, daß parallel zur Standlinie I eine Spalte streicht,
die zwischen ‚Alfred‘ und ‚Viktor‘ eine zweite anquert. Die Richtung
dieser Spalte weist zur Balcarhöhle. Westlich von ihr sehen wir ein
Gebiet niedriger Antennenersatzkapazität. Wir werden also dort Hohlräume vermuten können, die möglicherweise mit der zweiten Spalte in
Verbindung stehen. Die Richtung dieser Spalten und Höhlen weist
gegen die Městikaddolinie. In ihrem Zuge dürften die beiden in Bild 85
ganz links eingezeichneten Dolinen liegen, während die zwischen ‚Michaeli‘
und ‚Wilhelm‘ eingezeichnete große Doline deutlich im Zuge der parallel
zu I liegenden Spalte liegt. Unter der vykydalová straň liegen somit
größere Hohlräume, die aber sicher nicht die vermuteten gewaltigen Aus-
maße haben und die überdies auch teilweise verschüttet sein dürften.
Deutlich kommt eine ungefähr nordwestlich streichende Störung zum
Ausdruck.« Daraus wurden folgende Schlüsse abgeleitet:
»Unter der vykydalová straň befinden sich größere Hohlräume.
Diese finden ihre Fortsetzung in breiten Spalten, die in folgenden
Richtungen streichen:

 a) Zur Balcarhöhle,
 b) zur Městikaddoline,
 c) gegen die Gemeinde Ostrov.

Diese Höhlen dürften Reste eines Horizontes sein, der sich früher von
hier über die Vintoky und das Dürre Tal gegen die Felsenmühle erstreckte.
Unter der vykydalová straň dürfte der Zusammenfluß von Osten und
Norden kommender Gewässer zu suchen sein. Die Schürfarbeiten sind
in diesem Abschnitte allerdings mit Rücksicht auf die unzulänglichen
finanziellen Mittel noch nicht abgeschlossen. Sie wurden vom Žižkaloch
aus eingeleitet. Als ihr wichtigstes Ergebnis darf bezeichnet werden,
daß an der gemuteten Stelle eine ungefähr 50 cm mächtige NNW
streichende Spalte angefahren wurde, die ungefähr unter 60 Graden
gegen Osten einfällt. Diese Spalte ist zum Teil mit Lehm verstopft, in
dem jedoch ein schlauchartiger Hohlraum von ungefähr 1 m Höhe aus-
gewaschen wurde. Die Spalte dürfte somit zu gewissen Zeiten wasser-
führend sein[1]). In größerer Teufe dürfte sie weitere Hohlräume anfahren,
die die durch sie absinkenden Gewässer aufnehmen.

---

[1]) Diese Spalte dürfte übrigens auf der gegenüberliegenden Talwand eine
Fortsetzung finden, die auch Zapletal in seine Karte eingezeichnet hat.

Die Kurven auf dem Gelände der padelky za Ochosem zeigen alle eine so weitgehende Deformation, daß von der Konstruktion der C-Gleichen aus den schon angegebenen Gründen Abstand genommen wurde. Aus dem Kurvenverlauf wurden folgende Ergebnisse abgeleitet und protokollarisch aufgenommen.

In der Nähe des Steilhanges von den Parzellen der ‚padelky za Ochosem, zur Straße Ostrov—Felsenmühle befinden sich wohl größere Hohlräume, die aber zum Teil verschüttet sein dürften. Sie dürften nichts anderes sein als Fortsetzungen und Nebengänge größerer Dome, die eingestürzt sind.«

»Zum Schlusse möchte ich noch kurz über die Möglichkeiten berichten, das Ergebnis meiner Messungen mit den Forschungen anderer Autoren in Einklang zu bringen. Wie schon erwähnt, mußte der Fochdom einmal weit mächtigere Wassermengen durchgeleitet haben als heute. Meiner Meinung nach flossen die Holsteiner Gewässer, die in der Rasovna verschwinden, entlang der in Bild 84 eingezeichneten Störungszone zunächst gegen Ostrov und von hier durch das »Dürre Tal« (das damals noch ein Höhlenzug gewesen sein dürfte, der später einstürzte) gegen die Felsenmühle (gestrichelt eingezeichneter Lauf). Der erste Lauf dürfte unter der vykydalová straň hindurchgeführt haben. Der ganze Lauf verlagerte sich aber dann immer mehr gegen die Kulmgrenze, wobei das Wasser den nordsüdlich streichenden Störungen folgte. Die Balcarhöhlen stellen somit den zweittiefsten Horizont dar. In ihnen fand die Vereinigung der Holsteiner und Rogendorfer Gewässer statt. Durch den Einsturz der Höhlen im Raume des Dürren Tales wurde zum ersten Male eine Ablenkung der Gewässer bedingt, die nun durch die Spalten der Vintoky zur Macocha flossen. Eine zweite Einsturzkatastrophe im Raume der Balcarhöhlen bedingte eine Verstopfung dieses Höhlenzuges. Das Wasser versuchte sich nun im Norden entlang der großen Ost-West-Störung einen Weg zu bahnen, floß um den Schichtsattel herum (punktierter Lauf) und verlagert sich nun entsprechend dem Schichtfallen gegen Westen. Die Lage, die die Gewässer am Ende des ganzen Verlagerungsprozesses wahrscheinlich erreichen werden, ist in der Karte strichpunktiert eingezeichnet. Im Versuchsraume haben wir es daher mit folgenden Höhlen zu tun:

a) Balcarhöhle. Ehemaliger Zusammenfluß der Holsteiner mit den Rogendorfer Gewässern. Ihre Fortsetzung gegen Norden größtenteils verstopft, dazwischen kleinere Höhlen. Das ganze Höhlensystem könnte aber bis Holstein freigelegt werden, wenn man die verstopften Teilstücke ausräumen würde.

b) Vintoky. In den oberen Horizonten ehemaliger Lauf der Holsteiner, in den unteren auch heute noch Abfluß der Rogendorfer Gewässer.

12*

c) Vykydalová straň. Obere Horizonte bildeten früher den Lauf der Holsteiner Gewässer. Entlang der Querstörungen erfolgte deren Verlagerung gegen die Balcarhöhle. In den tieferen Horizonten auch heute noch aktiv (Abfluß der Ostrover Gewässer). An das Plateau schließt sich eine Einbruchzone an.

d) Padelky za Ochosem. Reste der Höhlen im Zuge des Dürren Tales. «

D. Nachweis von Spalten und Erzgängen

Spalten und Erzgänge bilden fast immer eine geoelektrische Diskontinuität. In den weitaus meisten Fällen sind sie, wie schon besprochen, gutleitende Einlagerungen in einen schlechter leitenden Raum. Man darf keineswegs annehmen, daß der Erzgang als solcher bereits immer ein guter Leiter ist. Die erhöhte Leitfähigkeit gegenüber seiner Umgebung wird ihm fast stets durch die in ihm enthaltenen wäßrigen Lösungen verliehen. Aus diesem Grunde wird auch der Nachweis von den Durchfeuchtungsverhältnissen abhängig sein. Es ist durchaus möglich, daß ein nahe der Oberfläche schlechtleitender Erzgang in größeren Teufen besser leitet, da die in ihm enthaltenen wäßrigen Lösungen mit der Teufe an Leitfähigkeit gewinnen. Daß eine wasserführende Spalte, ein Verwerfer, oder ein Erzgang ein durchsetzendes Hertzsches Feld schwächt, wurde bereits früher besprochen. Es besteht die Möglichkeit, aus dieser Schwächung auf die Existenz und unter entsprechenden Voraussetzungen auch auf die Beschaffenheit des betreffenden Ganges oder Verwerfers zu schließen. Quantitativ befriedigende Untersuchungen in dieser Richtung sind mir aber bis heute nicht bekannt. Fast stets konnten nur qualitative Angaben erhalten werden. Damit soll nicht gesagt sein, daß die untertägige Ausbreitungsmethode für die angewandte Geophysik wertlos ist. Insbesondere dürfte das besprochene Frequenzverfahren in Zukunft sehr an Bedeutung gewinnen. Es müssen aber alle Voraussetzungen genau untersucht und insbesondere die möglichen Fehlerquellen quantitativ erfaßt werden. Erst dann kann das Verfahren in größerem Maßstabe angewandt werden.

Bisher wird vor allem die Ersatzkapazitätsmethode zum Nachweis verwendet. Entweder wird die Antenne über dem zu untersuchenden Gelände bei stets gleichbleibender Höhe hinwegbewegt und die Ersatzkapazität als Funktion des Ortes ermittelt, oder aber es wird über dem gleichen Ort die Ersatzkapazität als Funktion der obertägigen Antennenhöhe bestimmt. Inwieweit die auf diese Weise erhaltenen Kurven dann mathematisch ausgewertet werden können, wurde bereits untersucht. Im allgemeinen ist man derzeit bestrebt, ein entsprechendes Vergleichsmaterial zu schaffen, um auf diese Weise aus dem charakteristischen Verlauf einer bestimmten Kurve auf die Beschaffenheit des Untergrundes, in unserem Falle also auf die Existenz von Spalten, Verwerfern und Gängen zu schließen.

Auf die stark dämpfende Wirkung, insbesondere durchfeuchteter Lehmschichten, wurde bereits an anderen Stellen hingewiesen. Auf S. 90 wurde in Bild 69 eine berechnete und beobachtete Kurve gegenübergestellt, aus deren Verlauf man die starke Extinktion einer solchen Lehmschichte gut ersehen kann.

Aus dem mir zur Verfügung stehenden Material möchte ich Untersuchungen herausgreifen, die im Spateisensteinlager Kotterbach in der Slowakei stattfanden. In Bild 151 sehen wir den Schnitt durch ein Versuchsgelände, das unter dem Humus, nach den Angaben von Geologen zu schließen, eine Rutschfläche enthält. Es wurden fünf Versuchspunkte gewählt, die in der Abbildung eingezeichnet sind. Über diesen wurde jeweils die Ersatzkapazitätskurve ermittelt. Auf der Abszisse ist also wieder die Antennenhöhe ober Tags und auf der Ordinate die Ersatzkapazität in Einheiten des Meßkondensators aufgetragen. Wir sehen zunächst, daß die beiden Kurven 86 und 87 miteinander praktisch übereinstimmen. Die Kurve am Orte 83 zeigt eine deutliche Störung, die zweifellos durch die Existenz der Rutschfläche bedingt ist. Die Kurve 84 zeigt demgegenüber einen fast normalen Verlauf. Die geringe Verformung ist ohne weiteres durch den Einfluß der Oberflächenbeschaffenheit zu erklären. Die Kurve 85 dagegen ist schon wesentlich stärker verformt. Der Punkt 83 liegt in unmittelbarer Nähe der Rutschfläche, die offenbar eine erhöhte Leitfähigkeit aufweist. Für den Punkt 84 werden rein geometrisch-symmetrische Bedingungen gelten. Trotzdem sind die Kurven ihrer Tendenz nach grundverschieden.

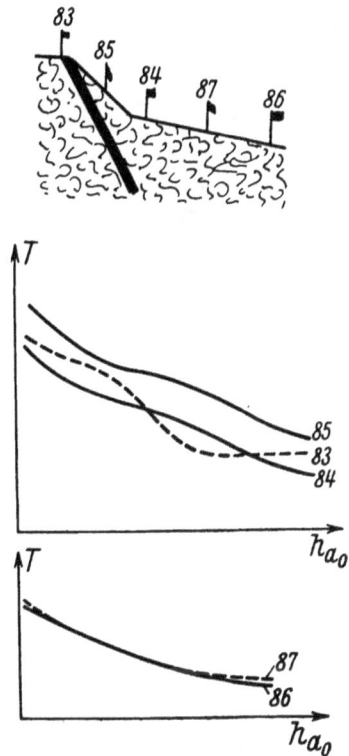

Bild 151. Ersatzkapazitätskurve über einer Rutschfläche

Es darf also angenommen werden, daß in diesem Falle die besonders auffallende Verformung der Kurve 83 durch die Nähe einer ziemlich steil einfallenden, gutleitenden Schichte bedingt ist. Im Punkte 84 kommt diese nicht mehr so klar zum Ausdruck, da dort immerhin schon eine beträchtliche Überdeckung mit schlechtleitendem Material stattfindet.

Recht interessante Kurven wurden über dem Ausgehenden zweier Fächer des Drozdiakganges erhalten. In Bild 152 ist ein Schnitt und der Kurvenverlauf dargestellt. Das Liegend- und das Hangendfach des Erz-

ganges ist an dieser Stelle völlig ausgebaut und mit Schotter des Neben-
gesteins (Schiefer) versetzt. Die Erdoberfläche trägt an dieser Stelle
fast gar keine Vegetation, sie ist sandig und steinig. Außer den beiden
früheren ist noch eine ungefähr 3 m tiefe Grube G von Wichtigkeit,
in der zum Zeitpunkt der Versuche etwas trockener und lose geschütteter
Schotter lag. Die Kurve *2* und *3* wurden an einem feuchten und die
Kurve *95* dagegen an einem trockenen Tage aufgenommen. Es ist zu
berücksichtigen, daß der Versatz, schon infolge seiner losen Schüttung
natürlich weit stärker und vor allem in weit größerer Teufe durchfeuchtet ist als die ziemlich feste Oberflächenschichte. Die Kurve *3* zeigt
nahezu normalen Verlauf. Die Kurve *2* weist eine deutliche Störung nach.
Sie entspricht ungefähr dem Typ, den wir bereits in Bild 87 kennengelernt
haben (*83*). Die stärkste Verformung weist die Kurve *95* auf. Bei der
Kurve *2* ist zu berücksichtigen, daß die Wirkung des Liegendfaches
wohl teilweise durch die Erd-
aushebung herabgesetzt wurde.
Charakteristisch für diese Kurve
ist immer die Existenz eines
Zwischenmaximums.

In Bild 153 sind Kurven
zusammengestellt, die unmittelbar über dem Ausgehenden
eines alten Erzganges aufge-

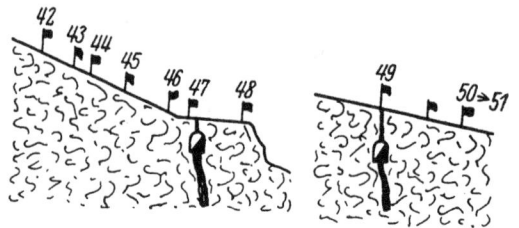

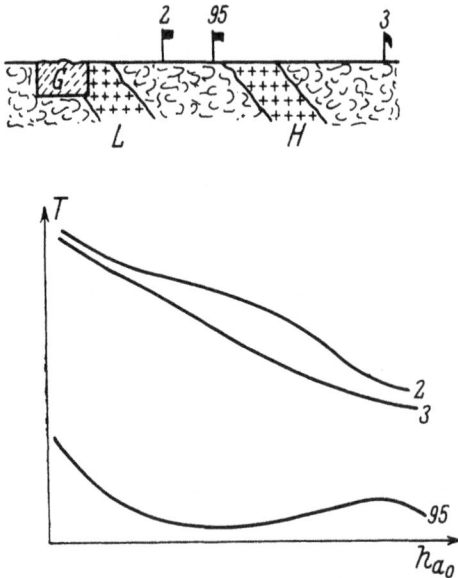

Bild 152. Messungen über dem Ausgehenden
eines Erzganges

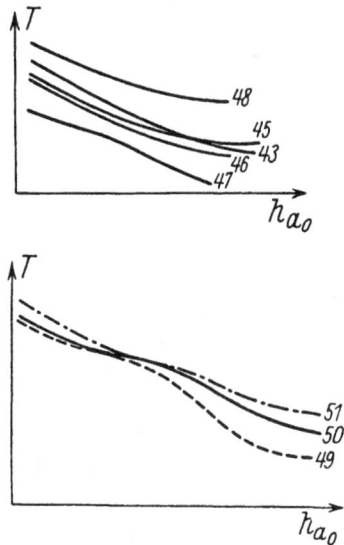

Bild 153. Messungen über einem Erzgang

nommen wurden, der fast bis an die Erdoberfläche reicht. Allerdings läuft im Zuge dieses Ganges ein alter Stollen, der stellenweise über 2½ m hoch ist. Die Messungen wurden entlang zweier Standlinien geführt, die in den Orten 47 und 49 den Gang queren. Man sieht, daß die Kurve 47 und 49 tatsächlich die jeweils niedrigste Koordinatenlage aufweist. Unter dem Punkt 49 ist allerdings der alte Stollen schon verbrochen, während er unter dem Punkte 47 noch sehr gut erhalten ist. Aus der Abbildung ist deutlich zu ersehen, daß die Kurve mit zunehmender Annäherung an den Gang immer mehr und mehr verformt wird. Recht auffallend ist allerdings die hohe Koordinatenlage von 48. Vielleicht kann dies auf die noch nicht abgebauten Erzreste zurückzuführen sein, die an dieser Stelle existieren, oder auf wasserführende Spalten, die, wenn man die Verhältnisse in der zugehörigen Querung untersucht, durchaus wahrscheinlich wären. Mit Rücksicht auf verschiedene andere Faktoren, die aber möglicherweise eine Rolle spielen, möchte ich keine endgültige Erklärung geben.

Im Laufe der Zeit wurden natürlich auch unter Tags viele Ersatzkapazitätsmessungen durchgeführt. Ich möchte mich darauf beschränken, drei Beispiele herauszugreifen: In der Grube ist die Durchführung von Messungen immer mit Schwierigkeiten verbunden. Eingebaute Leitungen und Lutten, vor allem aber die Gleise, bedingen fast immer eine sehr starke Verformung. Aus diesen Gründen ist es immer das beste C-Gleichen aufzunehmen, und zwar für das ganze Profil der Strecke. In die Karte sind dann alle Metallteile und alle Zonen, deren erhöhte

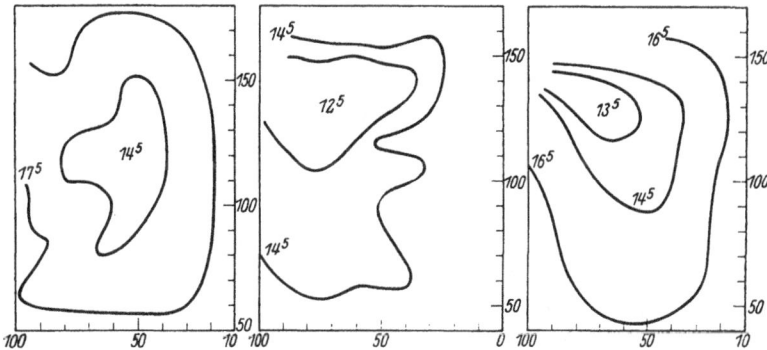

Bild 154. C-Gleichen für Streckenquerschnitt

Leitfähigkeit bekannt ist, mit einzutragen. Man kann dann durch Modellversuche ihren Einfluß untersuchen und aus dem Meßergebnis ausscheiden. Auf diese Weise gelingt es, die durch geologische Leiter bedingten Verformungen von jenen zu unterscheiden, die durch bekannte Leiter bedingt sind. In Bild 154 sehen wir C-Gleichen für drei verschiedene Querschnitte der Versuchsstrecke. Da die Strecke ungefähr 2 m breit

ist, so ist jeweils die Hälfte erfaßt. Die auffallende Verformung der
C-Gleiche in der Streckenmitte ist durch das Grubengleis bedingt. In
den drei Diagrammen ist eine C-Gleiche für den Wert 14,5 enthalten.
Wenn man nur diese betrachtet, so sieht man, daß sie in allen drei Fällen
einen vollkommen verschiedenen Verlauf zeigt. Wir sehen, daß das
rechte und linke Diagramm einen ziemlich regelmäßigen Verlauf zeigt.
Im mittleren ist dagegen der Verlauf der C-Gleiche stark gestört. Es
ist dies einerseits darauf zurückzuführen, daß an dieser Stelle tatsächlich
in der Ulme geologische Leiter von sehr verschiedener Beschaffenheit
enthalten sind und daß überdies die betreffende Stelle stark wasser-
führend ist. Die beiden anderen Diagramme beziehen sich auf eine
ziemlich trockene Strecke, die gänzlich im Tauben liegt, sowie auf eine
solche, die in Schwertspat verläuft, der ebenfalls wieder recht homogen
ist. Bei der praktischen Arbeit ist es nötig, C-Gleichen unter möglichst
bekannten Voraussetzungen aufzunehmen, um auf diese Weise Vergleichsmaterial zu erhalten. Dieses kann dann ausgewertet werden,
wenn man aus dem Verlauf gemessener C-Gleichen auf die Beschaffenheit der dem Meßgerät benachbarten geologischen Leiter schließen will.

Das Verfahren, das hier besprochen wurde, ist heute sicher schon
in manchen Fällen praktisch zu verwenden. Es fehlt natürlich auch
hier noch an einem entsprechend umfangreichen Material zu Unter-
suchungs- und Vergleichszwecken. Dieses wäre aber durchaus leicht zu
schaffen.

Der Nachweis von Formationsgrenzen, Spalten und Verwerfungen
ist oft notwendig, wenn man in einem größeren Gelände Wasser suchen
soll. Ist ein durchgehender Grundwasserspiegel vorhanden, so können
insbesondere die obertägigen Ausbreitungsverfahren oft sehr günstige
und rasche Aufschlüsse erzielen. Schwieriger wird das Problem, wenn
ein solcher Grundwasserspiegel fehlt und das Wasser nur in einzelnen
Spalten vorkommt. In diesem Fall muß man zunächst durch geologische
und hydrologische Untersuchungen jene Zonen ermitteln, in denen die
Existenz von Wasser am wahrscheinlichsten ist. Ein typisches Beispiel
sei kurz besprochen. Es handelt sich um die Untersuchung eines größeren
Gebietes, in dem ungemein schwierige Verhältnisse herrschen. Nach der
Anschauung der Geologen und Hydrologen waren Bohrungen im Gebiete des Formationswechsels am aussichtsreichsten. Aus diesem Grunde
sollte durch Funkmutung der Formationswechsel ermittelt werden.
Ungefähre Anhaltspunkte konnten in diesem Fall die geologischen Karten
bieten, die aber natürlich solche Grenzen immer nur mit einer gewissen
Abweichung angeben können, da ja die Punkte des Formationswechsels,
die tatsächlich ermittelt werden, oft recht weit auseinanderliegen. Es
handelte sich darum, permischen und karbonischen Sandstein zu unterscheiden. Nach den Vorversuchen ergaben sich zwischen diesen beiden,
insbesondere wegen der verschiedenen Durchfeuchtung, auch gewisse

geoelektrische Unterschiede. Zur Ermittlung wurde das Ersatzkapazitätsverfahren eingesetzt. Die wichtigsten aufgenommenen Kurven wurden bereits früher, und zwar auf S. 151 ff., besprochen. In Bild 129 sehen wir den Verlauf der Kurven in der Umgebung einer Spalte dargestellt. Auf der Ordinate ist die Ersatzkapazität, auf der Abszisse die obertägige Antennenhöhe aufgetragen. In Bild 130 a...f ist die stationsweise Bestimmung der Ersatzkapazität dargestellt. In Bild 131 sehen wir nun eine Messung über dem besprochenen Kontakt.

Die beiden Formationen sind die Werte ψ_1 und ψ_2 zugeteilt. Zwischen diesen besteht dann noch eine Übergangsschichte mit dem Faktor ψ_M. Es wurde der Verlauf der Ersatzkapazitätskurven für die eingezeichneten Antennenorte dargestellt. In Bild 132 sehen wir auch ein Polardiagramm. Den Verlauf der Ersatzkapazitätskurven zeigen die Bilder 134 b und c. Der Verlauf der Formationsgrenze kommt in diesen beiden deutlich zum Ausdruck. Schließlich ist in Bild 155 noch der Verlauf der Ersatzkapazitätskurve unter der Voraussetzung dargestellt, daß die Antenne einmal im Karbon, dann unmittelbar an der Grenze der Übergangsschichte und schließlich noch etwas tiefer im Perm liegt. Es gelang auf diese Weise, die Formationsgrenze im Gelände zu bestimmen, und die in diesem Gebiet angesetzten Bohrungen waren fündig.

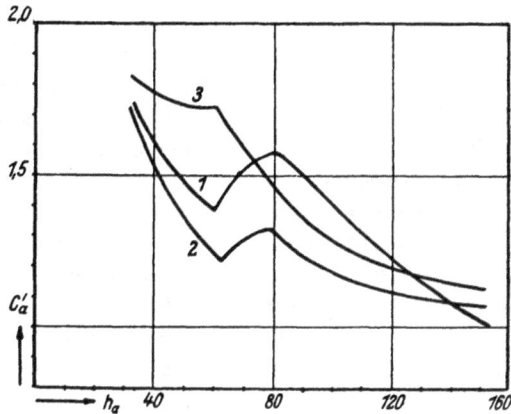

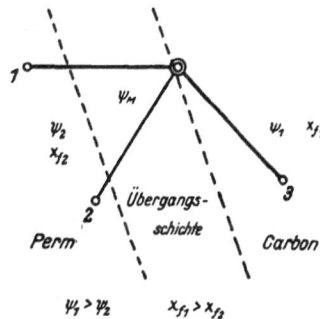

Bild 155. Ersatzkapazitätskurve über Formationswechsel

E. Bestimmung der Dicke eines Gletschers

Schon verhältnismäßig früh wurden Versuche gemacht, die Mächtigkeit des Gletschereises durch Verfahren der Funkmutung zu bestimmen. Es ist sicher nicht verwunderlich, daß man auf dieses Anwendungsgebiet verfiel. Physikalisch handelt es sich in diesem Fall darum, die Grenzfläche zwischen dem Gletschereis und dem festen Gestein zu ermitteln. Sowohl das Eis als auch das Gestein sind nun zu mindestens bei niedrigen Frequenzen sehr schlechte Leiter. Eine Unterscheidung mit den sonst üblichen niederfrequenten Verfahren ist daher schwer möglich, weil es kaum gelingen wird, zwischen den Elektroden eine ausreichende Stromstärke zu erzielen. Bei Hochfrequenz liegen die Verhältnisse aber wesentlich anders und günstiger. Zunächst einmal unterscheiden sich die elektrischen Eigenschaften der beiden in Betracht kommenden Leiter von jenen, die bei Niederfrequenz bestimmt werden. Dann aber besteht als prinzipieller Vorteil die Möglichkeit, Änderungen der dielektrischen Verschiebungsströme nachzuweisen und daher auch solche geologische Leiter zu unterscheiden, deren Ohmsche Leitfähigkeit ganz gering ist. So einfach nun die Aufgabe zunächst rein theoretisch erscheinen mag, so wenig dürfen die Schwierigkeiten unterschätzt werden, die sich ihrer praktischen Durchführung entgegenstellen. Zunächst einmal handelt es sich bei all diesen Verfahren doch um recht beträchtliche Aufschlußteufen. Der Einfluß der oberflächennahen Störungsgebiete ist daher ziemlich groß, und es bedarf sehr empfindlicher Meßanordnungen, um trotzdem noch brauchbare Ergebnisse zu erzielen. Dann ist es aber auch nötig, die in Betracht kommenden störenden Einflüsse genau zu erforschen und entsprechend in Rechnung zu stellen.

Die Aufgaben, die man daher zu erfüllen hat, ehe praktische Messungen möglich sind, sind ungefähr folgende:

1. Es ist sowohl die Leitfähigkeit als auch die Dielektrizitätskonstante des Gletschereises bei den in Betracht kommenden hohen Frequenzen zu bestimmen. Dabei muß berücksichtigt werden, daß das Eis niemals vollkommen rein ist, sondern Verunreinigungen von ganz verschiedener Korngröße enthält. Neben ganz feinen Sandkörnern muß man auch eingelagerte Moränenzonen beachten, die mitunter recht beträchtliche Ausdehnung erlangen.

2. Tagsüber ist der Gletscher stets mit einer dünnen Wasserschichte überzogen. An einigen Stellen fließen mehr oder weniger starke Gletscherbäche. Durch Auflösung von Kohlensäure, sowie durch eingeschleppte Verunreinigungen, besitzen alle diese Wässer eine gewisse Leitfähigkeit. Vor allem aber ist die Dielektrizitätskonstante natürlich ungleich höher als die des trockenen Eises. Man muß daher auch den Einfluß dieser Wasserschichte näher studieren.

3. Der Gletscher ruht auf der Bodenmoräne auf. Diese bildet auch geophysikalisch den Übergang von Eis zum festen Boden. Die elektrischen Eigenschaften der Grundmoräne sind von verschiedenen Faktoren abhängig, so insbesondere von ihrer Mächtigkeit, ihrer Wasserführung und mineralogischen Beschaffenheit.

4. Selbstverständlich muß auch auf die Beschaffenheit des unter der Moräne liegenden festen Gesteins Bedacht genommen werden, so insbesondere auf seine eventuelle Schieferung, die Existenz von Spalten usw. und alles, was in elektrischer Hinsicht von Bedeutung sein kann.

Die ersten Messungen dieser Art wurden seinerzeit von Stern durchgeführt. Sie erzielten in mancher Hinsicht durchaus brauchbare Ergebnisse, und die Apparaturen waren recht empfindlich. Stern verwendete für seine Messungen das Überlagerungsverfahren. Ich habe später das Reißverfahren verwendet, mit dem ich noch etwas höhere Empfindlichkeiten ausnützen konnte. Meine Untersuchungen fanden am Hintereisferner in den Ötztaler Alpen statt und wurden im Gegensatz zu den Untersuchungen von Stern am Tage durchgeführt. Es traten also insbesondere die Einflüsse in Erscheinung, die durch die erwähnte wässerige Deckschichte und die Gletscherbäche bedingt sind. Die elektrischen Eigenschaften des Eises wurden bereits früher behandelt. Sowohl Granier als auch Wintsch haben die Frequenzabhängigkeit konstatiert. Noch weit größer ist der Einfluß von Verunreinigungen. Nach den Untersuchungen von Granier fällt bekanntlich die Dielektrizitätskonstante des Eises mit zunehmender Frequenz. Während sie also z. B. bei ungefähr 500 Hertz über der des Wassers liegt, erreicht sie im Bereich der für uns in Betracht kommenden hohen Frequenzen nur mehr Werte zwischen 2 und 3. In ähnlicher Weise verändert sich auch die Leitfähigkeit. Hier ist die umgekehrte Tendenz zu beobachten, d. h. die Leitfähigkeit nimmt mit der Frequenz zu. Während also das Eis bei Gleichstrom oder Niederfrequenz praktisch ein guter Isolator ist, dessen spezifischer Widerstand mehrere Megohm beträgt, sinkt der gleiche Wert bei hohen Frequenzen beträchtlich herab. Nach den Untersuchungen von Granier erhalten wir z. B. für den Bereich des Tausendmeterbandes einen spezifischen Widerstand von ungefähr 25 000 Ohm, während der gleiche Wert bei 50 Hertz ungefähr 10 Megohm beträgt. Diese beträchtlichen Unterschiede muß man sich natürlich vor Augen halten, wenn man die Verhältnisse beurteilt. Unter dem Einfluß von Verunreinigungen sinkt der Widerstand noch mehr ab. Wir haben also bei Hochfrequenz den umgekehrten Fall wie bei Niederfrequenz gegeben. Bei Niederfrequenz wird das Eis gegenüber dem Gestein der schlechtere Leiter sein, bei Hochfrequenz dagegen ist es eine gutleitende Einlagerung. Was nun den Widerstand des Gesteins anbelangt, so ist dieser natürlich schwer abzuschätzen, weil er innerhalb sehr weiter Grenzen schwankt. Für das trockene Gestein können wir ruhig spezifische Widerstände von mehreren Megohm einsetzen. Es wird also der Widerstand des Gesteins den des Eises um mehrere Zehnerpotenzen übertreffen. Die Grenzschichte und insbesondere die Grundmoräne besitzt natürlich eine weit höhere Leitfähigkeit. Wir können daher annehmen, daß das Eis von einer Schichte begrenzt wird, deren Leitfähigkeit ähnliche Werte aufweisen wird wie das Eis selbst, oder diese eventuell sogar noch übertreffen kann. Darunter liegt dann ein Raum von ganz geringer Leitfähigkeit, den wir praktisch als Isolator betrachten können. Dadurch ist die geophysikalische Aufgabe auch schon umrissen. Es handelt sich um den Nachweis der Ausdehnung eines Körpers von bestimmter Leitfähigkeit, der in einem praktisch isolierenden Raum eingelagert ist. Der Übergang zwischen Gletscher und festem Gestein wird überall dort, wo eine Grundmoräne dazwischenliegt, ein allmählicher sein; dort, wo das Gletschereis direkt an das feste Gestein anstößt, wird der Übergang ein diskontinuierlicher. Die Begrenzung ist jedenfalls eine so scharfe, daß sie für die geophysikalische Behandlung des Problems vollkommen ausreicht.

Bei Messungen, die während des Tages stattfinden, sind, wie schon erwähnt, die oberflächlichen Wasservorkommen von großer Bedeutung. Bei Messungen in der Nacht spielen sie, wie dies Stern zeigte, keine bedeutende Rolle, da die Wasserschichte einfriert und dann ganz ähnliche Eigenschaften wie der darunterliegende Gletscher aufweist. Zunächst ist der Gletscher stets mit einer feuchten Schichte überdeckt. Die Oberfläche ist von Furchen durchzogen, in denen oft recht mächtige Gletscherbäche fließen. Durch die sogenannten Gletschermühlen dringt das Wasser von der Oberfläche in das Innere des Gletschers ein und fließt dann durch Spalten im Inneren ab. Am Rande wird, infolge des Abschmelzens, stets mit entsprechenden Wasservorkommen zu rechnen sein. Alle Wasser, die in das Innere des Gletschers eindringen, verlassen diesen dann beim sogenannten Gletschertor bzw. in den beiden Randbächen. Über die Leitfähigkeit und die Dielektrizitätskonstante des Wassers wurde bereits an anderer Stelle gesprochen. Nach meinen Untersuchungen liegt die Leitfähigkeit der Gletscherwasser im allgemeinen recht tief. Es ist dies auch nicht zu verwundern, wenn man bedenkt, daß in diesem Wasser doch verhältnismäßig wenig Lösungen enthalten sind. Die Dielektrizitätskonstante des Wassers liegt natürlich bedeutend über der des Eises. Reines Wasser besitzt bekanntlich eine DK von ungefähr 81, während, wie schon erwähnt, die DK des Eises ungefähr 2 bis 3 beträgt. Der Sprung zwischen Wasserschichte und Gletscher ist also ziemlich groß. Freilich darf man nicht übersehen, daß eine klare Trennungsschichte zwischen den beiden oft fehlt. Man kann sich die Oberfläche des Eises gewissermaßen mit Eisnadeln bedeckt vorstellen, zwischen denen Wasser angesammelt ist. Die Höhe und Stärke dieser Nadeln, und damit der Anteil des Eises in der Grenzschichte, ist von den Bestrahlungsverhältnissen abhängig, sowie auch noch von anderen Faktoren. Es ist durchaus möglich, daß bei stark gewölbten Gletschern die beiden Flanken verschiedene elektrische Oberflächeneigenschaften besitzen, je nachdem die Flanke auf der Sonnen- oder Schattenseite liegt. Bei Versuchen, die sich über mehrere Stunden

erstrecken, muß man daher auch auf die wechselnden Bestrahlungs-
verhältnisse Rücksicht nehmen. Dies bedingt Vergleichsmessungen an
verschiedenen Stellen. In Bild 156 sehen wir den Schnitt durch einen
Gletscher. *G* ist das Grundgebirge, in das der Gletscher eingebettet
ist. *M* bedeutet die Moräne, die sich zwischen Gletscher und Grundgebirge einschiebt. *F* ist schließlich
jene Zone, die man als gleichmäßig
durchfeuchtet ansehen kann. Es wäre
natürlich von großer Wichtigkeit die
Durchfeuchtungsverhältnisse der Moräne zu untersuchen. Darüber gibt es
bis jetzt leider noch gar keine Angaben. Wie groß die Temperatur-
unterschiede sein können, zeigt die
folgende Zahlentafel.

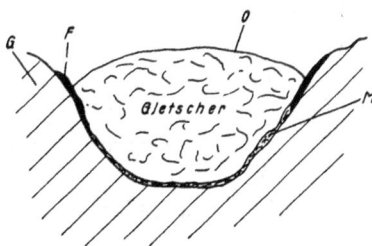

Bild 156. Schnitt durch einen Gletscher

Z a h l e n t a f e l
Luft- und Wassertemperaturen [1])

Zeit	Standort	Luft-Temperatur	Gletscherbach-Temperatur
14^h30	18	7,5	—
14^h45	14	8,8	—
14^h50	12	9,3	—
14^h55	7	8,3	2,1
14^h58	5	11,9	—
15^h00	4	11,9	1,3
15^h05	2	14,5	1,3
15^h10	3	14,0	—

Die Standorte sind aus Bild 159 zu entnehmen (= Marken der Steinlinie). Es ist in diesem Fall übrigens interessant, daß der östliche Teil
des Gletschers auch zu einem Zeitpunkt, da seine Oberfläche wegen
ihrer konvexen Krümmung nur mehr von sehr flachem Winkel bestrahlt
wurde, höhere Temperaturen zeigte als der der Sonne zugewandte Teil
der Oberfläche. Es ist dies möglicherweise auch auf den Einfluß von
Luftströmungen in unmittelbarer Nähe der Gletscheroberfläche zurückzuführen.

Für die Versuche wurde, wie schon erwähnt, die Ersatzkapazitätsmethode verwendet, und zwar wurde mit einem Reißgerät gearbeitet.
Es handelt sich darum, entlang einer senkrecht zur Gletscherachse ge-
zogenen Standlinie zunächst die Veränderung der Ersatzkapazität zu
ermitteln, aus dieser dann auf die fiktive Teufe zu schließen und schließlich die fiktive Teufe zur tatsächlichen in ein bestimmtes Verhältnis zu

---

[1]) Die Lufttemperaturen wurden durch Schleuderthermometer in 2 m Höhe
bestimmt.

bringen. Der Hintereisferner ist besonders deshalb zu Versuchen geeignet, weil er schon früher gründlich untersucht wurde und seine Mächtigkeit, davon abgesehen, auch noch aus mehreren Bohrungen her bekannt ist. Es besteht somit dort die Möglichkeit des direkten Vergleiches, d. h. die fiktive und die tatsächliche Teufe kann in ein be

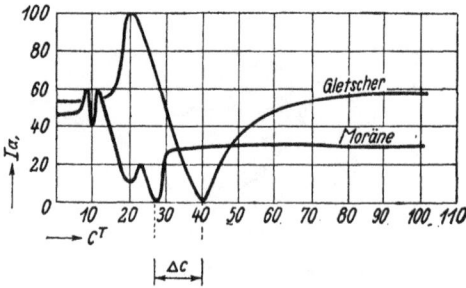

Bild 157. Anodenstrom-Kurven

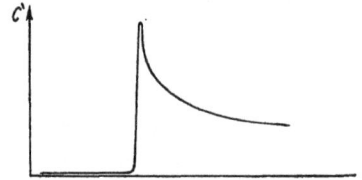

Bild 158. Ersatzkapazität über Gletscherrand

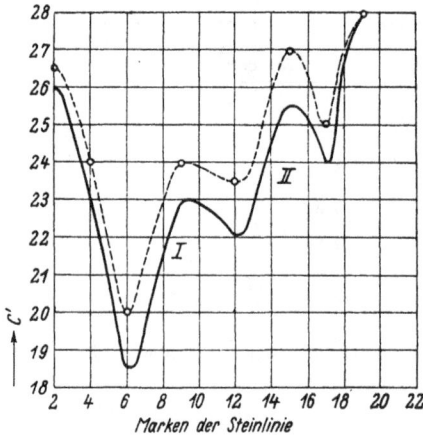

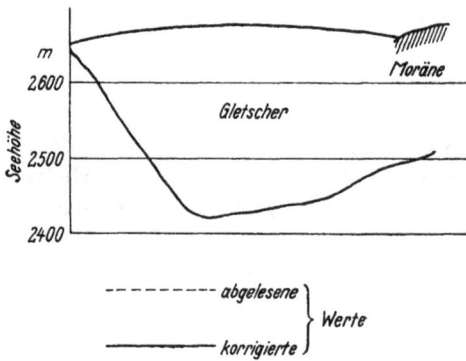

Bild 159. Profil für einen Gletscher

stimmtes Verhältnis gebracht werden. Dadurch könnte dann in analoger Weise die Mächtigkeit von Gletschern aus rein funkgeologischen Messungen heraus ermittelt werden.

In Bild 157 sehen wir zwei aus dem Versuchsmaterial herausgegriffene Kurven. Auf der Abszisse ist die Änderung des Meßkondensators aufgetragen, auf der Ordinate der Anodengleichstrom. Infolge der feinen Teilung des Meßkondensators ist es noch möglich, im steilen Teil der Anodenstromkurve, auch in unmittelbarer Nähe des Anspring- oder Abreißpunktes zu arbeiten. Es wurde stets die ganze Anodenstromkurve aufgenommen und aus den Kurven die Veränderung der Ersatzkapazität berechnet. In dem in Bild 157 dargestellten Beispiel beträgt

z. B. der Unterschied der Ersatzkapazität ΔC. In Bild 158 sehen wir den steilen Rückgang der Ersatzkapazität am Rande des Gletschers. Interessant ist es, daß die Kurve zunächst rasch ansteigt. Dies ist zweifellos auf die starke Durchfeuchtung der in Bild 156 mit F bezeichneten Zone zurückzuführen. Über der Grenzfläche erfolgt dann ein plötzlicher Abstieg. Der Unterschied der absoluten Werte ist natürlich von der Oberflächenbeschaffenheit des Gesteins und damit auch wieder weitgehend von der Witterung abhängig. In Bild 159 sehen wir das Ergebnis einer längeren Versuchsreihe dargestellt. Unten ist zunächst das Profil des Gletschers eingezeichnet, so wie es aus den Bohrungen der Gletscherkommission des Deutschen Alpenvereins her bekannt ist, die auch meine Versuche in sehr dankenswerter Weise unterstützte. Rechts sehen wir im Querschnitt eine Oberflächenmoräne eingebettet. Außer dieser sind nach den Anschauungen der Gletscherforschung auch noch an den Stellen I und II im Inneren des Gletschers Moränen zu vermuten. Entlang einer Steinlinie wurden die Ersatzkapazitäten C gemessen und dadurch die strichliert eingezeichnete Kurve gewonnen. Das Ergebnis ist in den beiden folgenden Tafeln zusammengestellt. Aus der ersten Zahlentafel kann man erkennen, daß die Ersatzkapazität bei andauernder Sonnenbestrahlung zunimmt. Bei Eintrübung wird der

Zahlentafel

Nr.	Stein-linie	Stein Nr.	Zeit	Witterung	C'
1	3	12	13,20	Starke Sonnenbestrahlung	23,5
2	3	12	15,00	Starke Sonnenbestrahlung	25,0
3	3	18	14,30	Sonnenschein 7,5°	24,0
4	3	18	15,30	Sonnenschein 8,2°	26,0
5	3	18	16,00	trüb 9,8°	26,0
6	3	18	16,25	trüb 10,5°	26,0
7	3	18	16,55	trüb 9,2°	25,5
8	3	18	17,05	trüb, dichte Wolken	25,5

Zahlentafel

Messung auf der Steinlinie III bei klarer Witterung und Sonnenschein

Nr.	Stein Nr.	Zeit	abgel. Wert C'	Korrekturzeit Minuten	Korr.-Wert C'
1	19	11,20	28,0	0	28,0
2	18	12,00	27,0	— 40	26,5
3	17	12,25	25.0	— 65	24,0
4	15	13,00	27,0	— 100	25,5
5	12	13.20	23,5	— 120	22,0
6	9	15,30	24,0	— 100	22,5
7	6	15,50	20,0	— 100	18,5
8	4	16,10	24,0	— 65	23,0
9	2	16,30	26,5	— 30	26,0

Wert zunächst beibehalten, um später langsam abzufallen. Die Beeinflussung ist also eine ganz ähnliche wie die durch Gletscherbäche bedingte. Dies ist verständlich, wenn man bedenkt, daß in beiden Flächen der Übergriff der Oberflächenschichte vergrößert wird. In der Abbildung sind strichliert die gemessenen Werte eingezeichnet. Nach Durchführung der entsprechenden Korrekturen, wie sie in der zweiten Zahlentafel angegeben sind, wurde dann die stark ausgezogene Kurve eingezeichnet. Es zeigt sich eine Übereinstimmung zwischen dem Verlauf der Ersatzkapazitätskurve und der Gletschermächtigkeit. Eine Störung wird durch die eingebetteten Moränen bedingt. Ehe die Methode praktisch eingesetzt werden kann, wird es daher notwendig sein, diese Einflüsse näher zu studieren und entsprechende Korrekturverfahren zu entwickeln. Jedenfalls darf man von einer prinzipiellen Brauchbarkeit des Verfahrens schon heute sprechen.

F. Die funkgeologische Untersuchung eines Zinnobervorkommens

Im Jahre 1939 hatte ich im Gebiete von Schönbach bei Eger eine Zinnoberlagerstätte funkgeologisch zu untersuchen. Es handelte sich da um die Frage, in welchem Gebiete eine eventuelle Wiederaufnahme des Quecksilberbergbaues Aussicht auf Erfolg versprechen könnte. Ich möchte diese Aufgabe als Beispiel für einen indirekten Nachweis kurz besprechen.

Das Untersuchungsgelände ist in dem Lageplan, Bild 160, mit A bezeichnet. In diesem Gebiete wurden vor mehreren Jahrhunderten bereits Quecksilberbergbaue betrieben, die offenbar dann aus politischen Gründen eingestellt wurden. Die Karten, die für dieses Gebiet zur Verfügung stehen, sind leider recht ungenau. Im Gelände sind noch zahlreiche Pingen zu erkennen und an einer Stelle ist noch ein alter Stollen zu sehen. Ansonsten fehlen aber irgendwelche Anhaltspunkte. Um nun die geophysikalische Aufgabe näher eingrenzen zu können, muß man sich die Entstehungsgeschichte des Zinnobers vor Augen halten. Das Zinnobervorkommen, um das es sich hier handelt, ist offenbar als Absetzung irgendwelcher Thermen entstanden. Es handelt sich also um eine Imprägnation, die an eine Störungszone gebunden ist. Das Zinnober ist vor allem in feinen Spalten und Haarrissen zu erkennen. In großen mächtigen Spalten kommt es dort kaum vor. Aus diesem Grunde durfte auch vermutet werden, daß die Wahrscheinlichkeit für die Auffindung eines solchen Vorkommens dort am größten sein dürfte, wo solche Störungszonen vorhanden sind, oder wo sich womöglich Spaltensysteme scharen oder durchsetzen. Ein solcher indirekter Nachweis muß schon deshalb geführt werden, weil die Lagerstätte selbst geoelektrisch nicht nachzuweisen ist. Nach den Angaben von Löwy besitzt trockenes Zinnober eine ungefähre Leitfähigkeit von 5,10³. Das Nebengestein ist Phyllit und Schiefer. Für diese beiden kommen trockene Leitfähigkeiten von 10³ bis zu 10⁰ in Betracht. Es besteht oft zwischen dem trockenen Zinnober und dem trockenen Gestein kein meß-

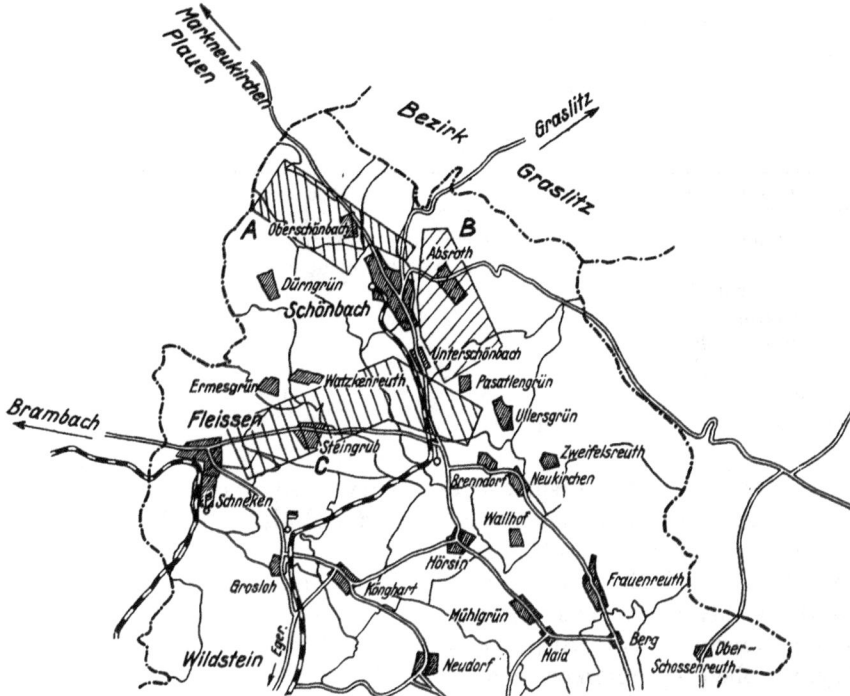

Bild 160. Versuchsgelände bei Schönbach

barer Unterschied. Aber selbst wenn, z. B. unter dem Einfluß der Durchfeuchtung solche Unterschiede auftreten würden, so wären sie kaum meßbar. Die höchsten Durchschnittsgehalte können mit ungefähr 5 bis 8% angenommen werden. Im Gebiete von Schönbach kommen aber weit geringere in Betracht. Die Lagerstätte wäre noch abbauwürdig, wenn bloß ein halbes Prozent Zinnober vorhanden wäre. Es ist klar, daß so geringe Beimengungen natürlich die elektrische Leitfähigkeit in keiner Weise verändern können. Unter diesen Voraussetzungen muß untersucht werden, ob die in den Spalten enthaltenen wässerigen Lösungen sich von dem festen Gestein elektrisch deutlich unterscheiden. Nur dann, wenn das der Fall ist, wird ein geoelektrischer Nachweis, zu mindestens der Spaltenzonen, möglich sein. Das geophysikalische Verfahren kann in diesem Fall also überhaupt nur Anhaltspunkte für die Durchführung des Schürfverfahrens bieten. Es kann bestimmte Stellen näher eingrenzen und auf diese Weise die Schürfarbeiten in planvoller

Weise lenken. Dies ist natürlich vom wirtschaftlichen Wert aus ein unbedingter Vorteil.

Um einen Überblick über die geoelektrischen Verhältnisse zu gewinnen, wurden Proben von Glimmerquarz, von erzarmen und verhältnismäßig erzreichen Schiefern vermessen. Es wurden in der üblichen Weise die wässerigen Lösungen, angesetzt und einerseits die Schüttelproben, andererseits die gelaugten Proben vermessen. Einige Durchschnittswerte sind in der folgenden Zahlentafel zusammengestellt.

Zahlentafel

Geologischer Leiter	Rel. Widerstand der Lösung
Glimmerquarz	Widerstand vom Werte des Widerstandes destillierten Wassers nicht messbar verschieden.
Schiefer (erzarm)	
Schüttelprobe	6,5
Gelaugte Probe	5,7
Schiefer (erzreich)	
Schüttelprobe	10,7
Gelaugte Probe	7,1

Zeichnet man die entsprechenden Kurven, so erkennt man, daß mit zunehmender Intensität der Auslaugung der Widerstand des erzreichen Gesteins schneller fällt als jener des erzarmen. Dies dürfte meiner Meinung nach auch dadurch verständlich sein, daß die Berührungsoberfläche beim erzreichen Gestein größer ist als bei dem mehr kompakten erzarmen. Außerdem wurden in der Umgebung der Lagerstätte Wasserproben entnommen und ebenfalls vermessen. Die Ergebnisse sind wieder in der nächsten Zahlentafel zusammengestellt. Das Wasser

Zahlentafel

Probe	Spez. Widerstand
Nr. 1 (Bummelbrunnen)	7 500 Ohm/cm³
Nr. 2 (Schule)	19 130 »
Nr. 3 (Abraum)	13 330 »
Nr. 4 (Haus 23)	5 660 »
Nr. 5 (Bach B.)	800 »
Nr. 6 (Oberfl. B.)	8 260 »

aus dem Bummelbrunnen steht mit der Entwässerung der alten Gruben in Verbindung. Das Wasser, das hier vermessen wird, stand daher mit den erzreichen Gesteinsschichten in direktem Kontakt. Es wurde einem Brunnen von ungefähr 11 m Tiefe entnommen. Die anderen Proben wurden einem 9 m tiefen Brunnen (beim Haus 23), sowie einem Bach und einem von den Abbauen entfernten Oberflächenwasser entnommen. Meiner Meinung nach ist der Widerstandswert für die Probe Nr. 1 nicht ganz zuverlässig, da es nicht möglich war, dort Wasser zu entnehmen, das nicht verunreinigt gewesen wäre. Auf jeden Fall aber dürfte trotzdem die Leitfähigkeit ziemlich hoch liegen. Vergleichen wir die Werte, so sehen wir ungefähr folgendes: Beim Durchdringen der Erdoberfläche haben die Wässer einen Widerstand von ungefähr 20000 Ohm. Beim Durchdringen des Abraumes fällt dieser auf ungefähr 13000 Ohm und beim Durchdringen der Lagerstätte auf 7500 und 5600 Ohm. Dem gegenüber ist der Widerstand für den angefeuchteten Granit mit ungefähr 36 Ohm/cm zu errechnen und der feuchte Widerstand von Schiefer erlangt Werte bis zu 300000 Ohm. Wenngleich natürlich diese Widerstände innerhalb weiter Grenzen schwanken, so kann doch mit Sicherheit angenommen werden, daß der Widerstand naturfeuchter Gesteine ganz bedeutend höher liegt als jener der Spaltenwässer. Ich möchte an dieser Stelle nicht weiter die Frage untersuchen, inwieweit die eigenartigen Widerstandsveränderungen des Spaltenwassers ihre Erklärung finden können, da ich dies an anderer Stelle bereits getan habe. Für uns ist jedenfalls wichtig, daß ein Volumen, das von mit Wasser erfüllten Spalten durchsetzt wird, eine höhere Leitfähigkeit besitzt als ein solches, das keinerlei Störung aufweist. Dieser Unterschied wird aber weiter bei Hochfrequenz noch viel deutlicher in Erscheinung treten als bei anderen Frequenzen, da in diesem Fall aus Gründen, die bereits besprochen wurden, das elektrodynamische oder funkgeologische Volumen des gestörten Gesteins ein wesentlich anderes sein wird als das des festen.

Die Messung wurde nach der Kapazitätsmethode durchgeführt, wobei wieder ein Reißgerät verwendet wurde, so wie es auch bei den Gletschermessungen verwendet wurde. Durch besondere Messungen wurden die verändernden Einflüsse, also insbesondere die durch die Witterung bedingten, erfaßt und entsprechend korrigiert. An jedem einzelnen Meßpunkt wurde zunächst die Anodengleichstromkurve bei abgeschalteten Antennen aufgenommen. Dann wurden die Antennen angeschaltet und die gleiche Kurve neuerlich bestimmt. In der folgenden Tafel wird dargestellt, wie ein Versuchsprotokoll für solche Messungen anzulegen ist. Aus den Protokollen wurden dann die entsprechenden Ersatzkapazitätswerte ermittelt und dann noch korrigiert. Auf diese Weise wurde für eine große Anzahl einzelner Meßpunkte die Ersatzkapazität bestimmt.

Das in Betracht kommende Versuchsgelände wurde mit zahlreichen Standlinien überzogen und auf diesen wurden dann die einzelnen Meßpunkte fixiert. In Bild 161 sind diese Standlinien eingetragen. Das Ergebnis der Funkmutung konnte einerseits in Kurvenform für die einzelnen Standlinien, andererseits in Form von C-Gleichen für das ganze Gelände dargestellt werden. In Bild 162 ist die erste Art der Darstellung

13*

Zahlentafel

Beispiel eines Messergebnisses

Standlinie . . . .
Meßort Nr. . . , ...
Datum: 6. April 1939. Zeit 17 Uhr.
Witterung: Trocken, bewölkt.
Ruhestrom: 60 T⁰.

a) Messungen ohne Meßantennen.

Meßkondensator[2]	15,5	8[1]	7	6	5,5	5,3
Amperemeter[2]	60	60	55	50	45	40

b) Messungen mit Meßantennen.

1. Antennenhöhe 45 cm

Meßkondensator	29,5	29,5[1]	19	17,5	17	16,8
Amperemeter	60	60	55	50	45	40

2. Antennenhöhe 30 cm

Meßkondensator	30	22,5[1]	20	18,5	18	17,8
Amperemeter	60	60	55	50	45	40

3. Antennenhöhe 15 cm

Meßkondensator . . .	30	22,5[1]	21	19	18,5	18
Amperemeter	60	60	55	40	45	40

Allgemeine Bemerkungen: . . . .

für einige wichtige Standlinien zu sehen. In Bild 161 sind die C-Gleichen für das ganze Gebiet eingezeichnet. Besonders in Bild 161 erhalten wir eine recht übersichtliche Art der Darstellung. Ein im oberen Teil des Geländes verlaufender und dann auch durch Schürfung tatsächlich nachgewiesener Verwerfer kommt sehr deutlich zum Ausdruck. Man sieht, daß in ost-westlicher Richtung eine Zone erhöhter Ersatzkapazität streicht. In der Gegend der Standlinie Andrei ist diese deutlich verworfen[3]. Zwischen den Standlinien »Franz« und »Karl« besitzt die erwähnte Zone die größte Breite. Es ist ein inselförmiges Gebiet kleiner Ersatzkapazität eingelagert. Gegen den Verwerfer zu wird dann die Zone schmäler. Wir haben nun gesehen, daß das Gebiet, in dem die Wahrscheinlichkeit für die Existenz eines Zinnobervorkommens am größten ist, durch erhöhte Leitfähigkeit ausgezeichnet sein muß. Erhöhte Leitfähigkeit und Dielektrizitätskonstante werden aber in unserem Falle auch in einer Erhöhung der Ersatzkapazität zum Ausdruck kommen. Aus diesem Grunde wird das höffige Gebiet mit der kreuzweise oder voll

---

[1]) Reißpunkt.
[2]) in Teilstrichen.
[3]) Bild 161 ist so orientiert, daß oben im Bild Westen, unten Osten, rechts Norden und iinks Süden ist.

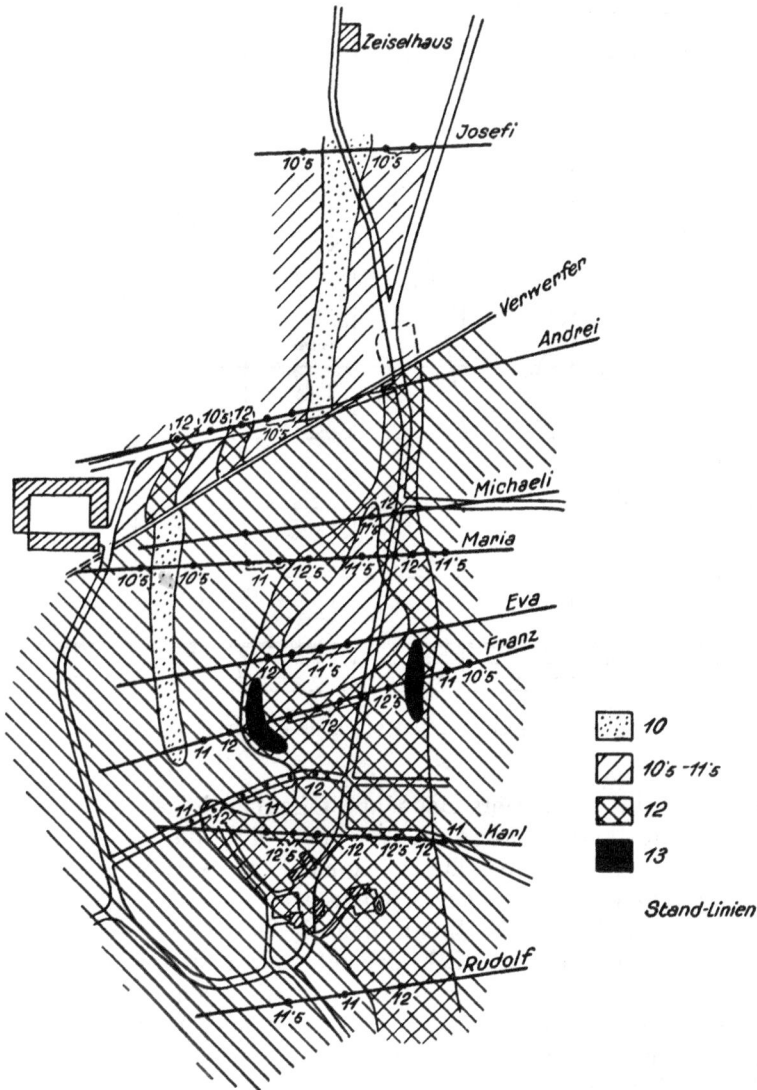

Bild 161. Standlinien und Ergebnis Oberschönbach

schraffierten Zone übereinstimmen. Nun ist es interessant, daß in diesem Gebiet tatsächlich später alte Stollen gefunden wurden. Infolge des ungenauen Maßstabes der alten Grubenkarte wurden diese zunächst an anderer Stelle gesucht. Erst als im Frühjahr nach der Vermessung nach heftigen Regengüssen sich einige Senkungen zeigten, wurden Nachschürfungen eingeleitet, die dann die Stollen tatsächlich nachweisen konnten. Soweit man diese verfolgen kann, nehmen sie offenbar auf

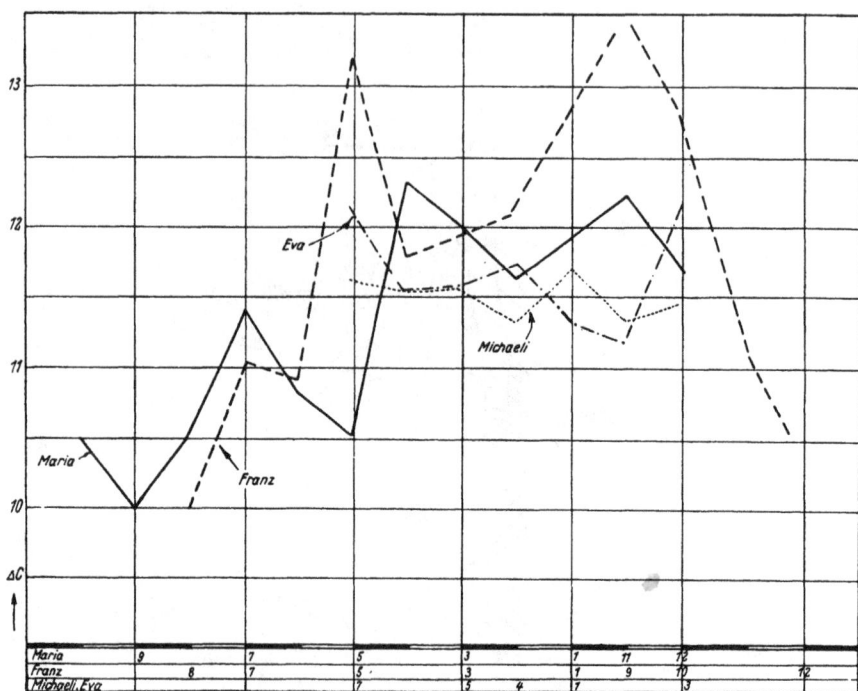

Bild 162. Kurven für einige Standlinien in Oberschönbach

die Existenz des Verwerfers Bedacht. Offenbar haben die Alten den
Verwerfer angefahren und dann versucht, ihn auszurichten. Meiner
Meinung nach dürften aber die Alten nicht das eigentlich verworfene
Trum, sondern irgendeine andere, mehr oder weniger mächtige Spalte
dann weiter verfolgt haben. Wenn man die Darstellung der C-Gleichen
betrachtet, so sieht man deutlich, daß offenbar mehrere Zonen erhöhter
Leitfähigkeit entlang des Verwerfers verschoben sind. Möglicherweise
findet dieses ganze Spaltensystem dann auch noch in größerer Entfer-
nung auf dem Plateau von Absroth seine Fortsetzung. Die Stelle, an
der der alte Stollen später gefunden wurde (Standlinie Maria) ist in der
Kurve durch ein deutliches Maximum beim Punkte 4 gekennzeichnet.
In dem Gelände fanden später auch geologische Untersuchungen statt.
Sie zeigten die tatsächliche Existenz einer Zinnoberlagerstätte, deren
Rentabilität aber infolge des sehr geringen Gehaltes nicht unbestritten
ist. Die Schürfarbeiten haben dann durch den Krieg eine vorläufige
Unterbrechung erfahren. Die Untersuchungen in Oberschönbach zeigen
aber jedenfalls, daß funkgeologische Verfahren sehr wohl imstande
sind nicht allzu tiefe Spaltensysteme und insbesondere Verwerfungen
brauchbar nachzuweisen.

G. Untersuchung eines Brauneisenvorkommens

Im Anschluß an die im vorigen Abschnitt beschriebenen Versuche wurden ebenfalls in der Umgebung von Schönbach auch Untersuchungen über einem Brauneisenvorkommen durchgeführt. In der Übersichtskarte (Bild 160) ist das in Betracht kommende Gebiet bei C eingezeichnet. Es erstreckt sich im allgemeinen in ost-westlicher Richtung, zwischen Unterschönbach und Steingrub. Den Anlaß zu diesen Untersuchungen boten Versuche, die die Abhängigkeit der Blitzgefährdung von der elektrischen Bodenbeschaffenheit feststellen sollten. Es wurde da ein sogenanntes »Blitznest«, also eine Zone besonders erhöhter Blitzgefährdung eingegrenzt und geoelektrisch vermessen. Die Untersuchung zeigte, daß an der betreffenden Stelle der Boden eisenhaltig war. Es handelt sich um eine braune Eisenerzlagerstätte mit einem Gehalt bis zu 50% Fe. Um diese Zone dann noch in ihrer weiteren Ausbreitung zu verfolgen, wurden später Messungen nach dem Kapazitätsverfahren eingeleitet.

Der Schönbacher Brauneisensandstein weist leider einen sehr hohen Gehalt an Kieselsäure auf. Der Gehalt an Eisen schwankt ziemlich stark und beträgt im allgemeinen 15 bis 30%. Nur an einigen Stellen erreicht er 50%. Als Liegendes kommt Schiefergebirge in Betracht, als Hangendes dagegen alluviale und diluviale Ablagerungen. Geophysikalisch war in diesem Falle folgendes zu überlegen: Es handelt sich um die Unterscheidung der Lagerstätte vom Nebengestein, also um die Trennung von Brauneisenerz oder Brauneisensandstein einerseits, Urgestein bzw. jüngere Schichten andererseits. Als Überdeckung kommt eine verhältnismäßig wenig mächtige Humusschichte in Betracht, die besonders bei trockener Witterung nicht allzu störend ins Gewicht fällt, wenngleich sie natürlich eine Erhöhung der Meßgenauigkeit notwendig macht. Da sich die hier in Betracht kommenden geologischen Leiter im trockenen Zustande voneinander elektrisch unzureichend unterscheiden, so muß wieder das Hauptaugenmerk den verschiedenen wässerigen Lösungen zugewendet werden, die in ihnen enthalten sind. Die Leitfähigkeit des trockenen Gesteins liegt bei ungefähr 10^3 bis 10^4. Sie ist also reichlich gering und mehrere Zehnerpotenzen kleiner als die der in Betracht kommenden Lösungen. Nun ist in diesem Falle zu beachten, daß sich das Hangend- und Liegendgestein in elektrohydrologischer Hinsicht voneinander sehr weitgehend unterscheiden. Der Schiefer wird nur oberflächlich Feuchtigkeit aufnehmen und diese längere Zeit behalten. In den jüngeren Schichten wird sich die Durchfeuchtung je nach der Witterung ziemlich weitgehend verändern. Wir müssen nun diese Unterschiede geoelektrisch ausnützen. Eine kurze Überlegung zeigt, daß bei feuchter Witterung das Hangende besser leiten wird als das Liegende und auch die Dielektrizitätskonstante wird auf der Hangendseite größer sein als im Liegenden. Hält nun lange hindurch trockene, warme Witterung an, so können diese Verhältnisse allerdings ins Gegenteil verkehrt werden. In beiden Fällen wird aber die Zone über dem Gang als elektrische Diskontinuität erscheinen. Diese und noch weitere Erwägungen führten dazu, für die Messungen einen Zeitpunkt nach einer längeren Regenperiode zu wählen. Zur Zeit der Messung war aber der Boden oberflächlich wieder ausgetrocknet, so daß der Übergriff der oberflächlichen Deckschichte nicht mehr zu große Werte aufwies. Die in Betracht kommenden Verwerfer sind, wie schon an mehreren Stellen gezeigt wurde, elektrisch fast immer als Diskontinuitätsstellen nachzuweisen.

Die Messung wurde nach dem Kapazitätsverfahren durchgeführt und wieder ein Gerät verwendet, das nach der Reißmethode arbeitete. Auf die hier gegebenen besonderen Voraussetzungen möchte ich nicht weiter eingehen, sondern an dessen Stelle die Ergebnisse kurz besprechen. Das in Frage kommende Gebiet wurde, wie dies Bild 163

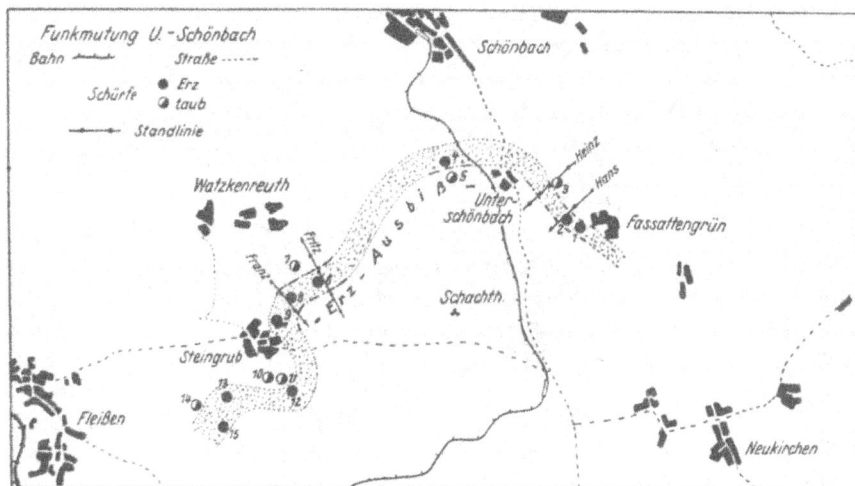

Bild 163. Funkmutung Unterschönbach

zeigt, von einigen Standlinien überzogen und überdies wurden noch an einer größeren Anzahl von einzelnen Punkten gemessen. Für die einzelnen Versuchsorte wurde die Ersatzkapazitätskurve aufgenommen und diese dann in der üblichen Weise gedeutet. In Bild 98 ist das Ergebnis der Funkmutung eingezeichnet. Die aus den Messungen ermittelte Diskontinuitätszone ist als »Erzausbiß« bezeichnet. Die Zone wurde dann westlich von Steingrub auf Grund bekannter Aufschlüsse weiter fortgesetzt. Funkgeologische Messungen fanden jedoch in dem Raume westlich von Steingrub nicht mehr statt. Ein interessantes Detail der ganzen Aufnahme zeigt Bild 164. Dieses Gebiet ist deshalb interessant, weil dort die schon erwähnten Untersuchungen stattfanden, um die Existenz von Blitznestern geophysikalisch zu erklären.

Um nun die Ergebnisse der Funkmutung zu überprüfen, wurden an mehreren Stellen Schürfarbeiten durchgeführt. Abteilungen der Technischen Nothilfe legten 15 Probeschürfungen an, die Einzellängen bis zu 40 m und Tiefen bis zu 5 m aufwiesen. Das Ergebnis der Schür-

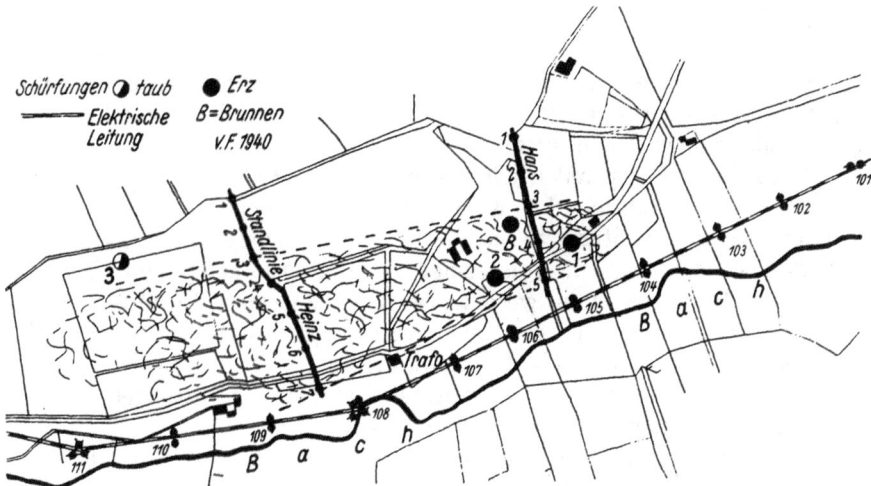

Bild 164. Funkmutung Unterschönbach, östlicher Teil

fung stimmt nun durchwegs mit dem der Funkmutung sehr gut überein. In Bild 164 sehen wir z. B., daß die Schürfe *1* und *2* sowie der Aufschluß *B* tatsächlich fündig wurden, während z. B. der Schurf *3* nur taubes Ge- stein nachwies. Ganz ähnlich verhält es sich bei Steingrub und nörd- lich des Schachthauses. Die Eingrenzung durch Funkmutung gelang daher überall mit durchaus genügender Genauigkeit.

Die Untersuchungen von Unterschönbach zeigen daher, daß die Funkmutung bei richtigem Einsatz schon heute wertvolle Aufschlüsse liefern kann. Die große Bedeutung elektrohydrologischer Faktoren wird gerade in diesem Raume besonders deutlich vor Augen geführt.

H. Untersuchungen in Kaligruben

Der Nachweis von Gas- und Laugeneinschlüssen in Salzlagerstätten ist von besonderer Bedeutung, da insbesondere Gasausbrüche zu den schwersten Grubenkatastrophen führen. Es handelt sich also darum, poröse Salzstellen so rechtzeitig nachzuweisen, daß Sicherheitsvor- kehrungen möglich sind. Nach dem Stande der heutigen Forschung würde man sich mit einem Nachweis in ungefähr 10 m Abstand zufrie- denstellen. Von den elektrischen Verfahren können eigentlich nur die

Methoden der Funkmutung in Betracht kommen. Das Salz selbst ist bekanntlich ein sehr schlechter Leiter. Es besitzt die Eigenschaften eines guten Isolators. Lediglich dünne Filmüberzüge besitzen eine größere Leitfähigkeit. In trockenen Gruben spielen diese keine Rolle und sie sind natürlich für die Ausführung der geophysikalischen Messung lediglich hinderlich. Es handelt sich also bei Gaseinschlüssen um den Nachweis eines Nichtleiters, der in einem anderen sehr schlechten Leiter eingebettet ist und beim Nachweis von Laugen um die Unterscheidung eines guten Leiters, der aber ebenfalls wieder in einen sehr schlechten Leiter eingeschlossen erscheint. Aus diesem Grunde können lediglich Veränderungen der Verschiebungsströme die Grundlage der geophysikalischen Messung bilden.

Zunächst ist es natürlich nötig, die elektrischen Eigenschaften der in Betracht kommenden Körper zu untersuchen. Die Leitfähigkeit können wir ohne weiteres vernachlässigen. Die Dielektrizitätskonstante des Salzes ist natürlich von seiner Zusammensetzung und Struktur abhängig. Im allgemeinen werden wir Werte zwischen 6 und 9 erhalten, so daß wir für überschlagsweise Berechnungen den Wert von 7 annehmen dürfen. Die Dielektrizitätskonstante von Gasen beträgt bekanntlich 1. Über die Dielektrizitätskonstante von flüssiger Kohlensäure gibt nachfolgende Zahlentafel Bescheid.

Nehmen wir nun an, wir hätten ein Salz, dessen Porositätsgrad 15% beträgt. Wenn wir die Dielektrizitätskonstante des Salzes mit 7 annehmen, so können wir nach einer überschlagsweisen Berechnung für die Dielektrizitätskonstante des porösen Salzes, das ein Luft-Salz-

Zahlentafel

Dk der flüssigen Kohlensäure bei einer Frequenz von 10^6 Hertz

Temperatur	Druck	ε	Autor
0^0 C	1 atm	1,000946	Boltzmann
0 »	1 »	1,000985	Klemenčič
1 »	1 »	1,000989	Rohman
15 »	10 »	1,060	Linde
15 »	20 »	1,020	Linde
15 »	40 »	1,008	Linde

Zahlentafel

Frequenz $= 10^6$ Hertz

Temperatur	ε	
—5^0 C	1,608	
0 »	1,583	verflüssigte CO_2 beim
10 »	1,540	Sättigungsdruck gemessen
15 »	1,526	(nach Linde).

gemisch darstellt, ungefähr 5,5 annehmen. Die Meßinstrumente, die uns nun heute zur Verfügung stehen, können eine Dielektrizitätskonstantenänderung von ungefähr 0,001 nachweisen. Wenn wir nun die Dielektrizitätskonstante eines Mischkörpers, der aus zwei Bestandteilen von den Dielektrizitätskonstanten ε_1 und ε_2 besteht, so gilt die folgende Gleichung:

$$\varepsilon = \varepsilon_1^{\vartheta_1} \varepsilon_2^{\vartheta_2}.$$

In dieser bedeutet ϑ die sogenannten Berechtigungsziffer, die in erster Linie von dem Volumsanteil abhängig sind. Nehmen wir nun an, wir hätten einen Aufschlußraum von 5000 m³. In diesem sei ein Raum von ungefähr 100 m³ von kohlensäurehaltigen Hohlräumen, sogenannten Racheln, durchsetzt. Wir erhalten dann für $\vartheta_1 = 0{,}98$, für $\vartheta_2 = 0{,}02$, für $\varepsilon_1 = 7$ und für $\varepsilon_2 = 5{,}5$. Nach der oben angegebenen Gleichung erhalten wir dann eine mittlere Dielektrizitätskonstante für den ganzen Raum von 6,997. Bestünde der ganze Aufschlußraum aus festem Salz, so erhielten wir die Dielektrizitätskonstante von 7. Der durch die Racheln bedingte Unterschied der Dielektrizitätskonstante beträgt somit 0,003. Da wir aber noch reproduzierbare DK-Unterschiede von 0,001 nachweisen können, so muß eine solche Änderung noch meßbar sein. Den erwähnten Aufschlußraum erhalten wir bei einem ungefähren Elektrodenabstand von 20 m. Wenn natürlich die Racheln nicht an irgendeinem beliebigen Punkt des Raumes liegen, also z. B. in der Nähe der Elektroden, so sind die Verhältnisse bedeutend günstiger. Die Rechnung zeigt jedenfalls, daß selbst bei der ungünstigsten Lage und einer Entfernung von ungefähr 15 bis 20 m von der Meßbasis, der Nachweis poröser Salzvorkommen noch durchaus möglich ist. In theoretischer Hinsicht bestehen somit keine weiteren Schwierigkeiten. Die Schwierigkeiten treten erst bei der praktischen Durchführung auf.

Ich habe nun selbst im Laufe der letzten Jahre Untersuchungen dieser Art durchgeführt und möchte über diesen Punkt einiges mitteilen.

Die Untersuchungen in Kaligruben gleichen vielfach jenen, die etwa nach der normalen Widerstandsmethode an der Oberfläche verschieden leitender Böden vorgenommen werden. An die Stelle der Leitungsströme treten aber die Verschiebungsströme. Wir erhalten also ganz ähnliche Kurven wie bei den schon lange bekannten Widerstandsverfahren, nur erscheint nicht der Ohmsche Widerstand, sondern die Dielektrizitätskonstante als veränderliche Größe. Ebenso wie bei den schon bekannten Widerstandsverfahren, spielen auch hier die Elektrodenprobleme eine besondere Rolle. In der nächsten Nähe der Elektrode liegen bekanntlich die Verschiebungslinien dicht beieinander. Aus diesem Grunde werden Diskontinuitäten an diesen Stellen von besonderem Einfluß sein. Liegen also z. B. die Elektroden schlecht an, so können Fehler auftreten, die so groß sind, daß sie die Messung überhaupt unmöglich machen. Aus diesem Grunde mußten zunächst eigene Versuche unternommen werden, um die Größe der Elektrodenfehler zu studieren und ihren Einfluß auszuscheiden. Bei den normalen Widerstandsverfahren spielen die Übergangswiderstände an Elektroden deshalb keine Rolle, weil die Meßelektroden nie stromführend sind. Da wir bisher in der Funkmutung vornehmlich Zweipolverfahren zur Verfügung haben, so gehen natürlich die Elektrodenfehler in die Rechnung ein, da die Meßelektroden auch gleichzeitig den Meßstrom zuführen.

Außer den Elektrodenfehlern kommen natürlich noch andere in Betracht. Wenn die Oberfläche des Salzes mit einem dünnen feuchten Film überzogen ist, so werden in diesem Gleichströme fließen, die das Ergebnis verfälschen. Aber auch Apparatefehler müssen beobachtet werden. Sehr oft überziehen sich in der Grube die Isolatoren eines Gerätes mit einer dünnen Salzstaubschichte. Geringe Spuren von Feuchtigkeit lassen dann Laugen entstehen, die unerwünschte Ableitungen herstellen. Aus diesem Grunde können Geräte, die sich an anderen Stellen durchaus bewähren, in Kaligruben oft vollkommen versagen. Für die Untersuchungen, die ich durchführte, wurde ein Gerät nach der Reißmethode konstruiert, das ober Tags während einer zwölfstündigen Versuchsdauer eine Nullpunktwanderung von 0,3 Teilzeichen aufwies. Auch in der Grube war die Meßgenauigkeit und Reproduzierbarkeit eine sehr hohe. In der folgenden Zahlentafel sind zwei Angaben gegenübergestellt, zwischen denen ein Zeitraum von 20 Stunden liegt. Die Reproduzierbarkeit war also vollständig ausreichend.

Zahlentafel

Zeit	RK	C_{II}	C_{III} a)	b)
12. 4. 1940, 12^h00	19	54,5	88,5	87
13. 4. 1940, 8^h30	19	54,5	88,2	87

a) an Eichkapazität = 50 cm
b) an Antenne von 7 m Länge.

Nach zahlreichen Versuchen wurde die in Bild 165 bei a dargestellte Elektrodenform gewählt. An eine Metallplatte M ist ein Holzring H angeschraubt, der in der Abbildung im Schnitt gezeichnet ist. Der von diesem Ring begrenzte Raum wird zunächst mit Salzstaub angefüllt. Am besten wird ein möglichst trockener Salzbrei angesetzt und in diesen Raum eingestrichen. Man erhält auf diese Weise eine gut plastische Elektrode, die man an die Oberfläche des Salzlagers fest anpreßt. Der Salzbrei paßt sich allen Unebenheiten der Oberfläche an und bildet auf diese Weise einen guten Kontakt. Bei b sehen wir das zugehörige Ersatzschema. Bei M sind die Klemmen des Meßgerätes eingezeichnet. Die mit dem Index E bezeichneten Widerstände und Kapazitäten beziehen sich auf die Elektroden. R_0 bedeutet den Oberflächenwiderstand, der durch den feuchten Film bedingt ist. C_0 ist die zu messende Kapazität. Mit Rücksicht darauf, daß die Ohmschen Widerstände eine geringe Rolle spielen, handelt es sich uns vor allem darum, die Kapazitäten C_E möglichst groß zu machen. Aus diesem Grunde werden wir auch die Elektroden nicht allzu klein wählen. Dies ist vor allem auch deshalb nötig, weil bei zu kleinen Elektroden zufällige Diskontinuitäten in unmittelbarer Nähe der Elektrode das Meßergebnis schon sehr stark beeinflussen könnten. Bei c ist schließlich noch die Anhängigkeit der gemessenen Ersatzkapazität von der Größe der Elektrodenoberfläche dargestellt. Man

Bild 165. Elektroden

sieht, daß der Vorbereitung und Anlage der Elektroden besondere Sorgfalt zugewendet werden muß. Wird die Elektrode feucht angelegt, so muß man zwischen dem Anlegen und dem Messen eine Zeit verstreichen lassen. Am günstigsten ist es die Elektroden schon am Vortage der eigentlichen Messung vorzubereiten. In der nächsten Zahlentafel sind die Ergebnisse einer längeren Meßreihe an der gleichen Elektrode zusammengestellt.

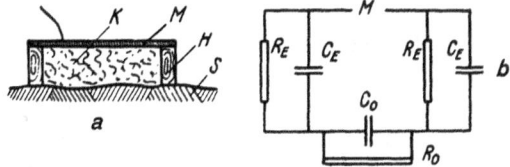

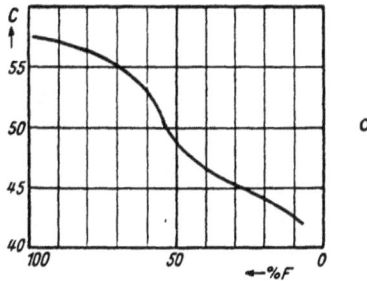

Zahlentafel

	Lage des Reißpunktes	
Versuchstag	Stunde	Reißpunkt
1.	11^h22	79,5
1.	12^h30	78,0
3.	10^h10	77,5
3.	10^h30	77,5
3.	11^h00	77,5

Wenn man diese Gesichtspunkte genau einhält, so kann man gut reproduzierbare Angaben erhalten. In der folgenden Zahlentafel sind zwei Messungen gegenübergestellt, die an zwei verschiedenen Tagen mit verschiedenen Elektroden durchgeführt wurden.

Zahlentafel

Versuchstag	Kritische Punkte		Ersatz-kapazität
1.	88,5	86	2,5
4.	91	88,5	2,5

Man sieht, daß die Differenzen miteinander vollkommen übereinstimmen. Die Angaben sind lediglich abszissenverschoben, weil in der Zwischenzeit die Feineinstellung des Instrumentes mehrmals geändert wurde und auch die Batterien usw. gewissen Schwankungen unterworfen sind. Für die Messungen sind naturgemäß ausschließlich die eingetragenen Differenzen von Bedeutung.

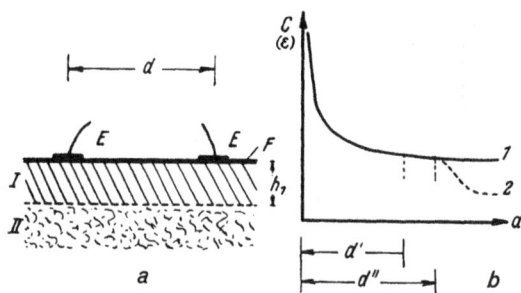

Bild 166. Prinzip der Messung

In Bild 166 sehen wir bei a zunächst zwei Salzschichten I und II, von denen z. B. die Schichte II porös sein soll. An der Oberfläche ist der erwähnte Film F angedeutet. Verändern wir nun den Abstand der Elektroden E, so erhalten wir eine Kurve, die bei b dargestellt ist. Auf der Abszisse ist der Elektrodenabstand und auf der Ordinate die mittlere DK aufgetragen, die aus der Ersatzkapazität bestimmt werden kann. Die Kurve fällt zunächst steil ab. Wir erhalten also einen ähnlichen Verlauf wie im sogenannten Spannungstrichter, der jede Elektrode umgibt. Wird der Abstand größer als d', so ist der weitere Verlauf nur mehr von der Beschaffenheit des Salzes abhängig. Wenn also z. B. im Abstande d'' ein neuerlicher Abfall der Kurve eintritt, so ist dies darauf zurückzuführen, daß die Schichte II in den Aufschlußraum eintritt. Der Abstand d'' ist durch die Entfernung der Schichte II von der Oberfläche (h_1) bestimmt. Unsere Aufgabe besteht nun darin, diese bei b dargestellte Kurve zu bestimmen und aus Diskontinuitäten auf die Existenz von Salzschichten zu schließen, die porös sind. In ·Bild 167 sehen wir zwei Beispiele. Zunächst ist bei a eine Kurve eingezeichnet, die über einem festen Salzvorkommen aufgenommen wurde. Sie kann daher als Normalfall bezeichnet werden. Die Kurve b dagegen wurde über porösem Salz aufgenommen. Man sieht sehr deutlich den diskontinuierlichen Verlauf, der darauf hindeutet, daß im Abstande von 4 bis 5 m eine poröse Salzschichte zu vermuten ist. Die Kurve fällt zunächst ganz normal ab, steigt aber dann wieder an, um schließlich bei einem Elektrodenabstand von ungefähr 5 m neuerlich abzufallen. Nach diesem

Meßergebnis müßte das untersuchte Salzlager aus drei verschiedenen Schichten bestehen. Zu oberst liegt eine tatsächlich sehr poröse Schichte. Es folgt dann eine feste Zwischenschichte und hinter diesen liegt neuerlich eine poröse Schichte. Diese zweite Schichte weist aber eine geringere Porosität auf als die erste. Würde man die aus der Funkgeologie her bekannten Deutungsmöglichkeiten ausnützen, so könnte man die Mächtigkeit dieser festen Zwischenschichte auf 3 bis 4 m schätzen. Solange noch kein genügendes Versuchsmaterial vorliegt, sind natürlich quantitative Schlüsse immer nur mit Vorsicht zu fassen. Es wäre aber für den Anfang schon sehr befriedigend, wenn die Funkmutung richtige qualitative Aufschlüsse liefern würde.

Bild 167. Kurve über festem und porösem Salz

Soweit man die Sache heute übersehen kann, bietet die Funkmutung die Möglichkeit reproduzierbarer Messungen. Auch die Empfindlichkeit der in Betracht kommenden Apparaturen kann als ausreichend bezeichnet werden. Unter diesen Voraussetzungen ist es durchaus möglich, Verfahren der Funkmutung zum Nachweis von Gas- und Laugeneinschlüssen zu verwenden. Das zum Vergleich erforderliche Versuchsmaterial kann sicher nicht allzu schwierig beschafft werden. Meiner Überzeugung nach dürften gerade auf diesem Gebiet für die Anwendung der Funkmutung besonders günstige Voraussetzungen gegeben sein und andererseits bietet in diesem Falle die Funkmutung wohl das einfachste und verläßlichste Untersuchungsmittel. Die Untersuchungen werden zur Zeit eifrig fortgesetzt, so daß in absehbarer Zeit mit einer Anwendung auf breiterer Basis zu rechnen ist.

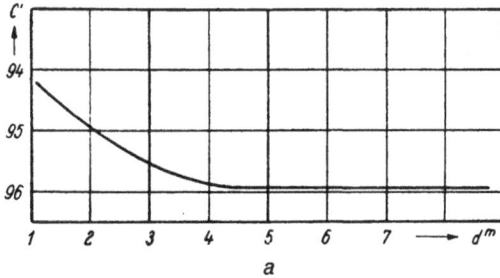

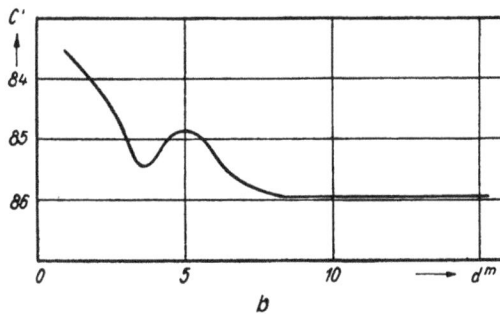

I. Nachweis von Rohrleitungen und Kabeln

Im Boden eingegrabene Metallrohre, Kabeln und andere Metallkörper können mit den Verfahren der Funkmutung oft in einfacher Weise nachgewiesen werden. Es kommen da vor allem die Ausbreitungs-

und Kontaktverfahren in Betracht. Bei Anwendung eines Ausbreitungsverfahrens wird ein Empfänger mit Rahmenantenne verwendet. Durch die schon besprochenen Schaltungen wird verhindert, daß der Rahmen gleichzeitig als Linearantenne arbeitet. Wird ein solches Gerät über einen Metalleiter von genügender Ausdehnung hinweg verschoben, so wird, wenn man z. B. auf das Minimum einstellt, eine Drehung der Rahmenantenne notwendig sein, um dieses Minimum zu erhalten. Aus dem Verlauf der Rahmenkurve kann man dann auf die Lage des betreffenden Metallkörpers schließen. In Bild 168 ist eine solche Kurve

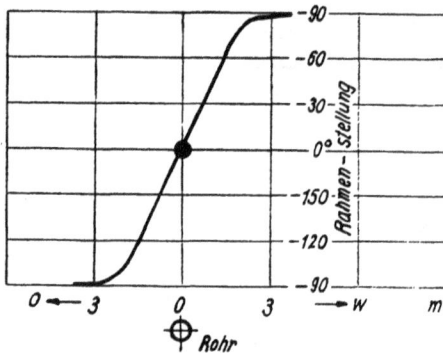

Bild 168. Rahmenkurve über eingegrabenem Wasserleitungsrohr

dargestellt. Der Rahmen wird über dieser um 180° zu drehen sein. Oft wird natürlich der Verdrehungswinkel wesentlich geringer sein. Dies ist auch von der Tiefe abhängig, in der das Rohr eingegraben ist. Will man kleinere Metallkörper, Platten usw., oder aber tiefer eingegrabene Rohrleitungen nachweisen, so kann dieses Verfahren nicht mehr verwendet werden. Es ist dann notwendig nach anderen Methoden zu arbeiten.

K. Anwendungen in der Blitzschutztechnik

In den letzten Jahren wurden zwischen der Funkgeologie und der Blitzschutztechnik gewisse Wechselbeziehungen hergestellt. Ein wichtiger Bestandteil jeder Blitzschutzanlage ist bekanntlich der Erder. Die Überprüfung des Erders erfolgt bisher im allgemeinen mit niederfrequentem Wechselstrom. Neuerdings wird nun vorgeschlagen, an dessen Stelle die Funkmutung einzusetzen. Man geht da von folgender Überlegung aus: Der Blitzstrom ist bekanntlich ein Gleichstrom. Die Stromstärke steigt jedoch in einem ganz kurzen Zeitraum von Null bis zum Höchstwert an, um dann ungleichmäßig langsamer auf den sogenannten Mittelwert abzusinken. In Bild 169 sehen wir eine stark ausgezogene Kurve, die den Blitzstrom darstellt. Die Zeit t_s bezeichnen wir als Stirnzeitdauer. Nun ist es klar, daß ein solcher rasch veränderlicher

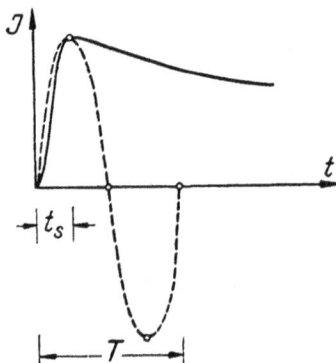

Bild 169. Blitzstrom und äquivalenter Wechselstrom

Gleichstrom einen Leiter ganz anders beansprucht als etwa ein konstanter Gleichstrom oder ein Wechselstrom von niedriger Frequenz. Maßgebend sind vor allem die Verhältnisse während des Ablaufes der Stirnzeitdauer. Wenn in dieser Zeit der Blitz abgeleitet wird, so ist die Anlage eben brauchbar. Ist dies nicht der Fall, so springt der Blitz ab und kann Schaden anrichten. Man wird daher die Brauchbarkeit der Anlage viel besser beurteilen können, wenn man sie mit einem Strom überprüft, der den Leiter ähnlich beansprucht wie der Blitzstrom. Unter Bedachtnahme auf die Bedeutung der Stirnzeitdauer hat man deshalb, so wie dies in Bild 169 geschehen ist, der Blitzstromkurve eine Sinuslinie eingeschrieben, die dann die Kurve des äquivalenten Wechselstromes darstellt. Praktisch wird man die Wellenlänge dieses Stromes mit ungefähr 1000 m annehmen. Es ist klar, daß zwischen dem äquivalenten Wechselstrom und dem Blitzstrom gewisse Unterschiede bestehen. Weit richtigere Ergebnisse würde natürlich die Überprüfung mit einem Stoßstrom liefern. Da aber ein Stoßstromgenerator eine äußerst umfangreiche Apparatur darstellt, die schwer zu transportieren ist, und die vor allem nie in die Form gebracht werden kann, die notwendig wäre, um eine allgemeine Verwendung durchzusetzen, so muß man sich mit dem äquivalenten Wechselstrom begnügen. Seine praktische Verwendbarkeit ist vor allem dadurch gegeben, daß er imstande ist, Leitungsimpedanzen nachzuweisen, die für die Ableitung von großer Wichtigkeit sind, und die bei einer Überprüfung mit niederfrequentem Wechselstrom überhaupt nicht nachgewiesen werden können. Ein einfaches Schema für eine solche Meßeinrichtung zeigt Bild 170.

Wenn wir parallel zu den Spulen L und L' einen Widerstand legen, so wird der Reißpunkt verlagert werden. An Stelle dieses Widerstandes können wir nun einen Erdwiderstand schalten. Es ist praktisch notwendig immer zwei Erder hintereinander zu schalten. Um daher den Widerstand eines Erders zu ermitteln, muß man insgesamt drei Messungen

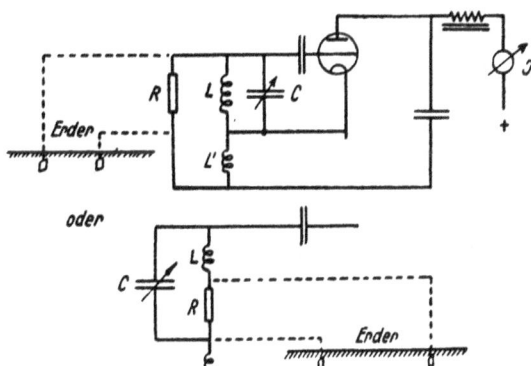

Bild 170. *HF-Widerstandsmeßgerät*

durchführen, indem man außer dem zu vermessenden Erder noch zwei Hilfserder mitvermißt. Man erhält dann drei Widerstandswerte und kann aus diesen den Widerstand des Erders und der beiden Hilfserder ermitteln. Der Widerstand R kann auch mit der Spule L in Reihe geschaltet werden. In Bild 171 sehen wir eine Reihenschaltung. Parallel zu den zu bestimmenden Widerstand R kann noch ein Widerstand bekannter Größe R' geschaltet werden, um den Meßbereich zu verändern. Links ist die Eichkurve dargestellt. Auf der Ordinate sind die Widerstandswerte für R und auf der Abszisse die am Kondensator C abgelesenen Ersatzkapazitätswerte aufgetragen. In Bild 172

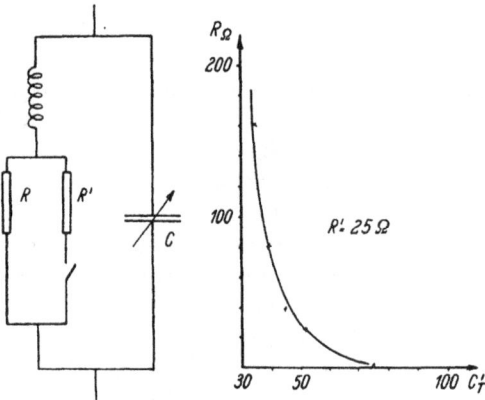

Bild 171. Eichkurve

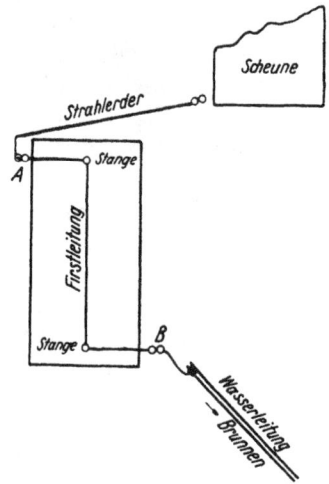

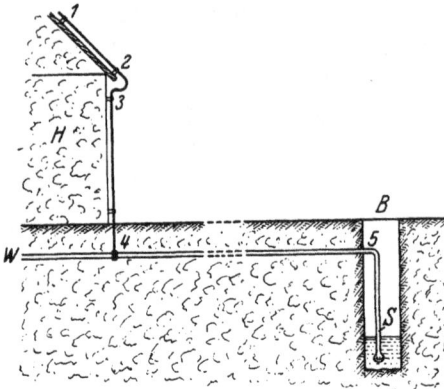

Bild 172. Erdung an langer Eisenrohrleitung

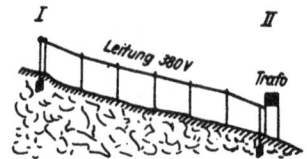

Bild 173. Messung mit Hochfrequenz und Niederfrequenz

sehen wir wie wichtig unter Umständen die funkgeologische Überprüfung des Erders werden kann. Wir sehen hier ein Haus H, das mit einer Blitzableitung $1...2...3...4$ ausgerüstet ist. Beim Punkte 4 ist diese an ein langes Wasserleitungsrohr W angeschlossen. Wir wollen annehmen, daß der Untergrund sehr schlecht leitet und daß erst in dem Brunnen B eine gute Erdung stattfindet. Wenn nun der Blitz in die Ableitung einschlägt, so wird er infolge des hohen Wellenwiderstandes der Leitung W nicht zum Brunnen abgeleitet werden, sondern nach irgend einem gutleitenden Punkt der Erdoberfläche, also z. B. zu einem benachbarten

Spaltenausbiß abspringen und eventuell Schaden anrichten. Überprüfen wir nun die Anlage mit niederfrequentem Wechselstrom, so
erhalten wir eigentlich nur den Ausbreitungswiderstand des Saugrohres
im Brunnenwasser. Dieser Widerstand wird im allgemeinen ziemlich
klein sein und sicher in keinem Verhältnis zum Wellenwiderstand des
langen Eisenrohres stehen. Wir erhalten so bei der Überprüfung durch
niederfrequenten Wechselstrom ein vollkommen falsches Bild. In Bild
173 sehen wir wie verschieden die mit Hochfrequenz und Niederfrequenz
ermittelten Werte ausfallen können. An der Stelle A ist eine Strahlerde
ausgelegt. Interessanterweise ist ihr Hochfrequenzwiderstand geringer
als der mit Niederfrequenz bestimmte. Dies ist darauf zurückzuführen,
daß bei Hochfrequenz die durch Korrosion und Setzung bedingte Widerstandserhöhung nicht zustande kommt. Diese Widerstandserhöhung
spielt natürlich auch beim Durchgang des Blitzstromes keine Rolle, da
der Blitz die dünne Zwischenschichte ohne weiteres durchschlägt. Man
erhält also auch in diesem Falle wieder ein richtigeres Bild von den
tatsächlich gegebenen Voraussetzungen. Beim Punkte B ist eine Was-
serleitung angeschlossen, die zu einem weiter entfernten Brunnen führt.
Wir sehen, daß hier der Hochfrequenzwiderstand mehr als doppelt
so hoch ist wie der mit Niederfrequenz bestimmte. In Bild 174 sehen wir

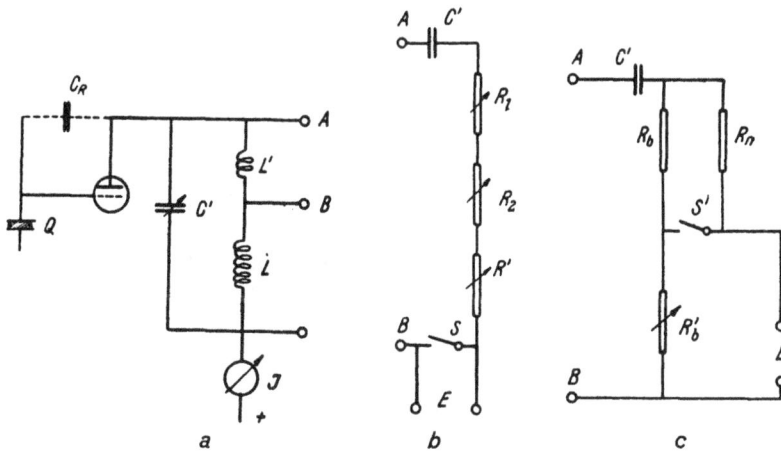

Bild 174. HF-Erdungsmeßgerät

zum Schluß noch das Schaltschema eines Meßgerätes, das für solche
Untersuchungen vorteilhaft verwendet werden kann. Bei a ist der
Schwingungskreis dargestellt. Am Gitter der Röhre liegt ein Steuerquarz Q, an der Anode ein aus den Spulen L und L' sowie dem Dreh-
kondensator C' gebildeter Schwingungskreis. Das Einsetzen und Abreißen der Schwingung wird wieder am Instrument J beobachtet. An den
Klemmen A und B können nun die bei b und bei c eingezeichneten Wider-

standskreise angeschlossen werden. In b bedeuten R_1 und R_2 die Meßwiderstände und R' den Abgleichwiderstand. An die Klemmen E
werden die Erderplatten angeschlossen. Zunächst wird der Schalter S
geöffnet und mit R' auf einen bestimmten Reißpunkt eingestellt. Die
Widerstände R_1 und R_2 stehen während dieser Messung auf Null. Dann
wird der Schalter S geschlossen, so daß die Erderwiderstände kurzgeschlossen sind. Es wird jetzt an R_1 und R_2 solange abgeglichen bis der gleiche
Abreißpunkt wie früher erzielt wird. Die Summe der Widerstände R_1
und R_2 entspricht dann den zwischen den Klemmen E liegenden Erder-
widerstand. Eine andere Anordnung ist bei c gezeichnet. Wir sehen hier
eine Brückenschaltung. Die Erder werden wieder bei E angeschlossen.
Wenn die vier in Betracht kommenden Widerstände der Gleichung

$$R_b/R_n = R_b'/R_E$$

entsprechen, so wird der Gesamtwiderstand bei offenem und einge-
legtem Schalter S' der gleiche bleiben. Dies wird darin zum Ausdruck
kommen, daß der Zweig des eingeschalteten Milliamperemeters beim
Öffnen und Schließen des Schalters S' in Ruhe bleibt. Es wird also bei
konstantem Widerstand R_b und R_n der Widerstand R_b' solange verstellt, bis dieser Zustand eintritt. Der zwischen den Klemmen E liegende
Widerstand ist dann in folgender Weise bestimmt:

$$R_E = \frac{R_b' \cdot R_n}{R_b}.$$

Auf diese Weise können noch verhältnismäßig geringfügige Widerstandsänderungen gut bestimmt werden.

Die hier beschriebenen Anordnungen können dann natürlich noch in
verschiedener Weise modifiziert werden, um insbesondere die zusätzliche
Vermessung von Hilfselektroden zu vermeiden. Es ist heute schon durchaus möglich, Meßgeräte zu bauen, mit denen die funkgeologische Überprüfung von Blitzerdern rasch und einfach, auch durch ungeübte Personen, erfolgen kann.

Schrifttum

Im folgenden sind einige wichtigere Arbeiten angegeben, von denen mehrere auch größere Literaturlisten enthalten. Ich möchte ausdrücklich betonen, daß dieses Verzeichnis keineswegs vollständig ist. Ich hatte nicht die Absicht, die gesamte Literatur zu verzeichnen, sondern will lediglich dem Leser Arbeiten nachweisen, in denen er insbesondere Hinweise auf das findet, was in dem Buch nur kurz ausgeführt werden konnte. Von der älteren Literatur sind nur wenige Arbeiten aufgenommen worden, die auch heute noch eine gewisse Bedeutung haben. Das Schrifttum ist im übrigen über die Fachliteratur verschiedenster Gebiete verstreut, so daß es schwer ist, es vollständig zu erfassen. Die wichtigsten Arbeiten erscheinen in den geophysikalischen, montanistischen, funkphysikalischen und physikalischen Zeitschriften.

I. Grundlagen

Ambronn, R., Methoden der angew. Geophysik, Wissenschaftl. Forschung (Naturw. Reihe), 15, 5, 1928.

Fritsch, Volker, Beitr. z. angew. Geophysik 7, 190, 1937; 5, 315, 1935; 6, 407, 1937; Hochfrequenztechn. u. E. 51, 138, 1938; Ergebnisse kosm. Physik 4, 219, 1939; Grundzüge der Funkgeologie. Bei Vieweg & Sohn in Braunschweig, 1939.

Granier, J., C. R. 179, 1313, 1924.

Haalck, H., Lehrbuch d. angew. Geophysik. Bei Bornträger in Leipzig, 1934.

Hummel, J. N., Beitr. z. angew. Geophysik 5, 32, 1935.

Löwy, H. (teilweise zusammen mit Leimbach, G.), Beitr. z. angew. Geophysik 1, 70, 1930; 6, 47, 1937; Annalen der Physik (4), 36, 125, 1911; Phys. Zt. 11, 697, 1910; 13, 13, 1912; 20, 416, 1919; 26, 646, 1925; 31, 763, 1930; 32, 337, 1931; 34, 674, 1933; 35, 745, 1934; Philos. Mag. (7), 29, 32, 1940; Terrestr. Magnet. and Atmosph. Electr. 45, 149, 1940.

Reich, H., Handbuch d. Experimentalphysik 25 (III), 1933. Angew. Geophysik f. Bergleute u. Geologen. Bei Akadem. Verlagsges. m. b. H. in Leipzig, 1934.

Stoecker, E., Z. f. Physik 2, 236, 1920.

Wintsch, H., Helv. acta physica 5, 3. 1932.

II. Wichtigste Verfahren

„Verfahren" siehe folgende Abschnitte

Ergänzende Messungen:

Fritsch, Volker, Glückauf 78, 257 und 276, 1942; Schweizer Min. u. Petrogr. Mitt. 19, 224, 1939; Naturwissenschaften 28, 405 und 423, 1940; Wasserkraft u. W. 36, 29, 1941; ATM 1939.

Haalck, H., Gerlands Beitr. 23, 99, 1929.

Heine, W., Elektrische Bodenforschung. Sammlung geophysikal. Schriften Berlin, 1928.

Henney, K. A., Techn. Mitt. Studiengesellsch. f. Höchstspannungsanlagen Nr. 69, 1935.

Heyrovský, J., Die polarographischen Methoden (in Böttger, W., Physikalische Methoden d. analytischen Chemie 2). Bei Akadem. Verlagsges. in Leipzig 1935. Polarographie. Bei J. Springer-Verlag Wien, 1942.

Hirt, E., E. T. Z. **59,** 43, 1938.

Horváth, B. von, Int. Mitt. f. Bodenkunde, 230, 1916.

Koenigsberger, J. G., Beitr. z. angew. Geophysik **3,** 463, 1933.

Lichtenecker, K., Phys. Z. **27,** 115, 1926.

Schweigl K. und Fritsch, Volker, Gas- u. Wasserfach **83,** 481 und 501, 1940.

III. Ausbreitungsverfahren ober Tags
(Auch Ausbreitungstheorie)

Alpert J. N., Migulin, V. V. und Ryasin, P. A., Journal of Physics USSR **4,** 13, 1941.

Beckmann, B., Ausbreitung d. elektromagnet. Wellen. Bei Akadem. Verlagsgesellschaft in Leipzig. 1940.

Börner, R., Berg- u. Hüttenmänn. Monatsh. **89,** Heft 7/9, 1941.

Burrows, Ch. C. und Gray, M. C., Proc. Inst. Radio Eng. **29,** 16, 1941.

Burstyn, W., E. T. Z. 1117, 1906; DRP. 300153 (1919).

Devik, O., Hochfrequenzt. u. E. **48,** 205, 1935.

Fritsch, Volker, Hochfrequenztechn. u. E. **41,** 100, 1933; Gerlands Beitr. **51,** Heft 1, 1937.

Großkopf J. und Vogt K., T. F. T. **29,** 164, 1940; Hochfrequenztechn. u. E. **58,** 52, 1941.

Hack, F., Annalen d. Ph. **27,** 43, 1908.

Heß, H. A., E. T. Z. **62,** 857, 1941.

Lassen, H., Fortschritte d. Hochfrequenztechn. **1,** 1, 1941.

Mac Kinnon, K. A., Canadian Journ. Res. (A), **18,** 123, 1940.

Mingins, Ch. R., Proc. of the Inst. of Radio Eng. **25,** 1419, 1937.

Philips Feldstärkemeßgerät GM 4010. Beschreibung.

Sommerfeld, A., Ann. d. Phys. (4), **28,** 665, 1909.

Strutt, M. J. O., Hochfrequenztechn. u. E. **39,** 177, 1932.

Tripp, K., Umschau **37,** 23. 1933.

Vilbig, F., Lehrbuch d. Hochfrequenztechn. Bei Akadem. Verlagsges. m. b. H. in Leipzig, 1939.

Wölk, E., Braunkohle 201 u. 221, 1939.

Zenneck, J., Annalen d. Phys. (4), **23,** 846, 1907.

IV. Ausbreitungsversuche unter Tags

Cocaday, Radio News **17,** 588, 1936.

Doborzynski, D., Hochfrequenztechn. u. E. **47,** 12, 1936; **52,** 67, 1938.

Erda, A. G., DRP. 404098.

Eve, A. S., Techn. Publ. of the American Inst. of Mining and Metallurgic Eng. New York, No. 316.

Fritsch, Volker, Beitr. angew. Geoph. **6,** 277, 1937; T. F. T. **28,** 427, 1939; Z. Fernmeldetechnik **21,** 165, 1940; ATM Dezember 1940; Geofisica pura e appl. **4,** 15, 1942.

Hellwig, K., Diss. Göttingen 1924.

Hummel, J. N., Z. Geophysik **5,** Heft 3/4, 1929.

Koenigsberger, J. G., DRP. 444506.

Leimbach, G., DRP. 273339.

Löwy H. und Leimbach G., l. c.

Nevyjel, E. und Schulz, F., Banský svět 1935.

Petrowsky, A., Beitr. z. angew. Geophys. **3**, 149, 1933; Bull. Inst. Applied Geophysics Leningrad **1**, 135, 1925.

Publ. Dep. of. Mines, Geol. Surv. Ottawa. 1931.

Stipanits, M., Mont. Rundschau **30**, Heft 8, 1938.

Violet, P. G., Hochfrequenzt. u. E. **46**, 192, 1935.

Wundt, R. M., Z. techn. Physik **21**, 352, 1940.

Zuhrt, H., Hochfrequenzt. u. E. **41**, 205, 1933.

V. Widerstandsverfahren

Blechschmidt, E., Präzisionsmessungen von Kapazitäten, dielektrischen Verlusten u. Dielektrizitätskonstanten. Bei Vieweg & Sohn in Braunschweig, 1940. (Literatur!)

Burstyn, W., l. c.

Diekmann, M., DRP. 303912.

Fritsch, Volker, Beitr. z. angew. Geophysik **5**, 375, 1936; **6**, 100, 1936; 7, 53, 1937; ATM 1940; Wasserkraft u. W. **37**, 3 1942.

Fritsch, Volker und Forejt, H., Hochfrequenztechn. u. E. **59**, 41, 1942. Z. f. Geophysik **17**, 217 1942.

Fritsch, Volker und Wiechowsky, W., Hochfrequenztechn. u. E. **53**, 129, 1939.

Geyger, W., A. T. M. **23**, 109, 1929.

Iskander, A., Gerlands Beitr. **53**, 277, 1938.

Lang, W., Prager Dissertation 1940.

Leimbach, G., DRP. 277385.

Löwy, H., DRP. 305574. Philos. Mag. (7), **29**, 32, 1940.

Niemayer, Phys. Z. 451, 1930; 764, 1931; Dissertation Hannover 1929.

Petrowsky, A. und Dostovalov, B. N., C. R. de l'Acad. de Sciences de l'URSS **31** (1941), 255.

Philips Druckindikator GM 3154. Beschreibung.

Rein, R. und Wirtz, K., Radiotechn. Praktikum.

Rohde und Schwarz, Hochfrequenzt. u. E. **43**, 156, 1934.

Schmidt, Th. W., Hochfrequenzt, u. E. **41**, 96, 1933.

Stern, W., Gerlands Beitr. **23**, 292, 1929. Z. f. Geophysik 7, 166, 1931.

Zuschlag, Th., U. S. P. 1652227.

VI. Fehlerquellen

(Die Fehlerquellen sind meist im Rahmen der Verfahren besprochen)

Fritsch, Volker, Elektr. im Bergbau **16**, 37, 1941; Revista Geomineraria **3**, 3, 1942; Schweizer Min. u. Petr. Mitt. **17**, 271, 1937.

Lang, W., l. c.

VII. Anwendungsbeispiele

Im Texte sind die betreffenden Schlußprotokolle nur zum Teile wiedergegeben. In den folgenden Arbeiten sind sie meist vollständig enthalten oder im wesentlichen exzerpiert und ergänzt.

A. Mährischer Karst.

Beitr. z. ang. Geophys. **4**, 416, 1934; Hochfrequenzt. u. E. **39**, 136, 1932; Funkschau (München) Heft 11, 1932; Heft 7, 1933; Hochfrequenztechn. u. E. **41**, 218, 1933.

B. Nachweis einer Höhle nach der Kapazitätsmethode.

Hochfrequenzt. u. E. **46,** 124, 1935; **46,** 186, 1935; Beitr. z. angew. Geophys. **6,** 100, 1936; 5, 375, 1936.

C. Untersuchung eines größeren Karstgeländes. Siehe Arbeiten unter B!

D. Nachweis von Spalten und Erzgängen.

Hochfrequenzt. u. E. **48,** 189, 1934; **46,** 124, 1935; **47,** 190, 1936.

E. Bestimmung der Dicke eines Gletschers.

Wasserkraft u. Wasserwirtsch. **85,** 25, 1940; Association Intern. d'Hydrologie Scientifique, Comission des neiges, Kongress Washington 1939, Question 3, Rapport 3.

F. Funkgeologische Untersuchung eines Zinnobervorkommens.

Geofisica pura e applicata **2,** 121, 1940; Neues Jahrbuch f. Mineralogie etc., Beilagenband 84, Abtlg. B, 90, 1940.

G. Untersuchung eines Brauneisenvorkommens.

Elektr. im Bergbau **15,** 33, 1940.

H. Untersuchungen in Kaligruben.

Kali **85,** 175, 1941; Glückauf **76,** 488, 1940.

I. Nachweis von Rohrleitungen und Kabeln. (Siehe Abschnitt III.)

Aus zeitbedingten Gründen sind Publikationen derzeit unmöglich.

K. Anwendungen in der Blitzschutztechnik.

Fritsch, Volker, Messung von Erdwiderständen. Bei Vieweg & Sohn in Braunschweig, 1942. E. N. T. **17,** 77, 1940; Hochfrequenzt. u. E. **56,** 54, 1940; Naturwissenschaften **29,** 397, 1941; ATM 1942; F. T. M. 99, 1942; E. T. Z. **61,** 739, 1940.

Lang, W., l. c.

Sachverzeichnis

www.ingramcontent.com/pod-product-compliance
Lightning Source LLC
Chambersburg PA
CBHW081540190326
41458CB00015B/5603